高等学校建筑环境与能源应用工程专业规划教材

# 高 等 传 热 学

## ——导热与对流的数理解析

（第二版）

孙德兴　吴荣华　张承虎　编著

中国建筑工业出版社

**图书在版编目（CIP）数据**

高等传热学——导热与对流的数理解析/孙德兴等编著.
2版. —北京：中国建筑工业出版社，2014.9
高等学校建筑环境与能源应用工程专业规划教材
ISBN 978-7-112-17148-4

Ⅰ.①高… Ⅱ.①孙… Ⅲ.①传热学 Ⅳ.①TK124

中国版本图书馆CIP数据核字（2014）第186748号

本书共九章，主要内容包括：导热问题的数学描述，用分离变量法求解导热问题，用拉普拉斯变换求解非稳态导热问题，用傅立叶变换法求解导热问题，导热微分方程的格林函数，对流换热的守恒方程组，边界层，管道中的流动阻力与换热，紊流流动与换热等。

本书可作为建筑环境与能源应用工程专业、热能动力等专业的研究生教材，也可供相关专业的技术人员参考。

* * *

责任编辑：齐庆梅
责任校对：陈晶晶 刘 钰

高等学校建筑环境与能源应用工程专业规划教材
**高 等 传 热 学**
——导热与对流的数理解析
（第二版）
孙德兴 吴荣华 张承虎 编著
*
中国建筑工业出版社出版、发行（北京西郊百万庄）
各地新华书店、建筑书店经销
北京红光制版公司制版
北京中科印刷有限公司印刷
*
开本：787×1092毫米 1/16 印张：11 字数：263千字
2014年10月第二版 2014年10月第二次印刷
定价：**30.00**元
ISBN 978-7-112-17148-4
（25905）

# 第二版前言

本书由作者多年从事供热、供燃气、通风与空调专业研究生高等传热学授课的讲稿整理而成。

高等传热学是热能动力专业与供热、供燃气、通风与空调专业研究生必上的专业基础课。近年来我国研究生招生数量急剧增长。办此类专业的各高校，特别是那些新办硕士点的高校往往面临该课的授课问题，特别是教材与师资问题。

本科传热学经国内外多年实践，各种版本教材的内容体系都差不多。与本科传热学不同，从全国范围看，高等传热学没有指导性大纲，没有推荐教材，也没有人组织过全国性的研讨。什么是它的基本内容？授课内容的边界在哪里？这些都是值得研究探讨的问题。据作者了解，各校讲授的内容体系、深度、广度各不相同，往往要凭任课教师根据自己的理解组织。这就有一个“讲什么”，“怎么讲”的问题。

目前可作为该课教材的国内外也确有一些好书。这些书也都是作者授课时重要的参考资料和学生的参考书。但作者在授课实践中感到这些书直接作为教材也有不太理想之处。主要是内容过多，讲解不细。这两条是相互关联的。许多问题的求解要用到学生此前并没有真正掌握的数学知识。加之现有的书都是从现有传热问题的角度安排内容，致使对学生而言繁多的内容哪一节都不是很好懂；对教师而言，全讲难以做到讲深讲透，不全讲又难以决定内容的取舍。

针对这一问题，作者把自己的讲稿整理了出来，写成此书，为该课的教学建设添砖加瓦。与同类书籍相比，本书有两个特点：

1. 以讲方法为主线组织内容。

本书没有像其他同类书籍那样按照传热现象出现的时、空特点，例如是否稳态，几维等编排内容，而是尝试了将现有解决传热问题的方法归纳整理构成章节。这样做一方面可避免内容过于繁杂，另一方面作者相信，学生若通过好好学习真正掌握了这些方法，就可以触类旁通，去解决没有学过的传热问题，或者自己去寻找解决问题的方法。

2. 有选择的细讲，力求通俗易懂。

为了使学生达到学懂的目的，本书并不追求将前人的成果作全面的介绍，而是将篇幅用在了方法与过程方面，希望学生学一点，懂一点，从中体会到思路与方法。现有的一些其他高等传热学教材确有较高的学术价值，但也存在过于重视介绍成果，对过程与方法的写作过于简练，学生难以读懂的问题。本书在这一点上与其他教材是不同的。

传热学的理论部分绝大多数要靠数学来解决。若说传热学难，往往是由于学生的数学知识不够。如果把解决学生相关数学知识的问题单纯看作是前面课的任务，不是本课的责任，看起来分工明确，符合道理，但如此确不符合实际情况。授课理应讲究上挂下联，把前后续课的内容串起来。作者在教学中一直坚持以学生懂为原则，发现学生前面的数学知识没学过或学得不好，到这里不会用，那就给学生补补。本书也是这样做的。根据作者所理解的学生的实际情况，对所涉及比较复杂的数学问题，本书并不假定学生已会，都原原本本地进行了推演介绍，当然不是在讲纯数学，而是从传热应用的角度。

本书不重复本科传热学的内容。目前以传热学为专业基础课的本科专业，诸如热能动力、建筑环境与能源应用工程等，人都对该课进行过很好的建设，有公认的较成熟的教材。例如杨世铭、陶文铨编著的面向21世纪课程教材《传热学》，章熙民、任泽霈、梅飞鸣编著的《传热学》等。这些教材的内容与深度也都大体上一致。这些教材在各种传热现象的基本物理概念方面已经有了相当好的介绍。本书作为研究生教材，打算从本科的基础上讲起。凡是本科已经讲过的内容，包括物理概念方面，这里不再简单重复，而把笔墨放在讲授一些高级方法方面。这看起来顺理成章，但与一门课程的系统性也有矛盾。这大概正是一些供研究生使用的传热学教材对每一个题目都从头讲起的原因。本书中有些章节的题目看起来与本科教材相同，具体内容上却都是加深了的。

求解传热问题有三种方法，数学解析、数值模拟与实验。本书只涉及数学解析的方法，但这并不意味后两个方法不重要。实际上，工程中大多数较复杂的传热问题要靠后两种方法解决。但后两种方法的应用多数要靠第一种方法所建立起来的思想作指导，也就是说，数学解析的方法是更为基础的，这方面薄弱，无论是数值模拟还是实验都不可能深入进去。

当然，应该指出，传热学发展的方向是在计算传热学方面。解析的方法是在几十年以前作为热门被应用的。在计算机技术迅速发展的今天，许多原来解析起来很难的问题，现在用数值解则很容易。但这并不意味着以前的这些学问不值得学了。第一，在探求物理机理方面，数值解的结果不如解析解直接；第二，传统的经典知识应该得到继承；第三，原来求解析解的思路、方法不乏精辟与精彩之处，这些经典的精华对培养学生研究、解决复杂问题的能力，树立正确的世界观与方法论，增强创新意识等都是大有好处的。

热辐射是传热的三大方式之一。本科教材对经典的热辐射理论与计算已经有了很好的分析与总结。作为高等传热学应该继续有系统地讲哪些，作者心中尚没有准确的把握，因此本书暂未列入高等的热辐射内容，期望在与同行有更多的研讨后，能更好地补充热辐射的内容，形成一本完整的《高等传热学》。

本书再版过程中，第一作者的两位学生吴荣华、张承虎对部分内容进行了修改和补充，因此列为共同作者。成书过程中，哈尔滨工业大学何钟怡教授对两处求解与推导给予了关键性的帮助，第一作者的研究生林涛与钱剑峰承担了全部打字和部分内容的校核工作。作者在此致以深深的谢意。

# 目　录

# 符 号 表

| | |
|---|---|
| 黑体阿拉伯字母： | 矢量 |
| 非黑体阿拉伯字母： | 数量 |
| $A$： | 面积（$m^2$） |
| A，B，C，D： | 常数 |
| $a$： | 导温系数（$m^2/s$） |
| Bi： | 毕渥准则 |
| $c$： | 质量热容量（kJ/(kg·℃)） |
| $d$： | 管径（m） |
| $e$： | 单位质量流体的内能（kJ/kg） |
| Fo： | 傅立叶准则 |
| $f$，$g$，$u$： | 函数 |
| G： | 格林函数 |
| $H$： | 拉梅系数 |
| $h$： | 放热系数（$W/(m^2 \cdot ℃)$）或某物体的高度（m） |
| $L$，$l$： | 长度（m） |
| $\boldsymbol{i}$，$\boldsymbol{j}$，$\boldsymbol{k}$： | 单位矢量（m） |
| $i$，$j$，$k$，$m$，$n$： | 坐标的序数或级数项的序数 |
| $K$： | 单位质量流体的紊流脉动动能（$m^2/s^2$） |
| $n$： | 壁面法线方向上的坐标（m） |
| $Nu_t$，$Nu_q$，$Nu_{tq}$： | 等壁温，等壁热流，横向等壁温纵向等壁热流三种边界条件下的努谢尔特数 |
| $p$： | 压强（Pa） |
| $q$： | 热流密度（$W/m^2$） |
| $q_1$： | 单位管长热流量（W/m） |
| $q_v$： | 体积发热量（$W/m^3$） |
| $R$，$r_0$，$r$： | 半径，极坐标（m） |
| $s$： | 面积（$m^2$） |
| $t$： | 温度（℃） |
| $t_0$，$t_f$： | 某确定处的给定温度与流体温度（℃） |
| $t_w$： | 壁面温度（℃） |
| $U$： | 管道的湿周（m） |
| $u$： | 速度，流体的流速（m/s）或函数符号 |
| $u_s$： | 边界层的外缘速度（m/s） |

| | |
|---|---|
| $u$，$v$，$w$： | $x$，$y$，$z$ 三个方向上的速度分量（m/s） |
| $V$： | 流速（m/s） |
| $V$，$\dot{V}$： | 体积（$m^3$）与体积流量（$m^3/s$） |
| $u^*$，$u^+$，$y^+$： | 切应力速度（m/s），无因次速度与无因次离壁距离见公式（9-15） |
| $x$，$y$，$z$： | 直角坐标（m） |
| $X$，$Y$，$Z$： | 无因次的直角坐标或单位质量的体积力（$m/s^2$） |
| $\alpha$： | 放热系数（W/($m^2$·℃)） |
| $\alpha$，$\beta$，$\gamma$，$\varphi$： | 角度 |
| $\beta$，$\lambda$： | 特征值 |
| $\delta$： | 厚度（m）或 $\delta$ 函数 |
| $\gamma$： | 冰的液化热（kJ/kg） |
| $\theta$： | 极坐标，过余温度（℃）或无因次温度 |
| $\phi$： | 热流量（W） |
| $\psi$，$\psi_{C_f}$，$\psi_t$，$\psi_q$，$\psi_{tq}$： | 非圆断面流道利用水力直径做定性尺寸计算流动阻力与换热时的断面形状修正系数，角标分别表示：流动阻力、等壁温边界条件下的对流换热、等壁热流、横向等壁温、纵向等壁热流。 |
| $\xi$，$\eta$，$\zeta$： | 长度坐标（m）或无因次坐标 |
| $\rho$： | 密度（$kg/m^3$） |
| $\lambda$： | 导热系数（W/(m·℃)）或管道的沿程阻力系数 |
| $\mu$： | 动力黏滞系数（$Ns/m^2$ 或 kg/sm）或某一常数 |
| $\nu$： | 运动黏滞系数（$m^2/s$） |
| $\varepsilon_M$，$\varepsilon_H$： | 紊流黏滞系数与紊流导温系数 |
| $\tau$ | 时间坐标（s） |

注：只给出通用符号。个别处使用的个别符号在行文中单独说明，此处未列出。

# 第一章　导热问题的数学描述

所谓数学描述就是把一个实际的导热问题变为数学关系式，这有点像代数中解应用题时的列方程。

某一指定界面上通过的总热量为热流密度函数在该面上的积分，即 $\Phi = \iint \boldsymbol{q} \cdot \mathrm{d}\boldsymbol{S}$。热流密度场与温度场有确定的关系——傅立叶定律，因此包括导热在内的许多传热问题的求解往往要归结为求解温度场。

当一算术问题直接算不出来时，将未知数设为 $x$，先把 $x$ 当作一个量用起来，建立代数方程，这个过程叫做“列方程”。对未知的温度场我们也是把它设为 $t(x,y,z,\tau)$，只不过以函数作为变量的方程为微分方程（或积分方程），写出微分方程的过程也可以叫做“列方程”。

与代数方程不同的是，微分方程描述的是该函数在空间与时间坐标上变化的普遍规律。一个特定的问题要求解，就要加上描述该现象的定解条件，例如边界条件、起始条件等等。某一方程的未知函数对某一坐标最高是 $n$ 阶导数，该方程在该坐标上就必须写出 $n$ 个定解条件，例如一长方体在直角坐标系下的导热微分方程可写为

$$\frac{\partial t}{\partial \tau} = a\left(\frac{\partial^2 t}{\partial x^2} + \frac{\partial^2 t}{\partial y^2} + \frac{\partial^2 t}{\partial z^2}\right) + \frac{q_v}{c\rho} \tag{1-1}$$

要求解这一长方体中的温度场，就必须写出一个起始条件和 $x$、$y$、$z$ 方向上各两个总计六个边界条件，这样才能得到惟一解。

与代数方程组类似，$n$ 个未知函数需列出 $n$ 个互相独立的微分方程，这时称方程组是封闭的，才有可能得到惟一的解。

## 第一节　温度场和热流密度场

物理量在空间的分布叫做该物理量的场。传热学经常面对的场是温度场、速度场与热流密度场，可设为 $t(x,y,z,\tau)$、$\boldsymbol{u}(x,y,z,\tau)$ 和 $\boldsymbol{q}(x,y,z,\tau)$。还有其他物理量也可能是空间变量的函数。例如流体的密度 $\rho$，黏度 $\mu$ 与 $\nu$，导热系数 $\lambda$ 等。它们与温度有关，而温度是空间变量的函数，故它们也就构成了自己的场，可分别记为 $\rho(x,y,z,t)$、$\mu(x,y,z,\tau)$、$\nu(x,y,z,\tau)$、$\lambda(x,y,z,\tau)$ 等。

场分为数量场与矢量场，温度场是数量场，而热流密度场是矢量场。

### 一、温度场的方向导数与梯度

设空间有一点 $P(x,y,z)$，从 $P$ 点出发沿 $\boldsymbol{l}$ 方向位移 $\Delta l$，此时温度变化为 $\Delta t$，则称 $\lim\limits_{\Delta l \to \infty} \frac{\Delta t}{\Delta l}$ 为温度场 $t$ 在 $P$ 点的方向导数，记为 $\frac{\partial t}{\partial \boldsymbol{l}}$。方向导数是个数量，表示温度在该方向上

的变化率。

某方向可用其与 $x$，$y$，$z$ 三个坐标的夹角 $\alpha$，$\beta$，$\gamma$ 表示，即 $\frac{\boldsymbol{l}}{|\boldsymbol{l}|} = \cos\alpha\boldsymbol{i} + \cos\beta\boldsymbol{j} + \cos\gamma\boldsymbol{k}$。

由全微分概念知

$$\frac{\partial t}{\partial \boldsymbol{l}} = \frac{\partial t}{\partial x}\frac{\partial x}{\partial \boldsymbol{l}} + \frac{\partial t}{\partial y}\frac{\partial y}{\partial \boldsymbol{l}} + \frac{\partial t}{\partial z}\frac{\partial z}{\partial \boldsymbol{l}} = \frac{\partial t}{\partial x}\cos\alpha + \frac{\partial t}{\partial y}\cos\beta + \frac{\partial t}{\partial z}\cos\gamma \tag{1-2}$$

此式即为方向导数的计算式，当 $t(x,y,z,\tau)$ 已知，$\cos\alpha$、$\cos\beta$、$\cos\gamma$（方向给定）已知，$\frac{\partial t}{\partial \boldsymbol{l}}$ 即可求出来。

对于确定的 $t$，我们有确定的矢量 $\boldsymbol{G}(x,y,z) = \frac{\partial t}{\partial x}\boldsymbol{i} + \frac{\partial t}{\partial y}\boldsymbol{j} + \frac{\partial t}{\partial z}\boldsymbol{k}$，将其与 $\frac{\boldsymbol{l}}{|\boldsymbol{l}|}$ 矢量点乘得：

$$\boldsymbol{G} \cdot \frac{\boldsymbol{l}}{|\boldsymbol{l}|} = \frac{\partial t}{\partial x}\cos\alpha + \frac{\partial t}{\partial y}\cos\beta + \frac{\partial t}{\partial z}\cos\gamma = \frac{\partial t}{\partial \boldsymbol{l}}$$

即 $\boldsymbol{G}$ 与 $\frac{\boldsymbol{l}}{|\boldsymbol{l}|}$ 矢量点积为 $t$ 的方向导数。

$\boldsymbol{G}$ 是确定的，$\boldsymbol{l}$ 的方向是可以变化的，由两个矢量点积的概念知：当 $\boldsymbol{l}$ 与 $\boldsymbol{G}$ 同向时，$\frac{\partial t}{\partial \boldsymbol{l}}$ 取极大值，大小为 $|\boldsymbol{G}|$。

我们称 $\boldsymbol{G}$ 为温度场的梯度，记为 grad$t$。

$$\text{grad}t = \frac{\partial t}{\partial x}\boldsymbol{i} + \frac{\partial t}{\partial y}\boldsymbol{j} + \frac{\partial t}{\partial z}\boldsymbol{k} \tag{1-3}$$

不言而喻，数量场 $t$ 的梯度为矢量场，它在直角系三个坐标上的投影为 $\frac{\partial t}{\partial x}$，$\frac{\partial t}{\partial y}$，$\frac{\partial t}{\partial z}$，它在 $\boldsymbol{l}$ 方向上的投影为 $\frac{\partial t}{\partial \boldsymbol{l}}$。

## 二、热流密度场

在直角坐标系下热流密度场可表达为

$$\boldsymbol{q} = q_x\boldsymbol{i} + q_y\boldsymbol{j} + q_z\boldsymbol{k} \tag{1-4}$$

其中 $q_x$、$q_y$、$q_z$ 为热流密度矢量在各个坐标系下的分量，广义的讲，他们都是空间坐标与时间的函数，即 $q_x = q_x(x,y,z,\tau)$，……。

根据上述温度场梯度与热流密度的概念，傅立叶定律的通用表达式为：

$$\boldsymbol{q} = -\lambda\text{grad}t \tag{1-5}$$

若两矢量相等，其相同方向的分量也相等，故：

$$q_x = -\lambda\frac{\partial t}{\partial x}$$

$$q_y = -\lambda\frac{\partial t}{\partial y}$$

$$q_z = -\lambda \frac{\partial t}{\partial z}$$

$$q_l = -\lambda \frac{\partial t}{\partial \boldsymbol{l}} \tag{1-6}$$

矢量在某点与 d$\boldsymbol{S}$ 面积的点积叫该矢量在微元面积上的通量。根据物理概念知，速度矢量的通量为体积流量，而热流密度矢量的通量为热流量。于是有 $\Phi = \iint_{\Omega} \boldsymbol{q} \cdot \mathrm{d}\boldsymbol{S}$。

设在空间某点周围有一封闭曲面 $\Omega$ 包围一个小体积 $\Delta V$，热流密度场的散度定义为：

$$\mathrm{div}\boldsymbol{q} = \lim_{\Delta V \to 0} \frac{\oint\!\!\!\oint_{\Omega} \boldsymbol{q} \cdot \mathrm{d}\boldsymbol{S}}{\Delta V}$$

其物理意义不难理解：div$\boldsymbol{q}$ 为空间各点单位体积向周围贡献的热量。

根据高斯公式（Gauss）或奥斯特罗格拉特斯基（остроградский）公式，封闭曲面的面积分可化为体积积分，

$$\oint\!\!\!\oint_{\Omega} \boldsymbol{q} \cdot \mathrm{d}\boldsymbol{S} = \oint\!\!\!\oint_{\Omega} q_x \mathrm{d}y\mathrm{d}z + q_y \mathrm{d}x\mathrm{d}z + q_z \mathrm{d}x\mathrm{d}y = \iiint_{\Omega} \left( \frac{\partial q_x}{\partial x} + \frac{\partial q_y}{\partial y} + \frac{\partial q_z}{\partial z} \right) \mathrm{d}x\mathrm{d}y\mathrm{d}z$$

则

$$\mathrm{div}\boldsymbol{q} = \lim_{\Delta V \to 0} \frac{\iiint_{\Omega} \left( \frac{\partial q_x}{\partial x} + \frac{\partial q_y}{\partial y} + \frac{\partial q_z}{\partial z} \right) \mathrm{d}V}{\Delta V} = \frac{\partial q_x}{\partial x} + \frac{\partial q_y}{\partial y} + \frac{\partial q_z}{\partial z} \tag{1-7}$$

div$\boldsymbol{q}$ 实际就是导热体中的内热源 $q_v$（W/m$^3$），即单位体积的发热量

$$\mathrm{div}\boldsymbol{q} = q_v \tag{1-8}$$

当确定对象中无内热源时 $q_v = 0$，即 div$q_v = 0$。

值得一提的是，有些同学可能对导热或对流空间中某点是否存在一个确定大小与方向的热流密度矢量心存疑虑，概念模糊。同为矢量场，速度场中流体的质点往哪个方向流，看得见，摸得着，而在求解复杂的二、三维导热问题时，往往看到某点 $x$ 方向有热流，$y$ 方向也有热流，就搞不清楚 $\boldsymbol{q}$ 是怎么回事了。其实任何导热体中都有一个确定的矢量场，每点都有由 $\boldsymbol{q}$ 函数所确定了方向和大小的热流密度。各个方向上的热流与各个方向的分速度一样，分别是 $\boldsymbol{q}$ 与 $\boldsymbol{u}$ 在该方向上的分量。

## 第二节　正交坐标系下的导热微分方程

所谓正交坐标系，是指当空间某点沿某一坐标方向移动时，该点的其他坐标值保持不变。例如将某一三维空间坐标系的三个变量记为 $x_1$，$x_2$，$x_3$，则有

$$\frac{\partial x_i}{\partial x_j} = \begin{cases} 0 & i \neq j \\ 1 & i = j \end{cases} \tag{1-9}$$

数学中记载的正交坐标系总共有十一个。传热学中常用的为直角坐标系、柱坐标系与球坐标系。

设有某一正交坐标系，三个坐标为 $x_1$，$x_2$，$x_3$，其与直角坐标系三个坐标的关系为

$$x = x(x_1, x_2, x_3) \quad y = y(x_1, x_2, x_3) \quad z = z(x_1, x_2, x_3) \tag{1-10}$$

对直角坐标系，$x$、$y$、$z$ 均为尺度，而任意坐标系下 $x_1$，$x_2$，$x_3$ 就不一定具有尺度的因次。例如柱坐标与球坐标的角度坐标就不是尺度，而只是无因次量。

在任意正交坐标系下，写内能变化项的时候，需要小微元体体积 $dV$，写热量流进与流出小微元体的量时需要垂直于 $x_1$，$x_2$，$x_3$ 方向上小微元体的表面积 $dA_1$、$dA_2$、$dA_3$，为了应用傅立叶定律需要小微元体三个方向上的尺度增量 $dl_1$、$dl_2$、$dl_3$。现在我们就把这些都表达出来。

空间微元线段在直角坐标系下可表示为

$$dl = \sqrt{(dx)^2 + (dy)^2 + (dz)^2}$$

式中 $dx$，$dy$，$dz$ 可用 $dx_1$，$dx_2$，$dx_3$ 表示，

$$\frac{dx}{dx_1} = \frac{\partial x}{\partial x_1}\frac{\partial x_1}{\partial x_1} + \frac{\partial x}{\partial x_2}\frac{\partial x_2}{\partial x_1} + \frac{\partial x}{\partial x_3}\frac{\partial x_3}{\partial x_1} = \frac{\partial x}{\partial x_1} \quad \text{（第二、三项为零）}$$

即 $dx = \frac{\partial x}{\partial x_1}dx_1$。同理可写出 $dy = \frac{\partial y}{\partial x_1}dx_1, dz = \frac{\partial z}{\partial x_1}dx_1$

故

$$dl_1 = \sqrt{\left(\frac{\partial x}{\partial x_1}\right)^2 + \left(\frac{\partial y}{\partial x_1}\right)^2 + \left(\frac{\partial z}{\partial x_1}\right)^2} \cdot dx_1$$

$$dl_2 = \sqrt{\left(\frac{\partial x}{\partial x_2}\right)^2 + \left(\frac{\partial y}{\partial x_2}\right)^2 + \left(\frac{\partial z}{\partial x_2}\right)^2} \cdot dx_2$$

$$dl_3 = \sqrt{\left(\frac{\partial x}{\partial x_3}\right)^2 + \left(\frac{\partial y}{\partial x_3}\right)^2 + \left(\frac{\partial z}{\partial x_3}\right)^2} \cdot dx_3 \tag{1-11}$$

例如，对柱坐标系：

$$x_1 = r, x_2 = \theta, x_3 = z$$

与直角坐标系的关系为：

$$x = r\cos\theta = x_1\cos x_2 \quad y = r\sin\theta = x_1\sin x_2 \quad z = z = x_3$$

则

$$\begin{cases} \frac{\partial x}{\partial x_1} = \cos x_2 & \frac{\partial y}{\partial x_1} = \sin x_2 & \frac{\partial z}{\partial x_1} = 0 \\ \frac{\partial x}{\partial x_2} = -x_1\sin x_2 & \frac{\partial y}{\partial x_2} = x_1\cos x_2 & \frac{\partial z}{\partial x_2} = 0 \\ \frac{\partial x}{\partial x_3} = 0 & \frac{\partial y}{\partial x_3} = 0 & \frac{\partial z}{\partial x_3} = 1 \end{cases}$$

$$dl_1 = \sqrt{\cos x_2^2 + \sin x_2^2} \cdot dx_1 = dr$$

$$dl_2 = \sqrt{(x_1\sin x_2)^2 + (x_1\cos x_2)^2} \cdot dx_2 = x_1 dx_2 = r d\theta$$

$$dl_3 = dx_3 = dz$$

记
$$H_i = \sqrt{\left(\frac{\partial x}{\partial x_i}\right)^2 + \left(\frac{\partial y}{\partial x_i}\right)^2 + \left(\frac{\partial z}{\partial x_i}\right)^2} \tag{1-12}$$

称为拉梅系数或度规系数。其意义为 $i$ 坐标方向上的尺度增量与坐标本身增量之比，即

$$\mathrm{d}l_i = H_i \mathrm{d}x_i \tag{1-13}$$

显然它可能是有因次的。

垂直于坐标方向上小微元体面积为

$$\mathrm{d}A_1 = \mathrm{d}l_2 \mathrm{d}l_3 = H_2 H_3 \mathrm{d}x_2 \mathrm{d}x_3$$

$$\mathrm{d}A_2 = \mathrm{d}l_1 \mathrm{d}l_3 = H_1 H_3 \mathrm{d}x_1 \mathrm{d}x_3$$

$$\mathrm{d}A_3 = \mathrm{d}l_1 \mathrm{d}l_2 = H_1 H_2 \mathrm{d}x_1 \mathrm{d}x_2$$

即

$$\mathrm{d}A_i = H_1 H_2 H_3 \mathrm{d}x_1 \mathrm{d}x_2 \mathrm{d}x_3 / (H_i \mathrm{d}x_i) \tag{1-14}$$

小微元体的体积为 $\mathrm{d}V = \mathrm{d}l_1 \mathrm{d}l_2 \mathrm{d}l_3 = H_1 H_2 H_3 \mathrm{d}x_1 \mathrm{d}x_2 \mathrm{d}x_3$。

记
$$H = H_1 H_2 H_3 \tag{1-15}$$

则：
$$\mathrm{d}V = H \mathrm{d}x_1 \mathrm{d}x_2 \mathrm{d}x_3 \tag{1-16}$$

以柱坐标为例：

$$H_1 = 1, H_2 = x_1, H_3 = 1, H = x_1$$

$$\mathrm{d}A_1 = x_1 \mathrm{d}x_2 \mathrm{d}x_3 = r\mathrm{d}\theta\mathrm{d}z$$

$$\mathrm{d}A_2 = \mathrm{d}x_1 \mathrm{d}x_3 = \mathrm{d}r\mathrm{d}z$$

$$\mathrm{d}A_3 = x_1 \mathrm{d}x_1 \mathrm{d}x_2 = r\mathrm{d}r\mathrm{d}\theta$$

$$\mathrm{d}V = x_1 \mathrm{d}x_1 \mathrm{d}x_2 \mathrm{d}x_3 = r\mathrm{d}r\mathrm{d}\theta\mathrm{d}z$$

导热微分方程描述的是空间各小微元体在瞬间的能量守恒关系，即单位时间小微元体内热源产生的热量等于单位时间内能的增加与单位时间边界上流出减流入的热量之和。

上述三项中的后两项均可用设定的温度场 $t$ 函数的微分形式表达出来，导热微分方程就是这样构成的。

通过六个面导出减导入小微元体的热量为

$$-\sum_{i=1}^{3} \frac{\partial}{\partial x_i}\left(\lambda \frac{\partial t}{\partial l_i} \mathrm{d}A_i\right) \mathrm{d}x_i = -\sum_{i=1}^{3} \left\{\frac{\partial}{\partial x_i}\left(\lambda \frac{\partial t}{H_i \partial x_i} H \mathrm{d}x_1 \mathrm{d}x_2 \mathrm{d}x_3\right) \Big/ H_i \mathrm{d}x_i\right\} \cdot \mathrm{d}x_i$$

在对 $x_i$ 求导时，$H_i$ 为常数，故该热量为

$$-\sum_{i=1}^{3} \frac{\partial}{\partial x_i}\left(\lambda \frac{\partial t}{\partial x_i} \frac{H}{H_i^2}\right) \mathrm{d}x_1 \mathrm{d}x_2 \mathrm{d}x_3$$

内热源发热量为：

$$q_{\mathrm{v}} \mathrm{d}V = q_{\mathrm{v}} H \mathrm{d}x_1 \mathrm{d}x_2 \mathrm{d}x_3$$

内能增加为： $$\frac{\partial(c\rho t)}{\partial\tau}\mathrm{d}V=\frac{\partial(c\rho t)}{\partial\tau}H\mathrm{d}x_1\mathrm{d}x_2\mathrm{d}x_3$$

当物性参数为常数时，导热微分方程被整理为：

$$\frac{\partial t}{\partial\tau}=\frac{a}{H}\sum_{i=1}^{3}\frac{\partial}{\partial x_i}\left(\frac{H}{H_i^2}\frac{\partial t}{\partial x_i}\right)+\frac{q_v}{c\rho}\tag{1-17}$$

以柱坐标为例，

$$\frac{\partial t}{\partial\tau}=\frac{a}{x_1}\left[\frac{\partial}{\partial x_1}\left(\frac{x_1}{1}\frac{\partial t}{\partial x_1}\right)+\frac{\partial}{\partial x_2}\left(\frac{x_1}{x_1^2}\frac{\partial t}{\partial x_2}\right)+\frac{\partial}{\partial x_3}\left(\frac{x_1}{1}\frac{\partial t}{\partial x_3}\right)\right]+\frac{q_v}{c\rho}$$

$$=\frac{a}{r}\left[\frac{\partial}{\partial r}\left(r\frac{\partial t}{\partial r}\right)+\frac{1}{r}\frac{\partial^2 t}{\partial\theta^2}+r\frac{\partial^2 t}{\partial z^2}\right]+\frac{q_v}{c\rho}$$

则：

$$\frac{\partial t}{\partial\tau}=a\left[\frac{\partial^2 t}{\partial r^2}+\frac{1}{r}\frac{\partial t}{\partial r}+\frac{1}{r^2}\frac{\partial^2 t}{\partial\theta^2}+\frac{\partial^2 t}{\partial z^2}\right]+\frac{q_v}{c\rho}\tag{1-18}$$

上式与我们直接用柱坐标所导出的导热微分方程相同。

对球坐标系

$$x_1=r,x_2=\theta(0\sim2\pi),x_3=\varphi(0\sim\pi/2)$$

坐标间的关系为

$$x=r\cos\theta\sin\varphi=x_1\cos x_2\sin x_3$$
$$y=r\sin\theta\sin\varphi=x_1\sin x_2\sin x_3$$
$$z=r\cos\varphi=x_1\cos x_3$$

用上述公式求得

$$H_1=1,\ H_2=x_1\sin x_3,\ H_3=x_1,\ H=x_1^2\sin x_3$$

得到导热微分方程为

$$\frac{\partial t}{\partial\tau}=a\left[\frac{\partial^2 t}{\partial r^2}+\frac{2}{r}\frac{\partial t}{\partial r}+\frac{1}{r^2\sin^2\varphi}\frac{\partial^2 t}{\partial\theta^2}+\frac{1}{r^2}\frac{\partial^2 t}{\partial\varphi^2}+\frac{\mathrm{ctg}\varphi}{r^2}\frac{\partial t}{\partial\varphi}\right]+\frac{q_v}{c\rho}\tag{1-19}$$

上述方程希望读者自己推导一遍，以确实掌握任意坐标系下导热微分方程的应用。

上述导热微分方程的各项都是有因次的。在运用数学知识求解的时候，带有因次的量会带来不便。例如大家学过的对数平均温差 $\ln\frac{\Delta t_1}{\Delta t_2}$，对数号后是一个无因次的数，毫无问题。但推导过程可能会出现 $\ln\Delta t_1$ 这样的项，$e^{-\tau}$ 这样的项也是如此。

数学处理的是纯粹的数，是不讲因次的。物理问题拿到数学中求解的时候，先将物理问题的数学描述式无因次化，会给数学求解带来方便。

我们定义下述无因次量来重新构造直角坐标系下导热微分方程：

无因次坐标 $$X=\frac{x}{L},Y=\frac{y}{L},Z=\frac{z}{L};$$

无因次温度 $\theta = \dfrac{t - t_f}{t_0 - t_f}$;

无量纲时间（傅立叶数） $\text{Fo} = \dfrac{a\tau}{L^2}$ （1-20）

上述式子中 $L$ 为特征尺寸，是研究对象中对导热过程影响最大的尺寸。例如平板导热，$L$ 常取平板的厚度或两倍的厚度；圆筒壁导热 $L$ 可取内径或外径。$t_f$ 为导热体外环境温度，对第一类边界条件取边界温度，对第三类边界条件 $t_f$ 取流体温度。$t_0$ 为初始温度。当然实际问题可能不这么简单，例如导热体的各个边界上既有第一类边界条件，又有第三类边界条件，初始温度不是常数等等。具体问题应具体分析，以方程简练，边界条件能够齐次化，便于求解为目标。

将上述各项无量纲引入导数微分方程，得到：

$$\frac{\partial \theta}{\partial \text{Fo}} = \frac{\partial^2 \theta}{\partial X^2} + \frac{\partial^2 \theta}{\partial Y^2} + \frac{\partial^2 \theta}{\partial Z^2} + G \tag{1-21}$$

式中 $G$ 为无量纲内热源， $G = \dfrac{q_v L^2}{\lambda(t_0 - t_f)}$ （1-22）

大家看到，方程无因次化后，与原方程相比，变量减少了，而且可以进行纯数学处理，将给求解过程带来方便。

## 第三节　导热问题的定解条件

导热微分方程描述的是导热现象的普遍规律。每一个具体的导热问题都有自己独特的情况，包括研究对象的形状尺寸、物性参数和边界上的热力条件等。把这些情况用数学式子写出来，成为方程的定解条件，就构成了对一个具体导热问题完整的数学描述。

在进行数学描述的时候，首先要清楚“维”的概念。在实际问题中，导热微分方程中各项的大小可能是差别很大的。当其中的一项或几项远远小于其他项时，则可将其忽略，以简化方程。这就有了稳态、一维、二维或无内热源等方程的简化形式。

所谓稳态，是指空间各点温度不随时间变化，即 $\dfrac{\partial t}{\partial \tau} = 0$。实际中若温度随时间的变化很慢，远小于温度梯度随位置的变化率，则可做稳态简化。

所谓一维，并非指研究对象一定是一根细棒。例如房间的一面墙，当厚度方向温度变化很大，而宽、高方向温度变化不大时，则可忽略宽、高方向的温度变化，作一维处理。可见导热问题可简化为一维或二维，与研究对象在该维方向上的尺度大小没有直接关系。

完成一个导热问题的数学描述要经历下述步骤：

（1）确定是否稳态，以及空间坐标的维数；

（2）根据研究对象的几何形状选择坐标系，并写出相应的导热微分方程；

（3）根据边界条件，确定坐标原点的位置及各个坐标方向；

（4）写出全部定解条件，包括物性参数、起始条件与边界条件。

上述过程中要注意采用以下方法：

（1）应选用一个基准温度，把真实温度变换成基于基准温度的过余温度。基准温度常选第一类边界条件的边界温度 $t_0$ 或第三类边界条件的流体温度 $t_f$，此时令 $\theta = t - t_0$ 或 $t - t_f$。这样做的目的是使尽可能多的边界条件齐次化，以方便求解。

温度的大小本来就是相对的。$t=0$ 中的零与数学中的 0 意义完全不同，它是水结冰的温度，绝非什么都没有。在传热学中，温度的绝对值没有多少物理意义，真正有意义的是温差。因此我们可以把边界上的温度或环境的温度看作是零度，用 $\theta$ 来代替 $t$ 进行求解，解出 $\theta$ 后，$t$ 与 $\theta$ 只差一个常数。

（2）对几何形状对称的物体（轴对称或线对称），当边界条件对称时，应将坐标原点置于对称轴或对称线上，并将该轴或线看作是一个边界（可称为广义边界）。在该边界的法线方向上，温度梯度为零。

（3）应理解第一类边界条件与第二类边界条件中的绝热边界条件可视为第三类边界条件的特殊情况。观察第三类边界条件的公式 $-\lambda \frac{\partial \theta}{\partial n} = h\theta$，设 $L$ 为研究对象的一个特征尺寸，此公式可写为 $-\frac{\partial \theta}{\partial (n/L)} = \frac{hL}{\lambda}\theta = \mathrm{Bi}\theta$，当 Bi 极大时，$\theta \to 0$，即 $t - t_f \to 0, t \approx t_f$，此为第一类边界条件；当 Bi 极小时，$h$ 很小，接近于无对流换热，$\frac{\partial \theta}{\partial (n/L)} \approx 0$，此时即为第二类边界条件中的绝热边界条件。

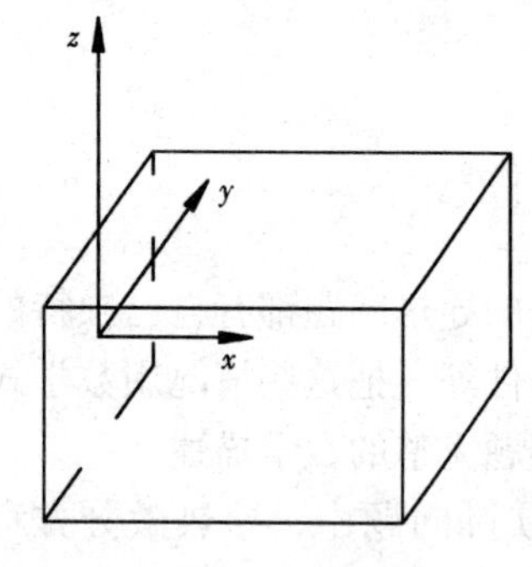

图 1-1　例 1 附图

因此，在对导热问题的理论研究中，也可不论实际情况，即将边界条件写成第三类进行推导。若需要第一类或绝热边界条件下的解，只需在普遍解中将 Bi 设为∞或 0 即可。

下面通过几个例子练习上述步骤和方法。

**【例 1-1】**　一个长方体，三个边长分别为 $L_1$、$L_2$、$L_3$，如图 1-1 所示。前、后面保持恒温 $t_0$，上、下面温度为 $t_f$，与放热系数为 $h$ 的流体接触，右侧加入定常热流 $q$（$\mathrm{W/m^2}$），左侧绝热，试写出该稳态导热问题的数学描述。

**【解】**　此题比较明显，应采用直角坐标系，是个三维稳态导热问题，无内热源。令 $\theta = t - t_f$，则 $\theta_0 = t_0 - t_f$，相应的微分方程为

$$\frac{\partial^2 \theta}{\partial x^2} + \frac{\partial^2 \theta}{\partial y^2} + \frac{\partial^2 \theta}{\partial z^2} = 0 \qquad (a)$$

根据此题边界条件的特点，坐标原点宜设在左侧绝缘面的中心。$L_1$，$L_2$，$L_3$ 分别为 $x$，$y$，$z$ 三个坐标方向的边长，如此边界条件为

$$x = 0 \qquad \frac{\partial \theta}{\partial x} = 0 \qquad (b)$$

$$x = L_1 \qquad \lambda \frac{\partial \theta}{\partial x} = q \qquad (c)$$

$$y = 0 \qquad \frac{\partial \theta}{\partial y} = 0 \qquad (d)$$

$$y = \frac{L_2}{2} \qquad \theta = \theta_0 \qquad (e)$$

$$z = 0 \qquad \frac{\partial \theta}{\partial z} = 0 \qquad (f)$$

$$z = \frac{L_3}{2} \qquad -\lambda \frac{\partial \theta}{\partial z} = h\theta \tag{g}$$

应注意（$c$）、（$g$）式中的符号问题。在初等传热学学习中有许多同学在此处出错。最简单的符号判断方法是你自己判定哪侧温度高，等式两边同时大于或小于零就行了。例如（$c$）式，右侧加入热流，显然$\frac{\partial \theta}{\partial x}$应大于0，故$\lambda$前应为正号。又如（$g$）式，你可假定上面流体温度比上表面温度高，则$\theta$小于0，而$\frac{\partial \theta}{\partial z}$大于0，故$\lambda$前面为负号。

**【例 1-2】** 上例中改为前、后面与上、下面均绝热，左侧加入常热流$q$，右侧与温度为$t_f$，放热系数为$h$的流体接触，无内热源，常物性（$\rho$，$c$）。当$\tau=0$时，$t=t_0$。

**【解】** 此时仍应是用直角坐标系，但由于上、下，前、后均绝热，问题已变为一维非稳态导热，设$\theta=t-t_f$，其数学描述为

$$\begin{cases} \frac{\partial \theta}{\partial \tau} = a\frac{\partial^2 \theta}{\partial x^2} \\ x = 0 \qquad \frac{\partial \theta}{\partial x} = -\frac{q}{\lambda} \\ x = L_1 \qquad -\lambda\frac{\partial \theta}{\partial x} = h\theta \\ \tau = 0 \qquad \theta = t_0 - t_f = \theta_0 \end{cases}$$

**【例 1-3】** 一正圆锥形肋，如图 1-2 所示。肋基处半径为$R$，肋高为$H$。肋基温度为$t_0$，肋表面与温度为$t_f$，放热系数为$h$的流体接触。试写出该肋温度场的数学描述。

**【解】** 由于几何形状和边界条件都轴对称，这是一个二维稳态导热问题。几何形状涉及圆，最好选用柱坐标或球坐标。令$\theta = t - t_f$。

$a$. 选柱坐标时，导热微分方程为

$$\frac{\partial^2 \theta}{\partial r^2} + \frac{1}{r}\frac{\partial \theta}{\partial r} + \frac{\partial^2 \theta}{\partial z^2} = 0$$

将坐标原点置于肋基处的圆心，

当$z = 0, \theta = t_0 - t_f = \theta_0$；

当$z = H, -\lambda\frac{\partial \theta}{\partial z} = h\theta$；

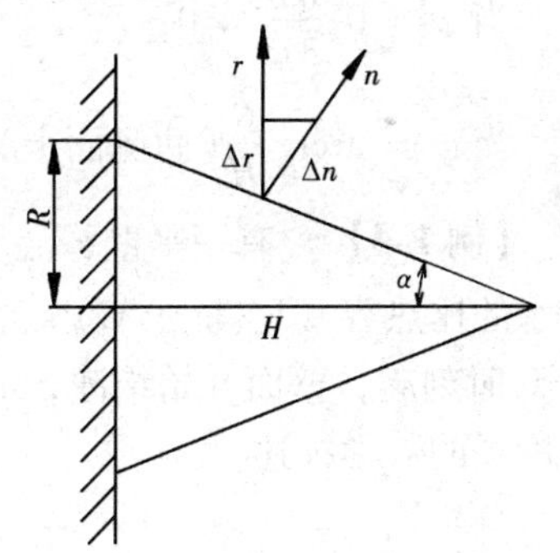

图 1-2 例 3 附图

（注：由于$\theta$对$z$是两阶导数，故必须写出$\theta$对$z$的两个边界条件，在$z=H$处，虽然面积为零，但我们可以把它想象成一个很小很小的面积，并满足给定的第三类边界条件。）

当$r = 0, \frac{\partial \theta}{\partial r} = 0$；

当$r = R\frac{H-z}{H}$（肋侧面上），$-\lambda\frac{\partial \theta}{\partial n} = h\theta$。

现需将式中的$\frac{\partial \theta}{\partial n}$写成用坐标表达的方式

$$\frac{\partial \theta}{\partial n} = \frac{\partial \theta}{\partial r}\cdot\frac{\partial r}{\partial n} + \frac{\partial \theta}{\partial z}\cdot\frac{\partial z}{\partial n} = \frac{\partial \theta}{\partial r}\cos\alpha + \frac{\partial \theta}{\partial z}\sin\alpha$$

$$\cos\alpha = \cos\left(\text{arctg}\frac{R}{H}\right) = \frac{1}{\sqrt{1+\left(\frac{R}{H}\right)^2}}$$

$$\sin\alpha = \sin\left(\text{arctg}\frac{R}{H}\right) = \frac{\frac{R}{H}}{\sqrt{1+\left(\frac{R}{H}\right)^2}}$$

故该边界条件为

$$-\lambda\left[\frac{\partial\theta}{\partial r}\cdot\frac{1}{\sqrt{1+\left(\frac{R}{H}\right)^2}}+\frac{\partial\theta}{\partial z}\cdot\frac{\frac{R}{H}}{\sqrt{1+\left(\frac{R}{H}\right)^2}}\right] = h\theta$$

$b$. 选球坐标时，应将坐标原点置于肋尖，其中 $\theta = \theta(r,\varphi)$。

导热微分方程为

$$\frac{\partial^2\theta}{\partial r^2}+\frac{2}{r}\frac{\partial\theta}{\partial r}+\frac{1}{r^2}\frac{\partial^2\theta}{\partial\varphi^2}+\frac{\text{ctg}\varphi}{r^2}\frac{\partial\theta}{\partial\varphi} = 0$$

边界条件为

当 $r = 0, \lambda\frac{\partial\theta}{\partial r} = h\theta$,(注意正、负号)；

当 $r = \frac{H}{\cos\varphi}$(肋基处),$\theta = t_0 - t_f = \theta_0$；

当 $\varphi = 0, \frac{\partial\theta}{\partial\varphi} = 0$；

当 $\varphi = \text{arctg}\frac{R}{H}$(肋侧面上)，$-\lambda\frac{\partial\theta}{r\partial\varphi} = h\theta$。

**【例 1-4】** 有一平壁，温度为 $t_0 < 0$℃；壁外为水，温度为 $t_f > 0$℃；$c$、$\rho$ 和 $\gamma$ 分别为水的比热容（J/(kg·℃)）、密度（kg/m$^3$）与液化热（J/kg)，$\lambda$ 为冰的导热系数。从 $\tau = 0$ 时刻起，壁面开始结冰，$h$ 为水与冰面的放热系数（W/(m$^2$·℃))。试写出冰层中温度场的数学描述。

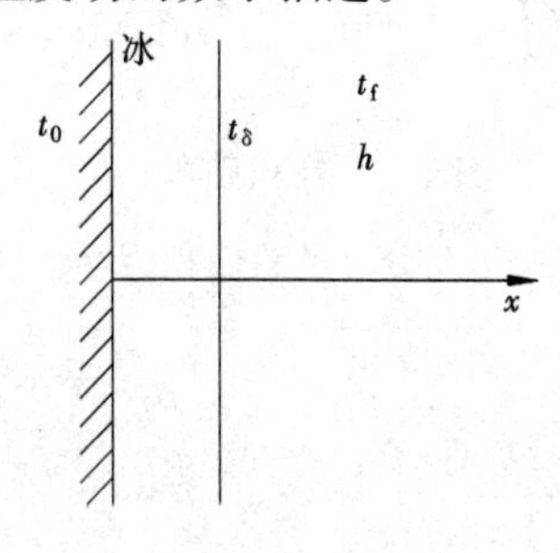


图 1-3 例 1-4 附图

**【解】** 冰层的厚度是从零逐渐增厚的，设其厚度为 $\delta = \delta(\tau)$，这是一个带有移动边界的一维非稳态导热问题。令 $\theta = t - t_f$，微分方程为：

$$\frac{\partial\theta}{\partial\tau} = a\frac{\partial^2\theta}{\partial x^2}$$

关于 $x$ 的边界条件为：

当 $x = 0, \theta = t_0 - t_f = \theta_0$；

当 $x = \delta, \gamma\rho\frac{\mathrm{d}\delta(\tau)}{\mathrm{d}\tau} = \lambda\frac{\partial\theta}{\partial x} + h\theta$，即结冰放出的热量与对流得到的热量之和为冰的导热量。我们注意到这里增加了一个未知函数 $\delta(\tau)$，但同时我们也看到关于 $\tau$ 可以写出二个时间条件，比正常方程的求解需要多一个。

一个时间条件是：

当$\tau=0$时，$\delta(\tau)=0$

另一个时间条件是：

当$\tau\to\infty$时，冰层不再增厚，过程趋于稳态，$\theta_\infty$仅为$x$的函数，此时冰层表面的温度应为0℃（若低于0℃，还会继续结冰；若高于0℃，则冰层会融化），即$t_{\delta\infty}=0$℃，$\theta_{\delta\infty}=-t_f$。此时冰层厚度之式应为$-\dfrac{\lambda t_0}{\delta_\infty}=ht_f$，故$\delta_\infty=-\dfrac{\lambda}{h}\dfrac{t_0}{t_f}$。

故该时间条件为：$t_\infty=t_0\left(1-\dfrac{x}{\delta_\infty}\right)=t_0\left(1+\dfrac{ht_f}{\lambda t_0}x\right)=t_0+\dfrac{h}{\lambda}t_f x$，即

$$\theta_\infty=t_\infty-t_f=\theta_0+\frac{h}{\lambda}t_f x。$$

如此我们对$\theta(x,\tau)$有了一个时间条件，两个边界条件，对$\delta(\tau)$有了一个时间条件，该数学描述是完整的了。

## 第四节　导热系数各向异性时的导热问题

本科传热学讨论的导热问题都是导热系数各向同性的情况，但实际中有一些工程材料，如木材、晶体、胶合板一类的复合材料等，其导热系数各向异性，因此关于这些材料导热问题的讨论很有特殊性。本节以二维情况为例来深入地讨论这个问题。观察一导热系数各向异性的平板如图1-4所示。下表面温度为$t_{w1}$，上表面温度为$t_{w2}$，$t_{w1}>t_{w2}$。水平坐标为$x_1$，垂直坐标为$x_2$。设$\xi_1$为平板内任意一点导热系数最大的方向，$\xi_2$为导热系数最小的方向，最大与最小的导热系数分别记为$\lambda_1$，$\lambda_2$。设材料为均质，且导热系数随方向连续变化，则$\xi_1\perp\xi_2$。$\xi_1$与$\xi_2$称为材料导热系数的主方向。利用傅立叶定律，可写成：

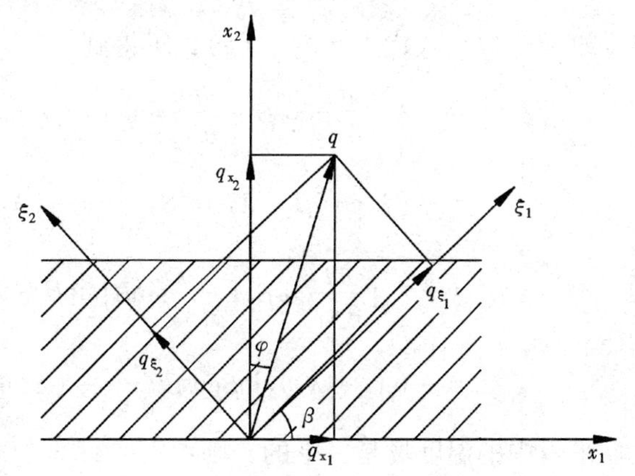

图1-4　导热系数各向异性的二维稳态导热

$$q_{\xi_1}=-\lambda_1\frac{\partial t}{\partial \xi_1}$$
$$q_{\xi_2}=-\lambda_2\frac{\partial t}{\partial \xi_2}\tag{1-23}$$

则在坐标系（$\xi_1,\xi_2$）下，热流密度向量为：

$$\boldsymbol{q}=-\lambda_1\frac{\partial t}{\partial \xi_1}\boldsymbol{i}_{\xi_1}-\lambda_2\frac{\partial t}{\partial \xi_2}\boldsymbol{j}_{\xi_2}\tag{1-24}$$

上式中假若$\lambda_2=0$，则$\boldsymbol{q}$与$\xi_1$同向；假若$\lambda_2=\lambda_1$，材料为导热系数各向同性材料，则$\boldsymbol{q}$的方向与$x_2$方向相同。一般情况下，$0<\lambda_2<\lambda_1$，可判断$\boldsymbol{q}$的方向在$\xi_1$与$x_2$两个方向之间。由此可知，在导热系数各向异性的材料中，热流密度一般不垂直于等温面（温度梯

度一定垂直于等温面)，即热流密度不一定与温度梯度方向相反。

在坐标系 $(\xi_1, \xi_2)$ 下，

$$\mathrm{grad}t = \frac{\partial t}{\partial \xi_1}\boldsymbol{i}_{\xi_1} + \frac{\partial t}{\partial \xi_2}\boldsymbol{j}_{\xi_2} \tag{1-25}$$

同一物体中的温度梯度及热流密度的大小和方向与坐标系无关。设 $\beta$ 为 $x_1$ 与 $\xi_1$ 的夹角，则由坐标变换得到：

$$q_{x_1} = q_{\xi_1}\cos\beta - q_{\xi_2}\sin\beta \tag{a}$$

$$q_{x_2} = q_{\xi_1}\sin\beta + q_{\xi_2}\cos\beta \tag{b}$$

$$\frac{\partial t}{\partial x_1} = \frac{\partial t}{\partial \xi_1}\cos\beta - \frac{\partial t}{\partial \xi_2}\sin\beta \tag{c}$$

$$\frac{\partial t}{\partial x_2} = \frac{\partial t}{\partial \xi_1}\sin\beta + \frac{\partial t}{\partial \xi_2}\cos\beta \tag{d}$$

($c$) 和 ($d$) 联立，可解得：

$$\frac{\partial t}{\partial \xi_1} = \frac{\partial t}{\partial x_1}\cos\beta + \frac{\partial t}{\partial x_2}\sin\beta \tag{e}$$

$$\frac{\partial t}{\partial \xi_2} = -\frac{\partial t}{\partial x_1}\sin\beta + \frac{\partial t}{\partial x_2}\cos\beta \tag{f}$$

将 ($e$) 与 ($f$) 式代入 ($a$)、($b$)，可得到：

$$\begin{aligned} q_{x_1} &= -\lambda_1\left(\frac{\partial t}{\partial x_1}\cos\beta + \frac{\partial t}{\partial x_2}\sin\beta\right)\cos\beta + \lambda_2\left(-\frac{\partial t}{\partial x_1}\sin\beta + \frac{\partial t}{\partial x_2}\cos\beta\right)\sin\beta \\ &= -(\lambda_1\cos^2\beta + \lambda_2\sin^2\beta)\frac{\partial t}{\partial x_1} - (\lambda_1 - \lambda_2)\sin\beta\cos\beta\frac{\partial t}{\partial x_2} \\ q_{x_2} &= -\lambda_1\left(\frac{\partial t}{\partial x_1}\cos\beta + \frac{\partial t}{\partial x_2}\sin\beta\right)\sin\beta - \lambda_2\left(-\frac{\partial t}{\partial x_1}\sin\beta + \frac{\partial t}{\partial x_2}\cos\beta\right)\cos\beta \\ &= -(\lambda_1 - \lambda_2)\sin\beta\cos\beta\frac{\partial t}{\partial x_1} - (\lambda_1\sin^2\beta + \lambda_2\cos^2\beta)\frac{\partial t}{\partial x_2} \end{aligned} \tag{1-26}$$

由于平板中的温度场是一维的，则：

$$\frac{\partial t}{\partial x_1} = 0$$

$$\frac{\partial t}{\partial x_2} = -\frac{t_{w1} - t_{w2}}{\delta}$$

上式可化简为：

$$\begin{aligned} q_{x_1} &= -(\lambda_1 - \lambda_2)\sin\beta\cos\beta\frac{\partial t}{\partial x_2} \\ &= (\lambda_1 - \lambda_2)\sin\beta\cos\beta\frac{t_{w1} - t_{w2}}{\delta} \end{aligned} \tag{1-27}$$

$$\begin{aligned} q_{x_2} &= -(\lambda_1\sin^2\beta + \lambda_2\cos^2\beta)\frac{\partial t}{\partial x_2} \\ &= (\lambda_1\sin^2\beta + \lambda_2\cos^2\beta)\frac{t_{w1} - t_{w2}}{\delta} \end{aligned} \tag{1-28}$$

$$|\boldsymbol{q}|=\sqrt{q_{x_1}^2+q_{x_2}^2} \tag{1-29}$$

$\boldsymbol{q}$ 与温度梯度方向的夹角 $\varphi$ 满足：

$$\mathrm{tg}\varphi=\frac{q_{x_1}}{q_{x_2}}=\frac{(\lambda_1-\lambda_2)\sin\beta\cos\beta}{\lambda_1\sin^2\beta+\lambda_2\cos^2\beta} \tag{1-30}$$

对一些特殊情况分析如下：

当 $\lambda_1=\lambda_2=\lambda$ 时，$\varphi=0$，$q_{x_1}=0$，$q_{x_2}=-\lambda\frac{\partial t}{\partial x_2}$；当 $\beta=0$ 时，$\varphi=0$，$q_{x_1}=0$，$q_{x_2}=-\lambda_2\frac{\partial t}{\partial x_2}$；当 $\beta=\frac{\pi}{2}$ 时，$\varphi=0$，$q_{x_1}=0$，$q_{x_2}=-\lambda_1\frac{\partial t}{\partial x_2}$。

对导热问题而言，有实际意义的平板导热量是 $q_{x_2}$，记表观导热系数：

$$\lambda^*=\lambda_1\sin^2\beta+\lambda_2\cos^2\beta \tag{1-31}$$

则

$$q_{x_2}=-\lambda^*\frac{t_{w2}-t_{w1}}{\delta} \tag{1-32}$$

对一些特殊情况分析如下：

当 $\beta=0$ 时，$\lambda^*=\lambda_2$；当 $\beta=\frac{\pi}{2}$ 时，$\lambda^*=\lambda_1$；当 $\beta=\frac{\pi}{4}$ 时，$\lambda^*=\frac{\lambda_1+\lambda_2}{2}$；当 $\lambda_1=\lambda_2$ 时，$\lambda^*=\lambda_1=\lambda_2$；当 $\lambda_2=0$ 时，$\lambda^*=\lambda_1\sin^2\beta$。

由式（1-26）知：$q_{x_1}$ 不仅与 $\frac{\partial t}{\partial x_1}$ 有关，而且与 $\frac{\partial t}{\partial x_2}$ 有关。$q_{x_2}$ 与 $\frac{\partial t}{\partial x_1}$ 也有关系，也就是说，对导热系数各向异性的情况，某一方向上的温度梯度也会在其垂直方向引发热流分量。我们可以拿固体内部流体沿微观缝隙流动作比喻来说明这个物理现象。设压力方向正指 $y$ 方向，但微观的流道却不正指 $y$ 方向，而是有偏斜，那么 $y$ 方向上的压力就会引发与 $y$ 垂直的 $x$ 方向上的流动分量。

将式（1-26）改写为：

$$q_{x_1}=-\lambda_{11}\frac{\partial t}{\partial x_1}-\lambda_{12}\frac{\partial t}{\partial x_2}$$

$$q_{x_2}=-\lambda_{21}\frac{\partial t}{\partial x_1}-\lambda_{22}\frac{\partial t}{\partial x_2} \tag{1-33}$$

则

$$\lambda_{11}=\lambda_1\cos^2\beta+\lambda_2\sin^2\beta$$

$$\lambda_{12}=\lambda_{21}=(\lambda_1-\lambda_2)\cos\beta\sin\beta$$

$$\lambda_{22}=\lambda_1\sin^2\beta+\lambda_2\cos^2\beta \tag{1-34}$$

$\lambda_{ij}$ 表示 $j$ 方向上的单位温度梯度分量引起的 $i$ 方向上的热流分量。$\lambda_{ij}$ 服从下述互易关系：

$$\lambda_{ij}=\lambda_{ji},\lambda_{ii}>0,\lambda_{ii}\lambda_{jj}-\lambda_{ij}^2>0\quad i,j=1,2 \tag{1-35}$$

这些关系被称为翁萨格原理。

对于三维空间，类似有：

$$q_1=-\lambda_{11}\frac{\partial t}{\partial x_1}-\lambda_{12}\frac{\partial t}{\partial x_2}-\lambda_{13}\frac{\partial t}{\partial x_3}$$

$$q_2 = -\lambda_{21}\frac{\partial t}{\partial x_1} - \lambda_{22}\frac{\partial t}{\partial x_2} - \lambda_{23}\frac{\partial t}{\partial x_3}$$

$$q_3 = -\lambda_{31}\frac{\partial t}{\partial x_1} - \lambda_{32}\frac{\partial t}{\partial x_2} - \lambda_{33}\frac{\partial t}{\partial x_3} \tag{1-36}$$

即

$$q_i = -\Sigma\lambda_{ij}\frac{\partial t}{\partial x_j} \qquad i,j = 1,2,3 \tag{1-37}$$

$\boldsymbol{q}$ 的求解也需通过坐标变换得出。

## 第五节　虚拟热源、映像法

埋在地下的电缆，由于电流通过而发热，并向周围的土壤散发热量。埋在地下的热管道也有类似的情况。在稳态情况下，单位长度上向周围散发的热流量 $q_l$ 是常数。如果沿电缆的长度方向上表面温度不变化，则这是一个二维的稳态导热问题，当然可以通过列解微分方程的方法求解。但还有一个特殊的方法，可以绕过二维偏微分方程的求解而得出温度场，该方法叫虚拟热源法。

如图 1-5 所示，把地层看作是均匀的介质，管道外径为 $d$，其轴线与地表的距离为 $L$，土壤的导热系数 $\lambda$ 为常量，管道表面有均匀的温度 $t_w$，地表面也有均匀的温度 $t_s$，地层中任一点 $P(x,y)$ 处的温度为 $t$。如果取 $t_s$ 作为基准温度，则地层中任一点的过余温度为 $\theta = t - t_s$，而管表面的过余温度为 $\theta_w = t_w - t_s$。

所谓虚拟热源法是假定在管道中部某点有一线热源，其发热量与管道表面发热量 $q_l$ 相等。同时假定在与该点以地表面为对称轴的对称点上有一个线热汇，即负的线热源，其值为 $-q_l$。我们知道，描述温度场的微分方程是线性的，多个线热源引起的温度场可以由各个引起线热源温度场的叠加得到。当我们将互相对称的 $q_l$ 与 $-q_l$ 两个热源引发的温度场互相叠加时，总温度场的零等温线（$\theta_s$）肯定为地表面。我们还可以知道线热源引发的是等温线为圆的温度场。由解析几何知，圆的方程加上圆的方程还是圆的方程，所以我们可以指望总温度场在管壁处的温度恰为一个与圆管壁重合的等温线。下面我们通过计算来实现这个过程。

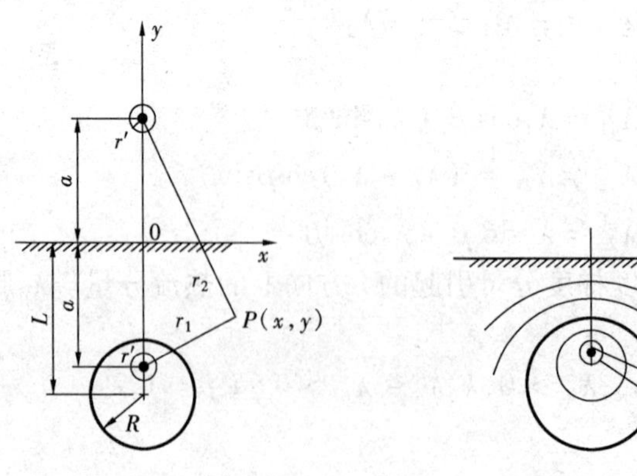


图 1-5　管道的位置　　　　图 1-6　管道周围的温度分布示意

设正、负线热源距地面的距离均为 $a$，它们各自形成一个温度场。将线热源看作是一个直径很小的小圆管，其半径记为 $r'$，其圆周上的过余温度为 $\theta'_1$，同样对线热汇有 $r'$ 与 $\theta'_2$。设线热源与线热汇所形成的温度场分别为 $\theta_1$ 与 $\theta_2$。

设地面下任意一点与线热源及线热汇的距离分别为 $r_1$ 与 $r_2$，则利用圆筒壁的导热公式得：

对线热源：

$$q_l = \frac{\theta'_1 - \theta_1}{\dfrac{1}{2\pi\lambda}\ln\dfrac{r_1}{r'}}$$

对线热汇：

$$-q_l = \frac{\theta'_2 - \theta_2}{\dfrac{1}{2\pi\lambda}\ln\dfrac{r_2}{r'}}$$

实际温度场应为线热源与线热汇所形成温度场的叠加，则

$$\theta = \theta_1 + \theta_2 = \frac{q_l}{2\pi\lambda}\ln\frac{r_2}{r_1} + \theta'_1 + \theta'_2$$

在地面处，$r_1 = r_2, \theta = 0$，故 $\theta'_1 + \theta'_2 = 0$，于是

$$\theta = \frac{q_l}{2\pi\lambda}\ln\frac{r_2}{r_1} \tag{a}$$

下面我们要通过推导解决如下几个问题：

（1）写出温度场 $\theta$ 的等温线方程。

（2）在已知 $\theta_w$，$d$，$L$ 等参数时，写出 $q_l$ 的表达式。过程中线热源（汇）与地面的垂直距离 $a$ 当然是一个需求解的重要参数。

由几何关系：

$$r_1^2 = x^2 + (a + y)^2 \qquad r_2^2 = x^2 + (a - y)^2$$

将此关系式代入（$a$），得到：

$$\theta = \frac{q_l}{4\pi\lambda}\ln\frac{x^2 + (a - y)^2}{x^2 + (a + y)^2}$$

$$\frac{x^2 + (a - y)^2}{x^2 + (a + y)^2} = e^{\frac{4\pi\lambda\theta}{q_l}}$$

令方程等号右边为参数 $c$，则

$$c = e^{\frac{4\pi\lambda\theta}{q_l}} \tag{b}$$

$c$ 为 $\theta$ 的函数，对管壁有：

$$c_w = e^{\frac{4\pi\lambda\theta_w}{q_l}} \tag{c}$$

经使用配方等手段整理得：

$$x^2 + \left(y - \frac{1 + c}{1 - c}a\right)^2 = \frac{4ca^2}{(1 - c)^2} \tag{d}$$

（$d$）式是一个圆的方程。当给定一个过余温度 $\theta$，则有一个确定的参数 $c$，因此该式也可以被看作是 $\theta$ 的等温线方程，或者说，它给出了一个以 $c$ 为参数的圆簇。各等温线圆心的坐标为 $x = 0, y = \dfrac{1 + c}{1 - c}a$，各圆的半径为 $2a\dfrac{\sqrt{c}}{c - 1}$。

不难判断，在地表处的过余温度 $\theta_s = 0, c = 1$，等温线圆的半径为无限大，等温线变

为一条直线，圆心在地下无穷远处。

管道的表面是 $\theta=\theta_w$ 的满足（$d$）式的一根等温线，这个等温线圆心距离地表面的距离为 $L$，则：

$$-L=\frac{1+c_w}{1-c_w}a \tag{e}$$

由于 $\theta_w>0, c_w>1$，则 $a<L$，即线热源的位置比管道中心高，如图1-6所示。管道表面等温圆的半径为：

$$\frac{d}{2}=\frac{2a\sqrt{c_w}}{c_w-1}$$

由（$e$）式与此式消去 $a$ 得：

$$\frac{\sqrt{c_w}}{1+c_w}=\frac{d}{4L} \tag{f}$$

由此式可写出

$$c_w^2+\left(2-16\frac{L^2}{d^2}\right)c_w+1=0 \quad \left(L>\frac{d}{2}, \because \text{当} L\leqslant\frac{d}{2}\text{时，方程无解}\right)\text{。}$$

经配方解得：

$$c_w=\left[8\left(\frac{L}{d}\right)^2-1\right]\pm 4\frac{L}{d}\sqrt{4\left(\frac{L}{d}\right)^2-1}=e^{(4\pi\lambda/q_l)\theta_w} \qquad \left(L>\frac{d}{2}\right)$$

上式中的第二项如取负号，则 $c_w<1$，这意味着 $\theta_w<0$ 和地下有线热源的给定条件相矛盾，所以只取正号。

由此即可写出单位长度的管道向土壤的散热量表达式：

$$q_l=\frac{4\pi\lambda\theta_w}{\ln\left[\left[8\left(\frac{L}{d}\right)^2-1\right]+4\frac{L}{d}\sqrt{4\left(\frac{L}{d}\right)^2-1}\right]}$$

经配方后整理为

$$q_l=\frac{2\pi\lambda\theta_w}{\ln\left[2\frac{L}{d}+\sqrt{4\left(\frac{L}{d}\right)^2-1}\right]} \tag{1-38}$$

如果管道埋得很深，$\frac{L}{d}$远大于1，上式可简化为：

$$q_l=\frac{2\pi\lambda\theta_w}{\ln\left(4\frac{L}{d}\right)} \tag{1-39}$$

当 $\frac{L}{d}>2$ 时，由简化式计算的 $q_l$ 值偏低，但误差不超过0.8%。

# 第二章　用分离变量法求解导热问题

非稳态导热和一维以上导热问题的偏微分方程是无法直接积分求解的。分离变量法是求解此类偏微分方程的方法之一。

## 第一节　任意函数以正交函数系列为基的级数展开

读者将会看到，这是分离变量法的本质与精华。

这里我们以本科学过的对流边界条件下一维非稳态导热问题为例来讨论这个题目。

设有无穷大平壁，厚度为 $2\delta$，初始温度为 $t_0(x)$，两侧被温度为 $t_f$、放热系数为 $h$ 的流体冷却（如图 2-1 所示），其数学描述为：

$$\begin{cases}\dfrac{\partial t}{\partial \tau} = a\,\dfrac{\partial^2 t}{\partial x^2}\\ \tau = 0 \quad t = t_0\\ x = 0 \quad \dfrac{\partial t}{\partial x} = 0\\ x = \delta \quad -\lambda\,\dfrac{\partial t}{\partial x} = h(t - t_f)\end{cases} \qquad \text{令}\ \theta = t - t_f \qquad \begin{cases}\dfrac{\partial \theta}{\partial \tau} = a\,\dfrac{\partial^2 \theta}{\partial x^2}\\ \tau = 0 \quad \theta = \theta_0 = t_0 - t_f\\ x = 0 \quad \dfrac{\partial \theta}{\partial x} = 0\\ x = \delta \quad -\lambda\,\dfrac{\partial \theta}{\partial x} = h\theta\end{cases} \tag{2-1}$$

为了把微分方程变成能够进行积分处理的形式，令 $\theta = X(x)\cdot T(\tau)$

目前，我们只能将这个假定看做是求解过程中的一个试探。在 $\theta(x,\tau)$ 未知的情况下，先假定 $\theta$ 是一个关于 $x$ 的函数 $X$ 与一个关于$\tau$的函数 $T$ 的乘积是没有依据的。将 $\theta(x,\tau)$ 代入微分方程后得到：

$$\frac{T'}{aT} = \frac{X''}{X} = \mu$$

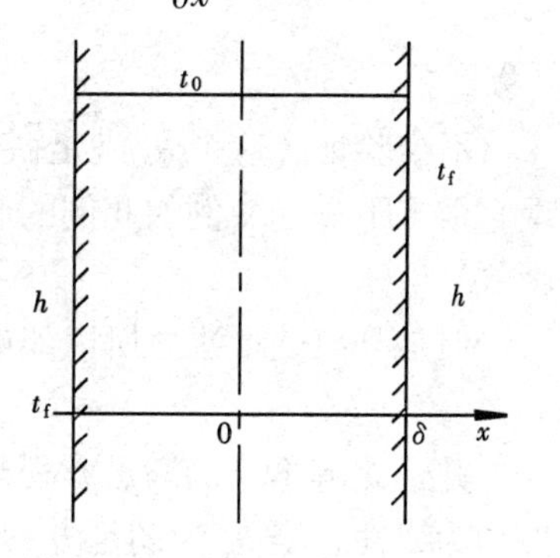


图 2-1　无穷大平壁非稳态导热示意图

上式第一项仅随 $\tau$ 变化，第二项仅随 $x$ 变化，当 $x$ 与$\tau$作为自变量任意变化而两式又相等时，当然只可能是都等于一个与 $x$，$\tau$均无关的参数 $\mu$。反证法可以更清楚地说明这一点。例如若 $\mu = \mu(\tau)$，则第二项不可能在 $x$ 为自变量的情况下与 $\mu$ 相等。

于是 $T' - a\mu T = 0$

解得 $T = A\mathrm{e}^{a\mu\tau}$

若 $\mu > 0$，则当$\tau \to \infty$ 时 $T \to \infty$，$\theta$ 也为无穷大与题意不符，故 $\mu$ 不大于零。

若 $\mu = 0$，则 $T$ 为常数，$\theta$ 与$\tau$无关，与题意不符，故 $\mu$ 不等于零。

于是令 $\mu = -\varepsilon^2$，$\varepsilon$ 为实数。此时，当$\tau \to \infty$ 时 $\theta \to 0$，$T \to t_f$ 是符合题意的。

关于 $X$ 的方程为：

$$X'' + \varepsilon^2 X = 0$$

解得：$X = B\cos(\varepsilon x) + C\sin(\varepsilon x)$

边界条件为：当 $x=0$ 时，$\frac{\partial\theta}{\partial x} = 0$

当 $x = \delta$ 时，$-\lambda X' = hX$

代入第一个边界条件得，$C=0$

则 $X$ 可被简化为：$X = B\cos(\varepsilon x)$

代入第二个边界条件，得：$\lambda B\varepsilon\sin(\varepsilon\delta) = Bh\cos(\varepsilon\delta)$

$$\mathrm{ctg}(\varepsilon\delta) = \frac{\lambda\varepsilon}{h}$$

令 $\beta = \varepsilon\delta, \mathrm{Bi} = \frac{h\delta}{\lambda}$，得：

$$\mathrm{ctg}\beta = \frac{\beta}{\mathrm{Bi}} \tag{2-2}$$

式中 Bi 为已知常数。

可用数值方法解此超越方程，得到关于 $\beta$ 的无穷多个解：……$\beta_{-2}, \beta_{-1}, \beta_1, \beta_2$……

这里 $\beta$ 的下脚标是人为给定的记号，例如对此例通常用 $\beta_1$ 表示式（2-2）在［0，π］区间的解，而 $\beta_{-1}$ 表示在［－π，0］区间的解等等。任取一个 $\beta$，例如 $\beta_n$ 都有一个与其相应的 $X_n$ 与 $\theta_n$

$$X_n = \cos\left(\beta_n \frac{x}{\delta}\right)$$

$$\theta_n = Ae^{-\beta_n^2\frac{a\tau}{\delta^2}}\cos\left(\beta_n \frac{x}{\delta}\right)$$

不难验证，这个 $\theta_n$ 满足微分方程与边界条件。但当我们用起始条件来验证它时，发现它根本不满足。例如此例的起始条件为当 $\tau = 0$ 时，$\theta = \theta_0$ 为常数，而 $\theta_n$ 关于 $x$ 是个余弦函数。

但是分离变量法之所以能够成功是因为解可写成：

$$\theta = \Sigma\theta_n \tag{2-3}$$

并且此解不仅仍满足方程与边界条件，而且还能满足起始条件。首先，方程与边界条件均为线性，当 $\theta_n$ 为满足方程与边界条件的解时，它们互相加（减），其和（差）仍为满足方程与边界条件的解。

当 $\tau = 0$ 时，$\theta(x,0) = \theta_0 = \Sigma A_n X_n$。从另一个角度看此式，其意义为一个函数 $\theta_0$（此处为常数，是一个特殊的函数）以 $X_n$ 为基展开成为级数。若果然能够展开，则 $\theta$ 已成为该问题的解。所以说，分离变量法的实质是一个级数展开的数学问题。这个问题的细节包括为什么要写成级数，为什么可以写成级数，级数应取多少项等等。

这是数学中著名的特征值与特征函数问题。在本例中，$\beta_n$（或 $\varepsilon_n$，$\lambda_n$）系列称为特征值，$X_n$ 系列称为特征函数。由此例不难看出，特征值本是常微分方程中函数项的一个系数，由于边界条件的限制，它只能取一系列确定的值。也就是说，如果它不在这些确定的值中取值，则方程的解不可能满足边界条件。每个特征值都对应一个特征函数，特征函数即为该常微分方程的解。在不同的文献中，特征值又可称为本征值、固有值等，特征函数也可称为本征函数、固有函数、本征向量等。

特征函数系列有两个重要的性质：

1. 特征函数两两正交，构成一个正交函数系列。

正交本是一个几何中的概念，当两个矢量 $\vec{a}$ 与 $\vec{b}$ 正交时，$\vec{a}\cdot\vec{b}=0$。在三维空间中，$a_1b_1+a_2b_2+a_3b_3=0$，即 $\sum_{i=1}^{3}a_ib_i=0$。函数正交是一个引申了的数学概念，若两个函数 $f(x)$ 与 $g(x)$ 存在：

$$\int_a^b f(x)g(x)\mathrm{d}x=0$$

则称 $f(x)$ 与 $g(x)$ 在 $[a,b]$ 上正交。比较函数正交的定义与两个矢量正交的表达式，考虑到定积分的概念就是求和，我们不难看出函数正交的含义。只不过这里不是三维空间了，而是把 $f(x)$ 与 $g(x)$ 看作是有无穷多个分量。

设有两个特征值 $\beta_n$ 与 $\beta_m$，对 $m\neq n$ 则 $\int_{-\delta}^{\delta}\cos\left(\beta_m\frac{x}{\delta}\right)\cos\left(\beta_n\frac{x}{\delta}\right)\mathrm{d}x=0$。读者可直接积分并引用 $\beta_n$ 与 $\beta_m$ 的来源对此式加以证明。

2. 正交函数系列可以作为基展开任意函数

对本例 $$\theta_0(x)=\sum_{n=1}^{\infty}A_n\cos\left(\beta_n\frac{x}{\delta}\right)\tag{2-4}$$

这里原来各项的积分常数 $A$ 已被改写成 $A_n$，是 $n$ 的函数，充当级数各项系数的角色。

为了证明并完成这个级数展开，请读者记住“遍乘”与“积分”两个词。我们用 $\cos\left(\beta_m\frac{x}{\delta}\right)$ 来遍乘式（2-4）级数各项，并在 $[-\delta,\delta]$ 区间积分，得：

$$\begin{aligned}\int_{-\delta}^{\delta}\theta_0(x)\cos\left(\beta_m\frac{x}{\delta}\right)\mathrm{d}x&=\sum_{n=1}^{\infty}\int_{-\delta}^{\delta}A_n\cos\left(\beta_n\frac{x}{\delta}\right)\cos\left(\beta_m\frac{x}{\delta}\right)\mathrm{d}x\\&=\begin{cases}0 & \text{当 } m\neq n \text{ 时}\\ \int_{-\delta}^{\delta}A_n\cos^2\left(\beta_n\frac{x}{\delta}\right)\mathrm{d}x & \text{当 } m=n \text{ 时}\end{cases}\end{aligned}$$

于是级数去掉 0 项以后，只剩下 $n=m$ 一项，考虑到本例中 $X_n(x)$ 为偶函数，积分区间可化简为 $0\sim\delta$。

得： $$A_m=A_n=\frac{\int_0^{\delta}\theta_0(x)X_n(x)\mathrm{d}x}{\int_0^{\delta}X_n^2(x)\mathrm{d}x}\quad(n=1,2,3\cdots\infty)\tag{2-5}$$

这是以正交函数为基展开任意函数时求级数系数的通式。其分母称为级数的“模”，记为 $M$。于是求得：

$$A_n=\frac{2\sin\beta_n}{\beta_n+\sin\beta_n\cos\beta_n}\theta_0$$

为了展开函数，级数应保持完整性，即应包括全部 $\beta_n(n=-\infty\sim\infty)$ 对应的项。但在大多数实际的特征值、特征函数方程中，都可以通过合并同类项来减少级数的总项数。如本例，从 $\beta_n$ 的求解过程我们知道，$\beta_{-n} = -\beta_n$。

于是 $\cos\left(\beta_{-n}\frac{x}{\delta}\right) = \cos\left(-\beta_n\frac{x}{\delta}\right) = \cos\left(\beta_n\frac{x}{\delta}\right)$

所以合并同类项后级数为：

$$\theta_0 = \sum_{n=1}^{\infty} A_n \cos\left(\beta_n \frac{x}{\delta}\right)$$

问题的解为：

$$\theta = \theta_0 \sum_{n=1}^{\infty} e^{-\beta_n^2 \frac{a\tau}{\delta^2}} \frac{2\sin\beta_n}{\beta_n + \sin\beta_n \cos\beta_n} \cos\left(\beta_n \frac{x}{\delta}\right) \tag{2-6}$$

通过上面讨论的对第三类边界条件下的一维非稳态导热问题的求解过程，我们发现分离变量后，求得的函数 $X$ 是个正交函数系列。初始条件借助于正交函数系列能展开任意函数的功能得到了满足。这个例子说明的问题非常具有代表性，许多导热问题的求解都是这样的过程。

在数学中特征值、特征函数问题又称斯特姆－刘维尔（Sturm-Liouville）问题，简称 SL 问题。该问题处理的是下述常微分方程：

$$\frac{d}{dx}\left[p(x)\frac{du}{dx}\right] + [q(x) + \lambda s(x)]u = 0 \tag{2-7}$$

$$\begin{cases} C_1 u(a) + C_2 u'(a) = 0 \\ d_1 u(b) + d_2 u'(b) = 0 \end{cases} \tag{2-8}$$

这样的方程称为 SL 方程，边界条件称为 SL 问题的边界条件，总体上称为 SL 问题。

我们看到，上面对流边界条件下的一维非稳态导热问题分离变量后，关于 $X$ 的求解问题就是一个 SL 问题。此时：

$$p(x) = 1, q(x) = 0, s(x) = -1, \lambda = -\varepsilon^2$$

边界条件就是导热问题中的第三类边界条件。

将 SL 方程中的第一项展开后为：

$$pu'' + p'u' + (q + \lambda s)u = 0$$

我们发现函数二阶导数项的变系数 $p(x)$ 对 $x$ 求导后恰为未知函数一阶导数项的变系数 $p'(x)$。这种现象称为“自伴”。传热学中极坐标系下导热微分方程在稳态，无内热源时为

$$r\frac{\partial^2 t}{\partial r^2} + \frac{\partial t}{\partial r} = 0$$

此时 $p(r) = r, p'(r) = 1$，因此该方程是自伴的。

于是，SL 方程为二阶、线性、齐次、变系数、自伴微分方程。

虽然 SL 方程中的 $\lambda$ 需按边界条件的要求取值，但 $q(x) + \lambda s(x)$ 仍可表达任意函数。这是 SL 方程的一般形式中存在 $q(x)$ 的原因。

任意形式的 SL 方程并非一定有解析解。当 SL 方程有解析解 $u(x)$ 时，又不一定能满足 SL 方程的定解条件。人们发现有这样一类 SL 方程，只有当 $\lambda$ 为一组值 $\lambda_0, \lambda_1, \lambda_2 \cdots\cdots \lambda_n \cdots\cdots$ 时，$u(x)$ 才满足定解条件。这些 $\lambda$ 称为特征值。与上述 $\lambda$ 相应的 $u_0, u_1, u_2 \cdots\cdots u_n \cdots\cdots$ 即为特征函数，它们构成了一个系列。

这里我们直接从SL问题的方程与边界条件出发来证明特征函数系列的正交性。

设特征值 $\lambda_n$ 与 $\lambda_m$ 对应的特征函数为 $u_n(x)$ 与 $u_m(x)$，则：

$$pu''_m + p'u'_m + qu_m + \lambda_m su_m = 0$$

$$pu''_n + p'u'_n + qu_n + \lambda_n su_n = 0$$

将第一式乘以 $u_n$，减去第二式乘以 $u_m$，得到

$$(pu''_m + p'u'_m + qu_m + \lambda_m su_m)u_n - (pu''_n + p'u'_n + qu_n + \lambda_n su_n)u_m = 0$$

$$\Rightarrow pu''_m u_n - pu''_n u_m + p'u'_m u_n - p'u'_n u_m = -(\lambda_m - \lambda_n)su_n u_m$$

由于存在以下微分关系：

$$\because\ [pu'_m u_n]' = p'u'_m u_n + p(u''_m u_n + u'_m u'_n)$$

$$[pu_m u'_n]' = p'u_m u'_n + p(u_m u''_n + u'_m u'_n)$$

$$\therefore\ [pu'_m u_n - pu'_n u_m]' = pu''_m u_n - pu''_n u_m + p'u'_m u_n - p'u'_n u_m = -(\lambda_m - \lambda_n)su_n u_m \qquad (a)$$

将（$a$）式在 $[a,b]$ 上积分，得到：

$$-(\lambda_m - \lambda_n)\int_a^b su_n u_m \mathrm{d}x = \int_a^b [pu'_m u_n - pu'_n u_m]'\mathrm{d}x = p(u'_m u_n - u'_n u_m)\Big|_a^b$$

$$= p(b)[u'_m(b)u_n(b) - u'_n(b)u_m(b)] - p(a)[u'_m(a)u_n(a) - u'_n(a)u_m(a)]$$

对照边界条件，可得上式右边的两项均为零，即对边界条件交叉相乘相减可得

$$\begin{cases} Au'_m(a) + Bu_m(a) = 0 \\ Cu'_m(b) + Du_m(b) = 0 \end{cases},\quad \begin{cases} Au'_n(a) + Bu_n(a) = 0 \\ Cu'_n(b) + Du_n(b) = 0 \end{cases}$$

$$Au'_m(a)u_n(a) + Bu_m(a)u_n(a) - [Au'_n(a)u_m(a) + Bu_n(a)u_m(a)] = 0$$

$$\Rightarrow u'_m(a)u_n(a) - u'_n(a)u_m(a) = 0$$

同理可得：$u'_m(b)u_n(b) - u'_n(b)u_m(b) = 0$

因此：$-(\lambda_m - \lambda_n)\int_a^b su_n u_m \mathrm{d}x = 0$，当 $\lambda_m \neq \lambda_n$ 时，$\int_a^b su_n u_m \mathrm{d}x = 0$，即 $u_n$ 与 $u_m$ 以带权 $s$ 正交。

任意函数可以以 $u_n$ 为基展开：

$$f(x) = \sum_{n=0}^{\infty} a_n u_n(x) \tag{2-9}$$

式中，$a_n$ 为第 $n$ 项的系数，它是与 $n$ 有关的：$a_n = \dfrac{\int_a^b sf(x)u_n(x)\mathrm{d}x}{\int_a^b su_n^2(x)\mathrm{d}x}$。

## 第二节　三种边界条件下的特征值与特征函数

第一类边界条件与第二类边界条件中的绝热边界条件均可视为第三类边界条件的特殊情况。因此我们首先讨论带有普遍适用性的第三类边界条件下的SL问题。

上节的例子初始温度为 $\theta_0$，初始温度与边界条件均关于 $x=0$ 轴左右对称。我们得到了 $X=\cos\left(\beta_n \frac{x}{\delta}\right)$ 这样一个特征函数。当初始温度为任意函数时，问题要复杂一些。该问题的数学描述为：

$$\theta = t - t_f \qquad \theta_0(x) = t_0(x) - t_f$$

$$\begin{cases} \dfrac{\partial\theta}{\partial\tau} = a\dfrac{\partial^2\theta}{\partial x^2} \\ x = 0\text{ 时} \quad \lambda\dfrac{\partial\theta}{\partial x} = h_1\theta \\ x = \delta\text{ 时} \quad -\lambda\dfrac{\partial\theta}{\partial x} = h_2\theta \\ \tau = 0\text{ 时} \quad \theta = \theta_0(x) \end{cases} \tag{2-10}$$

首先我们应注意到，由于初始温度 $\theta_0(x)$ 不是关于壁中心的偶函数，两侧的放热系数也不同，故在壁中心不存在这样的边界条件：$\frac{\partial\theta}{\partial x}=0$。将 $x$ 坐标的原点设在壁中心对求解不仅毫无帮助而且会增加麻烦，故我们将 $x$ 坐标的零点取在左侧壁面上，并且整个壁面的厚度为 $\delta$，这与本章第一节有所不同。

令 $\theta = X\cdot T$，经对方程分离变量得：

关于 $T$ 的函数 $\quad T = e^{-\beta^2\frac{a\tau}{\delta^2}}$

关于 $X$ 的函数 $\quad X = A\cos\left(\beta\frac{x}{\delta}\right) + B\sin\left(\beta\frac{x}{\delta}\right)$

边界条件为：$x=0$ 时 $\quad \lambda X' - h_1 X = 0$

$x=\delta$ 时 $\quad \lambda X' + h_2 X = 0$

为方便推导，令 $\mathrm{Bi}_1 = \frac{h_1\delta}{\lambda}, \mathrm{Bi}_2 = \frac{h_2\delta}{\lambda}$。

则边界条件可被改写为：

$$\begin{aligned} &x = 0\text{ 时} \quad \delta X' - \mathrm{Bi}_1 X = 0 \\ &x = \delta\text{ 时} \quad \delta X' + \mathrm{Bi}_2 X = 0 \end{aligned} \tag{2-11}$$

$$X' = -A\frac{\beta}{\delta}\sin\left(\beta\frac{x}{\delta}\right) + B\frac{\beta}{\delta}\cos\left(\beta\frac{x}{\delta}\right)$$

当 $x=0$ 时 $B\beta - \mathrm{Bi}_1 A = 0$

解得：
$$\frac{B}{A} = \frac{\mathrm{Bi}_1}{\beta} \quad (A \neq 0, \beta \neq 0)$$

$A$ 与 $B$ 均为未定的积分常数，将 $X$ 除以 $A$ 仍满足方程与齐次的边界条件。

故可将 $X$ 改写为：

$$X = \cos\left(\beta\frac{x}{\delta}\right) + \frac{\mathrm{Bi}_1}{\beta}\sin\left(\beta\frac{x}{\delta}\right)$$

$$X' = -\frac{\beta}{\delta}\sin\left(\beta\frac{x}{\delta}\right) + \frac{Bi_1}{\delta}\cos\left(\beta\frac{x}{\delta}\right)$$

当 $x = \delta$ 时

$$-\beta\sin\beta + Bi_1\cos\beta + Bi_2\cos\beta + \frac{Bi_1Bi_2}{\beta}\sin\beta = 0$$

$$\cos\beta(Bi_1 + Bi_2) = \sin\beta\left(\beta - \frac{Bi_1Bi_2}{\beta}\right)$$

$$\mathrm{tg}\beta = \frac{Bi_1 + Bi_2}{\beta - \frac{Bi_1Bi_2}{\beta}} = \frac{\beta(Bi_1 + Bi_2)}{\beta^2 - Bi_1Bi_2} \tag{2-12}$$

据此式可求得一系列的 $\beta$，即…… $\beta_{-3}, \beta_{-2}, \beta_{-1}, \beta_0, \beta_1, \beta_2, \beta_3$……

请注意 $\beta_0 = 0$ 也是一个特征值，不可漏掉。

为了进一步运用级数表达解，我们首先考虑级数的项数问题，$\beta_n$ 中的 $n$ 为 $-\infty \sim 0 \sim \infty$，但该和同样可以通过合并同类项加以化简。据（2-12）式，

$$\mathrm{tg}\beta_{-n} = \frac{\beta_{-n}(Bi_1 + Bi_2)}{\beta_{-n}^2 - Bi_1Bi_2}$$

两端同乘（$-1$）得：

$$\mathrm{tg}(-\beta_{-n}) = \frac{-\beta_{-n}(Bi_1 + Bi_2)}{\beta_{-n}^2 - Bi_1Bi_2}$$

故 $\beta_n = -\beta_{-n}$

$$X_{-n} = \cos\left(\beta_{-n}\frac{x}{\delta}\right) + \frac{Bi_1}{\beta_{-n}}\sin\left(\beta_{-n}\frac{x}{\delta}\right)$$

$$= \cos\left(\beta_n\frac{x}{\delta}\right) + \frac{Bi_1}{\beta_n}\sin\left(\beta_n\frac{x}{\delta}\right) = X_n$$

故级数的项数可化简为 $0 \sim \infty$。

解为：$\theta = \sum_{n=0}^{\infty} C_nT_nX_n = \sum_{n=0}^{\infty} C_n e^{-\beta_n^2\frac{a\tau}{\delta^2}}\left[\cos\left(\beta_n\frac{x}{\delta}\right) + \frac{Bi_1}{\beta_n}\sin\left(\beta_n\frac{x}{\delta}\right)\right]$

当 $\tau = 0$ 时 $\theta_0(x) = \sum_{n=0}^{\infty} C_nX_n$

式中 $C_n$ 为级数的系数

$$C_n = \frac{\int_0^{\delta}\theta_0(x)X_n\mathrm{d}x}{\int_0^{\delta}X_n^2\mathrm{d}x} \tag{2-13}$$

前已述及，第一类边界条件与第二类边界条件中的绝热边界条件可视为第三类边界条件的特殊情况。对第一类边界条件 $Bi = \frac{h\delta}{\lambda} \to \infty$，对于绝热边界条件 $Bi = 0$。

我们有了对 $x = 0$ 与 $x = \delta$ 处两个第三类边界条件下的 SL 问题的特征值与特征函数，稍加化简，即可得到在 $x = 0$ 与 $x = \delta$ 两个边界上的各种边界条件组合的特征值与特征函数如表 2-1 所示。

各种边界条件组合情况下的特征值与特征函数

方程为：$X'' + \left(\frac{\beta}{\delta}\right)^2 X = 0$　　表 2-1

| 序号 | $x=0$ 处的边界条件 | $x=\delta$ 处的边界条件 | 确定 $\beta_n$ 的方程 | $X_n(\beta_n, x)$ |
|---|---|---|---|---|
| 1 | $X=0$ | $X=0$ | $\sin\beta_n = 0$ | $\sin\left(\beta_n \frac{x}{\delta}\right)$ |
| 2 | $X=0$ | $X'=0$ | $\cos\beta_n = 0$ | $\sin\left(\beta_n \frac{x}{\delta}\right)$ |
| 3 | $X=0$ | $X' + \frac{Bi}{\delta}X = 0$ | $tg\beta_n = \frac{-\beta_n}{Bi}$ | $\sin\left(\beta_n \frac{x}{\delta}\right)$ |
| 4 | $X'=0$ | $X'=0$ | $\sin\beta_n = 0$ | $\cos\left(\beta_n \frac{x}{\delta}\right)$ |
| 5 | $X'=0$ | $X' + \frac{Bi}{\delta}X = 0$ | $ctg\beta_n = \frac{\beta_n}{Bi}$ | $\cos\left(\beta_n \frac{x}{\delta}\right)$ |
| 6 | $X' - \frac{Bi}{\delta}X = 0$ | $X' + \frac{Bi}{\delta}X = 0$ | $tg\beta_n = \frac{\beta_n(Bi_1 + Bi_2)}{\beta_n^2 - Bi_1 Bi_2}$ | $\cos\left(\beta_n \frac{x}{\delta}\right) + \frac{Bi_1}{\beta_n}\sin\left(\beta_n \frac{x}{\delta}\right)$ |

对上表，即对分离变量法的应用说明如下几点：

（1）分离变量法要求对 $\theta$ 的设定满足 $\tau\to\infty$ 时，$\theta=0$。对第一类边界条件，令 $\theta = t - t_w$。但当两侧均为第一类边界条件时，则要求两边界上的温度必须相等，过余温度 $\theta$ 同为零。当第一类边界条件与第三类边界条件分列两侧时，则要求 $t_w = t_f$。即一侧第一类边界条件的边界温度需等于另一侧第三类边界条件的流体温度。当两侧均为第三类边界条件时，两侧流体温度需相等。不满足上述条件，就不满足 $\tau\to\infty$ 时 $\theta=0$，也就无法直接分离变量，需进行变换。本书将在后面加以叙述。

（2）可将两侧均为第三类边界条件的特征值，特征函数视为通用公式。对其他边界条件，均可由此式化简得出，介绍如下：

①对 $X=0, X=0$ 的情况，$Bi_1\to\infty$，$Bi_2\to\infty$。关于特征值：$tg\beta_n=0$ 即 $\sin\beta_n=0$ 特征值为其根。关于特征函数：$Bi_1\to\infty$ 时，将特征函数除以 $\frac{Bi_1}{\beta_n}$，即得 $X_n = \sin\left(\beta_n \frac{x}{\delta}\right)$；

②对 $X=0, X'=0$ 的情况，$Bi_1\to\infty$，$Bi_2=0$。关于特征值：将 $Bi_1$ 与 $Bi_2$ 的无穷大与无穷小视为同阶，则（$Bi_1 \cdot Bi_2$）为常数。得到 $tg\beta_n\to\infty$，$\cos\beta_n=0$。关于特征函数：如同情况① $X_n = \sin\left(\beta_n \frac{x}{\delta}\right)$；

③对 $X=0, X' + \frac{Bi_2}{\delta}X = 0$ 的情况，$Bi_1\to\infty$。关于特征值：将 $tg\beta_n$ 式的右端分子、分母同除以 $Bi_1$ 得到：$tg\beta_n = \frac{-\beta_n}{Bi_2}$。关于特征函数：如同情况① $X_n = \sin\left(\beta_n \frac{x}{\delta}\right)$；

④对 $X'=0, X'=0$ 的情况，$Bi_1=0$，$Bi_2=0$。关于特征值：$tg\beta_n=0$，即 $\sin\beta_n=0$。关于特征函数：$X_n = \cos\left(\beta_n \frac{x}{\delta}\right)$；

⑤对 $X' = 0, X' + \frac{Bi_2}{\delta}X = 0$ 的情况，$Bi_1 = 0$。关于特征值：$ctg\beta_n = \frac{\beta_n}{Bi_2}$。关于特征函数：$X_n = \cos\left(\beta_n \frac{x}{\delta}\right)$。

（3）当根据特征值 $\beta$ 的计算式计算出零也是特征值时，应加以保留，并写入级数。上述不同边界条件搭配的情况中，①、③、④、⑥属此情况。

但①、③情况的特征函数为 $X_n = \sin\left(\beta_n \frac{x}{\delta}\right)$，此时 $X_0 = 0$，故求和符号仍写为 $\sum_{n=1}^{\infty}$；而④、⑥情况的求和符号为 $\sum_{n=0}^{\infty}$；②，⑤情况的求和符号为 $\sum_{n=1}^{\infty}$。

## 第三节　圆柱坐标下的一维非稳态导热问题

本节仅以无限长实心圆柱体为例。

**一、第三类边界条件**

设一无限长的实心圆柱体半径为 $R_2$，初始温度分布均匀为 $t_0$，$\tau = 0$ 时刻将之放置于温度为 $t_f$、对流换热系数为 $h$ 的流体中进行冷却（或加热），求解其非稳态温度场。

令过余温度 $\theta = t - t_f$，则问题的数学描述为：

$$\frac{\partial\theta}{\partial\tau} = \frac{a}{r}\cdot\frac{\partial}{\partial r}\left(r\frac{\partial\theta}{\partial r}\right)$$

$$r = 0,\ \frac{\partial\theta}{\partial r} = 0$$

$$r = R_2,\ \frac{\partial\theta}{\partial r} + \frac{h}{\lambda}\theta = 0$$

$$\tau = 0,\ \theta(r,0) = t_0 - t_f = \theta_0$$

采用分离变量法，令 $\theta = T(\tau)\cdot R(r)$ 得到：

$$RT' = \frac{a}{r}(R'T + rR''T) \Rightarrow \frac{T'}{aT} = \frac{R''}{R} + \frac{R'}{rR}$$

$$r = 0, R' = 0$$

$$r = R_2,\ R' + \frac{h}{\lambda}R = 0$$

$$\tau = 0,\ R(r)T(0) = \theta_0$$

类似于上一节的分析，可以得知：

$\frac{T'}{aT} = \frac{R''}{R} + \frac{R'}{rR} = -\varepsilon^2$，且 $T(\tau) = A\exp(-a\varepsilon^2\tau)$

关于半径的函数 $R(r)$，满足一个二阶线性变系数齐次自伴微分方程，权函数为 $r$，在齐次边界条件下：

$$R'' + \frac{R'}{r} + \varepsilon^2 R = 0$$

$$r = 0,\ R' = 0$$

$$r = R_2,\ R' + \frac{h}{\lambda} R = 0$$

该类方程的解属于一类特殊函数——贝塞尔函数。现将贝塞尔函数的基本知识简要介绍如下。

方程：

$$\frac{\mathrm{d}^2\omega}{\mathrm{d}z^2} + \frac{1}{z} \cdot \frac{\mathrm{d}\omega}{\mathrm{d}z} + \left(1 - \frac{n^2}{z^2}\right)\omega = 0$$

称为 $n$ 阶贝塞尔方程，其中 $n$ 可以是任何复常数。贝塞尔方程的解称为贝塞尔函数，用 $J_n(z)$ 表示贝塞尔方程有两个解，可以分别用级数表达如下：

$$J_n(z) = \sum_{m=0}^{\infty} \frac{(-1)^m}{m!} \frac{1}{\Gamma(n+m+1)} \left(\frac{z}{2}\right)^{2m+n}$$

$$J_{-n}(z) = \sum_{m=0}^{\infty} \frac{(-1)^m}{m!} \frac{1}{\Gamma(-n+m+1)} \left(\frac{z}{2}\right)^{2m-n}$$

其中阶乘函数 $\Gamma(x) = \int_0^{\infty} e^{-\tau} \tau^{x-1} \mathrm{d}\tau (\mathrm{Re}x > 0)$，也是一类特殊函数，存在递推关系 $\Gamma(x+1) = x\Gamma(x)$，特别地，当 $x$ 为正整数时，$\Gamma(n+1) = n!$。

这两个解通常称为第一类贝塞尔函数。特别地，当 $n = 0,1,2,3,4,\cdots\cdots$ 时，$J_{-n}(z) = (-1)^n J_n(z)$，而且：

$$J_0(z) = 1 + \sum_{k=1}^{\infty} \frac{(-1)^k z^{2k}}{2^{2k}(k!)^2},\ J_1(z) = \frac{z}{2} + \sum_{k=1}^{\infty} \frac{(-1)^k z^{2k+1}}{2^{2k+1}k!(k+1)!}$$

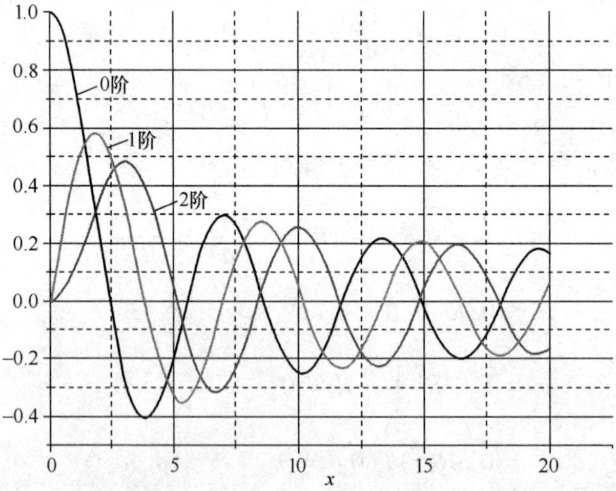

图 2-2　0 阶、1 阶和 2 阶第一类贝塞尔函数曲线

关于任何 $n$ 的贝塞尔函数存在如下递推公式：

(1) $\frac{\mathrm{d}}{\mathrm{d}z}(z^n J_n) = z^n J_{n-1}$

(2) $\frac{d}{dz}(z^{-n}J_n) = -z^{-n}J_{n+1}$，特别地，$J'_0(z) = -J_1(z) = J_{-1}(z)$

(3) $nJ_n + zJ'_n = zJ_{n-1}$

(4) $-nJ_n + zJ'_n = -zJ_{n+1}$

(5) $J_{n-1} + J_{n+1} = \frac{2n}{z}J_n$

(6) $J_{n-1} - J_{n+1} = 2J'_n$

(7) $\left(\frac{d}{zdz}\right)^m (z^n J_n) = z^{n-m}J_{n-m}$

(8) $\left(\frac{d}{zdz}\right)^m (z^{-n}J_n) = (-1)^m z^{-n-m}J_{n+m}$，其中算子 $\left(\frac{d}{zdz}\right)^m = \underbrace{\left(\frac{d}{zdz}\right)\left(\frac{d}{zdz}\right)\cdots\left(\frac{d}{zdz}\right)}_{m个}$

由以上递推关系，可以说，所有整数阶的贝塞尔函数都可以由 $J_0(z)$ 和 $J_1(z)$ 来表示。关于贝塞尔函数的计算，在 Matlab 软件中有非常丰富的自带函数库，读者可直接使用。

以下列出整数阶贝塞尔函数的一些积分关系，方便读者查询。

(1) $\int z^{n+1}J_n(z)dz = z^{n+1}J_{n+1}(z)$

(2) $\int z^{-n+1}J_n(z)dz = -z^{-n+1}J_{n-1}(z)$

(3) $\int zJ_n^2(kz)dz = \frac{z^2}{2}[J_n^2(kz) - J_{n-1}(kz)J_{n+1}(kz)]$

(4) $\int_0^{+\infty} r\exp(-ar^2)J_0(br)dr = \frac{1}{2a}\exp\left(-\frac{b^2}{4a}\right)$

(5) $\int rJ_0(\beta_m r)dr = \frac{1}{\beta_m}rJ_1(\beta_m r)$

(6) $\int_0^R r^3 J_0(r)dr = (R^3 - 4R)J_1(R) + 2R^2 J_0(R)$

(7) $\int_0^1 \eta \cdot J_0(\beta_n \eta) \cdot \ln\eta \cdot d\eta = \frac{1}{\beta_n^2}[J_0(\beta_n) - 1]$

不难发现关于 $R(r)$ 的微分方程即属于贝塞尔方程，而且是零阶贝塞尔方程 ($n = 0$)。作变量代换：$z = \varepsilon r$，则关于 $R(z)$ 的方程变换为：

$$\frac{d^2R}{dz^2} + \frac{1}{z}\frac{dR}{dz} + R = 0$$

其解为 $R(r) = R(z) = J_0(\varepsilon r)$。不难发现该解已经满足 $r = 0$, $R' = 0$ 的边界条件。为了满足 $r = R_2$ 处的边界条件，需要：

$\varepsilon J'_0(\varepsilon R_2) + \frac{h}{\lambda}J_0(\varepsilon R_2) = 0$，即 $-\varepsilon R_2 J_1(\varepsilon R_2) + \frac{hR_2}{\lambda}J_0(\varepsilon R_2) = 0$，令 $\mathrm{Bi} = \frac{hR_2}{\lambda}$，$\beta = \varepsilon R_2$，则关于特征值 $\beta$ 的特征值方程为：$-\beta_n J_1(\beta_n) + \mathrm{Bi} \cdot J_0(\beta_n) = 0$

问题的特征函数为：$J_0\left(\beta_n \frac{r}{R_2}\right)$

令 $\mathrm{Fo} = \frac{a\tau}{R_2^2}$，$\eta = \frac{r}{R_2}$，那么第三类边界条件下无限长实心圆柱体的非稳态温度场为：

$$\theta = \sum_{n=1}^{\infty} C_n \exp(-\beta_n^2 \cdot \text{Fo}) \cdot J_0(\beta_n \eta)$$

其中级数的系数为：

$$C_n = \frac{\int_0^1 \theta_0 \eta J_0(\beta_n \eta) \mathrm{d}\eta}{\int_0^1 \eta J_0^2(\beta_n \eta) \mathrm{d}\eta} = \frac{2J_1(\beta_n)}{\beta_n[J_0^2(\beta_n) + J_1^2(\beta_n)]} \cdot \theta_0 = \frac{2\text{Bi}}{(\beta_n^2 + \text{Bi}^2) J_0(\beta_n)} \cdot \theta_0$$

注：在特征值$\beta_n$的满足特征值方程$-\beta_n J_1(\beta_n) + \text{Bi} \cdot J_0(\beta_n) = 0$时，特征函数的模为：$N_n{}^2 = \int_0^1 \eta J_0^2(\beta_n \eta) \mathrm{d}\eta = \frac{J_0^2(\beta_n) + J_1^2(\beta_n)}{2} = J_0^2(\beta_n) \cdot \frac{\beta_n^2 + \text{Bi}^2}{2\beta_n^2}$

**二、绝热边界条件**

假设一无限长的实心圆柱体半径为$R_2$，初始温度分布均匀为$\theta(r)$，外侧面绝热，求解其非稳态温度场。则问题的数学描述为：

$$\frac{\partial \theta}{\partial \tau} = \frac{a}{r} \cdot \frac{\partial}{\partial r}\left(r \frac{\partial \theta}{\partial r}\right)$$

$$r = 0, \frac{\partial \theta}{\partial r} = 0$$

$$r = R_2, \frac{\partial \theta}{\partial r} = 0$$

$$\tau = 0, \theta(r, 0) = \theta(r)$$

采用分离变量法进行求解，步骤与上述相同，令：$\text{Fo} = \frac{a\tau}{R_2^2}$，$\text{Bi} = \frac{hR_2}{\lambda}$，$\eta = \frac{r}{R_2}$，$\beta = \varepsilon R_2$，则$R(r) = R(z) = J_0(\varepsilon r)$。

该问题的特征函数为：1与$J_0\left(\beta_n \frac{r}{R_2}\right)$。

为了使$R(r)$满足$r = R_2$处的边界条件，需要：$J_0'(\varepsilon r) = 0$，即特征值方程为：$J_1(\beta_n) = 0$。

在特征值$\beta_n$满足特征值方程$J_1(\beta_n) = 0$时，特征函数的模为：

$$N_n^2 = \int_0^1 \eta J_0^2(\beta_n \eta) \mathrm{d}\eta = \frac{J_0^2(\beta_n)}{2}$$

那么绝热边界条件下无限长实心圆柱体的非稳态温度场为：

$$\theta = \sum_{n=1}^{\infty} C_n \exp(-\beta_n^2 \cdot \text{Fo}) \cdot J_0(\beta_n \eta)$$

其中级数的系数为：

$$C_n = \frac{\int_0^1 \theta(\eta) \eta J_0(\beta_n \eta) \mathrm{d}\eta}{\int_0^1 \eta J_0^2(\beta_n \eta) \mathrm{d}\eta} = \frac{2}{J_0^2(\beta_n)} \cdot \int_0^1 \theta(\eta) \eta J_0(\beta_n \eta) \mathrm{d}\eta$$

本节介绍了实心圆柱体在两种边界条件下非稳态导热问题的分离变量法。关于空心圆柱体的非稳态导热过程的求解，则需要应用到第二类贝塞尔函数（或称诺依曼函数）及其一些特性，读者可以参考相关书籍进一步学习。

## 第四节　二维稳态导热问题的分离变量法求解

首先我们在直角坐标系下进行讨论。一平板边长为 $L_1$ 与 $L_2$，板厚方向上温度不变，物理参数已知。假定在四个边界上，有三个边界条件是齐次的，只有一个是非齐次的。作为一般的讨论，我们把三个齐次边界条件都写成第三类。

该问题的数学描述为：

$$\begin{cases}\dfrac{\partial^2\theta}{\partial x^2}+\dfrac{\partial^2\theta}{\partial y^2}=0\\ x=0\quad \lambda\dfrac{\partial\theta}{\partial x}-h_1\theta=0\\ x=L_1\quad \lambda\dfrac{\partial\theta}{\partial x}+h_2\theta=0\\ y=0\quad \lambda\dfrac{\partial\theta}{\partial y}-h_3\theta=0\\ y=L_2\quad \lambda\dfrac{\partial\theta}{\partial y}+h_4\theta=h_4\theta_f(x)\end{cases}\tag{2-14}$$

我们看到：$x=0, x=L_1, y=0$ 处为齐次边界条件。实际中若为第一类边界条件，则将放热系数看作是无穷大，若为绝热边界条件，则将放热系数看作是零。但这些式子却不能表达第二类边界条件常热流的情况。在这种情况下，应将该边界条件改写为 $\lambda\dfrac{\partial\theta}{\partial y}=q(x)$，并采用另外的方法求解。

$y=L_2$ 处的边界条件表达式表示流体温度不是常数，而是一个函数 $\theta_f(x)$，这是更一般的情况。当在 $y=L_2$ 边界上为给定的壁温函数 $\theta|_{y=l_2}(x)$ 时，应将 $h_4$ 看作为∞，则有 $\theta|_{y=l_2}=\theta_f(x)$。

分离变量：令 $\theta(x,y)=X(x)Y(y)$，该方程可变为：

$$\frac{X''}{X}=\frac{-Y''}{Y}=-\varepsilon^2\tag{2-15}$$

$$\begin{cases}X''+\varepsilon^2X=0\\ x=0\quad L_1X'-\mathrm{Bi}_1X=0\\ x=L_1\quad L_1X'+\mathrm{Bi}_2X=0\end{cases}$$

式中
$$\mathrm{Bi}_1=\frac{h_1L_1}{\lambda},\ \mathrm{Bi}_2=\frac{h_2L_1}{\lambda}\tag{2-16}$$

我们看到这是一个 SL 问题，令 $\beta_n=\varepsilon_nL_1$。

特征值 $\beta_n$ 为方程（2-12）的根。特征方程为：

$$X_n=\cos\left(\beta_n\frac{x}{L_1}\right)+\frac{\mathrm{Bi}_1}{\beta_n}\sin\left(\beta_n\frac{x}{L_1}\right)$$

回过来看式（2-15）的右端之所以写成 $-\varepsilon^2$，就是为了使 $X_n$ 成为特征函数，从而构成 SL 问题。

对 $Y$ 有 $Y''-\left(\frac{\beta}{L_1}\right)^2 Y=0$，通解为 $Y_n=c_1\text{ch}\left(\beta_n\frac{y}{L_1}\right)+c_2\text{sh}\left(\beta_n\frac{y}{L_1}\right)$，

边界条件为：$y=0$ 时，$L_2Y'-\text{Bi}_3Y=0\left(\text{Bi}_3=\frac{h_3L_2}{\lambda}\right)$

代入此条件得 $c_2=\frac{\text{Bi}_3}{\beta_n}\cdot\frac{L_1}{L_2}c_1$

故
$$Y_n=c_1\left[\text{ch}\left(\beta_n\frac{y}{L_1}\right)+\frac{\text{Bi}_3}{\beta_n}\cdot\frac{L_1}{L_2}\text{sh}\left(\beta_n\frac{y}{L_1}\right)\right]\tag{2-17}$$

$\theta_n=X_nY_n$ 已满足微分方程与 $x=0$，$x=L_1$，$y=0$ 三个边界条件，但它不能满足带有任意给定函数 $\theta_f(x)$ 的 $y=L_2$ 处的边界条件。

利用特征函数可作为基展开任意函数的性质，将解写成：

$$\theta=\sum_{n=0}^{\infty}\theta_n=\sum_{n=0}^{\infty}c_nX_nY_n\tag{2-18}$$

当 $y=L_2$ 时，$L_2\sum_{n=0}^{\infty}c_nX_nY'(L_2)+\text{Bi}_4\sum_{n=0}^{\infty}c_nX_n(x)Y_n(L_2)=\text{Bi}_4\theta_f(x)$，$\left(\text{Bi}_4=\frac{h_4L_2}{\lambda}\right)$

合并同类项后得：
$$\sum_{n=0}^{\infty}c_n[L_2Y'_n(L_2)+\text{Bi}_4Y_n(L_2)]X_n(x)=\text{Bi}_4\theta_f(x)\tag{2-19}$$

我们看到，这正是任意给定函数 $\theta_f(x)$ 的级数展开式。式中 $L_2Y'_n(L_2)+\text{Bi}_4Y_n(L_2)$ 是可直接计算的。根据 SL 问题级数系数计算的通用公式：

$$c_n=\frac{\text{Bi}_4}{[L_2Y'_n(L_2)+\text{Bi}_4Y_n(L_2)]}\cdot\frac{\int_0^{L1}\theta_f(x)X_n\text{d}x}{\int_0^{L1}X_n^2\text{d}x}\tag{2-20}$$

若在 $y=L_2$ 为常热流边界条件，即 $\lambda\frac{\partial\theta}{\partial y}=q(x)$，则 $\lambda\sum_{n=0}^{\infty}c_nX_n(x)Y'_n(L_2)=q(x)$

$$c_n=\frac{1}{\lambda Y'_n(L_2)}\frac{\int_0^{L1}q(x)X_n(x)\text{d}x}{\int_0^{L1}X_n^2(x)\text{d}x}\tag{2-21}$$

## 第五节　变 量 分 解 法

有许多有限区间的导热问题，其边界条件不满足第二章第二节中所述 SL 问题对边界条件的要求，或者方程中有内热源项而为非齐次，因此无法直接用分离变量法求解。在这些情况下，将温度场变量分解为二个或多个有可能使问题得到解决。本书将这一方法称为变量分解法，它可以解决很多问题。现举例说明如下：

（1）当二维稳态导热问题的非齐次边界条件多于一个时。例如：四个边界条件均为非齐次，如图 2-3 所示。

若 $\theta_1(x,y)$，$\theta_2(x,y)$，$\theta_3(x,y)$，$\theta_4(x,y)$ 分别为图 2-3 所示边界条件下的解，则根据方

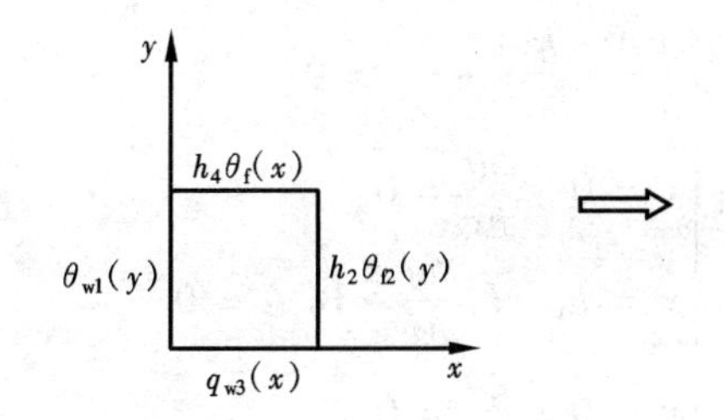


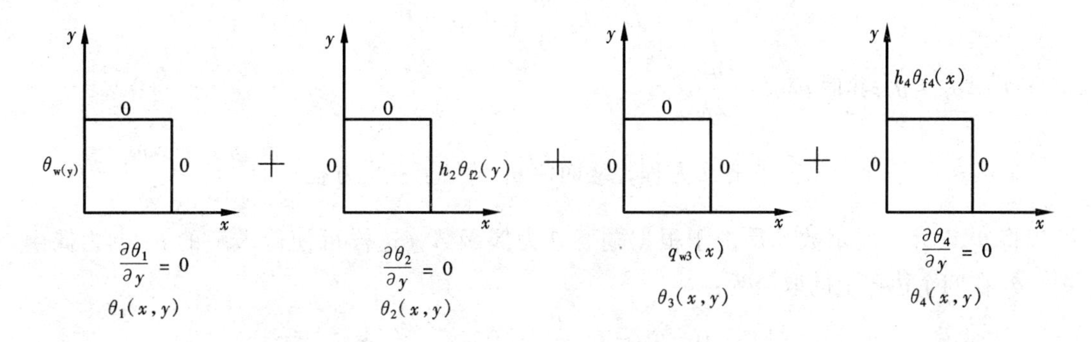


图 2-3　二维稳态导热问题变量分解法示意图

程的线性叠加性质，原问题的解应为四个解之和。

$$\theta(x,y)=\theta_1(x,y)+\theta_2(x,y)+\theta_3(x,y)+\theta_4(x,y)$$

证明是不难的。这里说明了，当非齐次边界条件多于一个时，可以将未知函数分解成多个，每个子函数只包含一个非齐次的边界条件，从而可以采用分离变量法求解。

（2）当方程有内热源项为非齐次时，此时无法直接采用分离变量法。例如二维稳态导热问题：

$$\frac{\partial^2\theta}{\partial x^2}+\frac{\partial^2\theta}{\partial y^2}+\frac{q_v}{\lambda}=0$$

此时令 $\theta(x,y)=\theta_1(x,y)+\theta_2(x,y)$。式中 $\theta_1$ 满足该方程对应的齐次方程：

$$\frac{\partial^2\theta_1}{\partial x^2}+\frac{\partial^2\theta_1}{\partial y^2}=0,$$

$\theta_2$ 满足原非齐次方程：

$$\frac{\partial^2\theta_2}{\partial x^2}+\frac{\partial^2\theta_2}{\partial y^2}+\frac{q_v}{\lambda}=0$$

但不要求它满足原方程的边界条件（称为方程的一个特解）。通常 $\theta_2$ 可以有许多函数形式，我们只要找出任意一个特解 $\theta_2$，则可计算 $\theta_2$ 在整个边界上的值，根据 $\theta$ 的边界条件和 $\theta_2$ 的边界值，可以很容易计算出 $\theta_1$ 的边界条件，于是就可以对 $\theta_1$ 这个齐次方程进行求解了。当然，$\theta_2$ 选得好些，可使 $\theta_1$ 的求解方便些。

例如一个 $2L_1\times 2L_2$ 平板上的二维稳态导热问题，内部有均匀内热源 $q_v$ = 常数，四个边界均为相同的第三类边界条件（流体温度均为 $t_f$，放热系数均为 $h$）。根据对称性将坐标原点选在板中央，该问题的数学描述为：$\theta(x,y)=t(x,y)-t_f$

$$\begin{cases}\dfrac{\partial^2\theta}{\partial x^2}+\dfrac{\partial^2\theta}{\partial y^2}+\dfrac{q_v}{\lambda}=0\\ x=0 \quad \dfrac{\partial\theta}{\partial x}=0\\ x=L_1 \quad L_1\dfrac{\partial\theta}{\partial x}+\mathrm{Bi}_1\theta=0\\ y=0 \quad \dfrac{\partial\theta}{\partial y}=0\\ y=L_2 \quad L_2\dfrac{\partial\theta}{\partial y}+\mathrm{Bi}_2\theta=0\end{cases}$$

可令 $\theta=\theta_1+\theta_2$，并取 $\theta_2=-\dfrac{q_v}{2\lambda}x^2$。

显然 $\theta_2$ 已满足原来的非齐次方程，从而使 $\theta_1$ 满足了齐次方程，即 $\dfrac{\partial^2\theta_1}{\partial x^2}+\dfrac{\partial^2\theta_1}{\partial y^2}=0$。之所以将 $\theta_2$ 设计为偶函数，是由于根据题意 $\theta$ 为偶函数，这样可使待求解的 $\theta_1$ 也为偶函数。$\theta_2$ 在四个边界上的取值为：

$$\begin{cases}x=0 \quad \theta_2=0, \dfrac{\partial\theta_2}{\partial x}=0\\ x=L_1 \quad \theta_2=-\dfrac{q_vL_1^2}{2\lambda}, \quad \dfrac{\partial\theta_2}{\partial x}=-\dfrac{q_vL_1}{\lambda}\\ y=0 \quad \theta_2=-\dfrac{q_vx^2}{2\lambda}\\ y=L_2 \quad \theta_2=-\dfrac{q_vx^2}{2\lambda}\end{cases}$$

则 $\theta_1$ 的有关边界条件为：

在 $x=0$ 处，$\dfrac{\partial\theta_1}{\partial x}=0$

在 $x=L_1$ 处，$L_1\dfrac{\partial(\theta_1+\theta_2)}{\partial x}+\mathrm{Bi}_1(\theta_1+\theta_2)=0$，即：$L_1\dfrac{\partial\theta_1}{\partial x}-\dfrac{q_vL_1^2}{\lambda}+\mathrm{Bi}_1\left(\theta_1-\dfrac{q_vL_1^2}{2\lambda}\right)=0$。显然，这是个非齐次的边界条件。为了使该边界条件齐次化，我们将该式改写为：

$$L_1\frac{\partial\theta_1}{\partial x}+\mathrm{Bi}_1\left(\theta_1-\frac{q_vL_1^2}{2\lambda}\frac{(2+\mathrm{Bi}_1)}{\mathrm{Bi}_1}\right)=0, \text{并令：}$$

$$\theta_3=\theta_1-\frac{q_vL_1^2}{2\lambda}\frac{(2+\mathrm{Bi}_1)}{\mathrm{Bi}_1}$$

显然，对 $\theta_3$ 有：

$$\frac{\partial^2\theta_3}{\partial x^2}+\frac{\partial^2\theta_3}{\partial y^2}=0$$

$$x=0, \quad \frac{\partial\theta_3}{\partial x}=0$$

$$x=L_1, \quad L_1\frac{\partial\theta_3}{\partial x}+\mathrm{Bi}_1\theta_3=0$$

在 $y=0$ 处，$\dfrac{\partial\theta_3}{\partial y}=0$

在 $y = L_2$ 处，$L_2 \frac{\partial \theta_3}{\partial y} + \mathrm{Bi}_2 \theta_3 = \mathrm{Bi}_2 \left( \frac{q_v}{2\lambda} x^2 - \frac{q_v L_1^2}{2\lambda} \frac{(2 + \mathrm{Bi}_1)}{\mathrm{Bi}_1} \right)$

我们发现，$\theta_3$ 是可以用分离变量法方便地求解的。

(3) 当边界条件不满足 SL 问题的要求时：

例如有下述问题：一厚为 $\delta$ 的无限大平壁初始温度为 $t_0$，从$\tau = 0$ 开始左侧壁面保持 $t_0$ 不变，右侧壁面与温度为 $t_f$、放热系数为 $h$ 的流体接触，试求解该非稳态温度场，问题的数学描述为：

$$\frac{\partial t}{\partial \tau} = a \frac{\partial^2 t}{\partial x^2}$$
$$x = 0 \quad t = t_0$$
$$x = \delta \quad \delta \frac{\partial t}{\partial x} = -\mathrm{Bi}(t - t_f)$$
$$\tau = 0 \quad t = t_0$$

令 $\theta = t - t_f$, 则：

$$\begin{cases} \frac{\partial \theta}{\partial \tau} = a \frac{\partial^2 \theta}{\partial x^2} \\ x = 0 \quad \theta = t_0 - t_f = \theta_0 \\ x = \delta \quad \delta \frac{\partial \theta}{\partial x} = -\mathrm{Bi}\theta \\ \tau = 0 \quad \theta = t_0 - t_f = \theta_0 \end{cases}$$

在 $x = 0$ 处边界条件为非齐次，当我们直接将 $\theta$ 分离变量，则得到：

$$\frac{T'}{aT} = \frac{X''}{X} = \lambda$$

在根据 $T = A\mathrm{e}^{a\tau\lambda}$ 确定 $\lambda$ 的取值范围时，发现除了 $\lambda > 0$，$\lambda = 0$ 不正确以外，当像以前的例子一样令 $\lambda < 0$ 时，当 $\tau \to \infty$ ,则 $T = 0, \theta = 0$, 显然这也是不正确的，因为实际上当$\tau \to \infty$ 时，壁内温度应趋向于一条斜线。如图 2-4 所示，于是可以采用变量分解法令

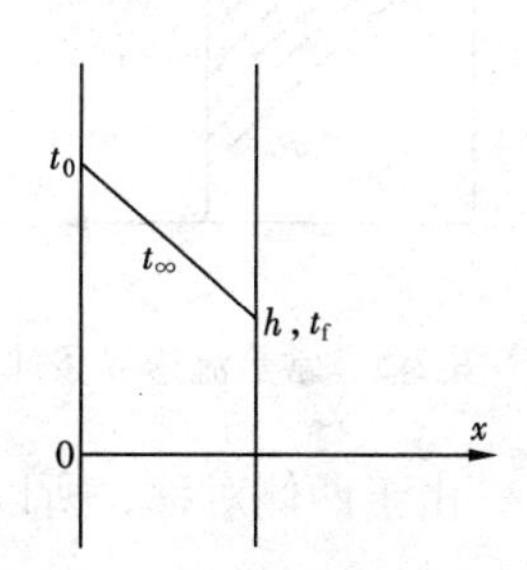

图 2-4　第一类和第三类边界条件下（$t_\infty$）示意图

$$\theta = \theta_1 + \theta_\infty$$

其中 $\theta_\infty = \theta|_{\tau \to \infty}$，利用稳态导热的知识不难求得：

$$\theta_\infty = \theta_0 \left[ 1 - \frac{x}{\delta + \frac{\lambda}{h}} \right] = \theta_0 \left[ 1 - \frac{1}{1 + \frac{1}{\mathrm{Bi}}} \frac{x}{\delta} \right] = \theta_0 \left( 1 - \frac{\mathrm{Bi}}{1 + \mathrm{Bi}} \frac{x}{\delta} \right)$$

于是关于 $\theta_1$ 的数学描述为：

$$\frac{\partial(\theta_1 + \theta_\infty)}{\partial \tau} = a \frac{\partial^2(\theta_1 + \theta_\infty)}{\partial x^2}$$
$$\frac{\partial \theta_1}{\partial \tau} = a \frac{\partial^2 \theta_1}{\partial x^2}$$

当 $x=0$ 时，$\theta=\theta_1+\theta_\infty=\theta_0, \theta_1=\theta_0-\theta_\infty=\theta_0\dfrac{\mathrm{Bi}}{1+\mathrm{Bi}}\dfrac{x}{\delta}=0$；

当 $x=\delta$ 时，$\delta\dfrac{\partial(\theta_1+\theta_\infty)}{\partial x}=-\mathrm{Bi}(\theta_1+\theta_\infty)$；

左边为 $\delta\dfrac{\partial\theta_1}{\partial x}-\dfrac{\mathrm{Bi}}{1+\mathrm{Bi}}\theta_0$，

而右边为 $-\mathrm{Bi}\theta_1-\mathrm{Bi}\theta_\infty=-\mathrm{Bi}\theta_1-\mathrm{Bi}\theta_0\left(1-\dfrac{\mathrm{Bi}}{1+\mathrm{Bi}}\right)=-\mathrm{Bi}\theta_1-\dfrac{\mathrm{Bi}}{1+\mathrm{Bi}}\theta_0$。

比较左右两边得：

当 $x=\delta$ 时，$\delta\dfrac{\partial\theta_1}{\partial x}=-\mathrm{Bi}\theta_1$；

当 $\tau\to\infty$ 时，$\theta_1=\theta-\theta_\infty=\theta_\infty-\theta_\infty=0$；

当 $\tau=0$ 时，$\theta_1=\theta-\theta_\infty=\dfrac{\mathrm{Bi}}{1+\mathrm{Bi}}\dfrac{x}{\delta}\theta_0$。

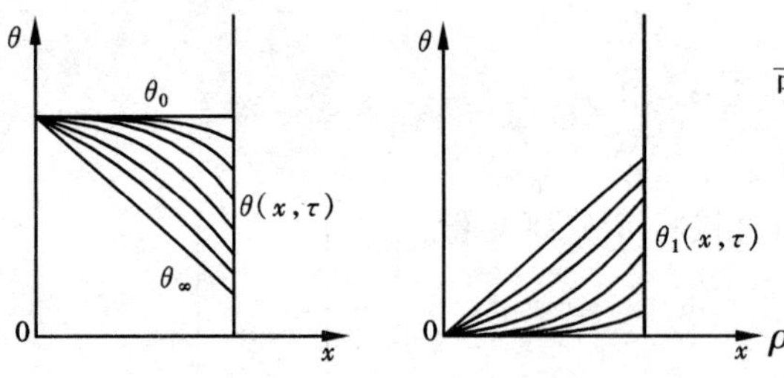


图 2-5　常热流边界条件下（$\theta_\infty$ 和 $\theta_1$）示意图

我们看到 $\theta_1$ 已具有齐次的边界条件，可用分离变量法求解温度场。

关于 $\theta$、$\theta_\infty$ 与 $\theta_1$ 的图示见图 2-5。

（4）常热流边界条件下的非稳态导热。

例如：一厚度为 $2\delta$ 的无穷大平壁，$c$、$\rho$、$\lambda$ 均为已知常数。初始温度为 $\theta=0$，从 $\tau=0$ 开始，两侧同时加入热流 $q$（$\mathrm{W/m^2}$），试求解 $\theta(x,\tau)$。

由于两侧对称，所以将坐标原点置于壁中心，则该问题的数学描述为：

$$\begin{cases}\dfrac{\partial\theta}{\partial\tau}=a\dfrac{\partial^2\theta}{\partial x^2}\\ x=0\quad \dfrac{\partial\theta}{\partial x}=0\\ x=\delta\quad \dfrac{\partial\theta}{\partial x}=\dfrac{q}{\lambda}\\ \tau=0\quad \theta=0\end{cases}$$

在 $x=\delta$ 处，边界条件为非齐次。若直接分离变量，则关于 $x$ 的方程与边界条件并不构成 SL 问题。但我们根据物理概念可判断，当 $\tau$ 足够大时，壁内的温度曲线应为准稳态，各点温度应按同样速率上升，即 $\dfrac{\partial\theta}{\partial\tau}$ 应与 $x$ 无关，记 $\theta_\infty(x,\tau)$ 为 $\tau\to\infty$ 时的壁内温度分布，

则 $c\rho\delta\dfrac{\partial\theta_\infty}{\partial\tau}=q, \theta_\infty(x,\tau)=\dfrac{q}{c\rho\delta}\tau+C(x)$

其中 $C(x)$ 的形式可以直接求出。对 $\theta_\infty(x,\tau)$ 有：

$$\begin{cases} \dfrac{\partial \theta_\infty}{\partial \tau} = a\dfrac{\partial^2 \theta_\infty}{\partial x^2} \\ x = 0 \quad \dfrac{\partial \theta_\infty}{\partial x} = 0 \\ x = \delta \quad \lambda\dfrac{\partial \theta_\infty}{\partial x} = q \end{cases}$$

由方程得$\dfrac{q}{c\rho\delta} = aC''(x), C''(x) = \dfrac{q}{\delta\lambda}, C'(x) = \dfrac{q}{\delta\lambda}x + c_1$

当 $x = 0$ 时,$\dfrac{\partial \theta_\infty}{\partial x} = C'(x) = 0$,故 $c_1 = 0$,则:

$$C(x) = \frac{q}{2\delta\lambda}x^2 + c_2$$

故 $\theta_\infty(x,\tau) = \dfrac{q}{c\rho\delta}\tau + \dfrac{q}{2\delta\lambda}x^2 + c_2$

可见当$\tau$足够大时，壁内温度曲线为抛物线，且各点温度以相同速率随时间线性提高。

令 $\theta = \theta_1 + \theta_\infty(x,\tau) = \theta_1 + \dfrac{q}{c\rho\delta}\tau + \dfrac{q}{2\delta\lambda}x^2$

这里已将常数 $c_2$ 并入了待求函数 $\theta_1(x,\tau)$。$\theta_1(x,\tau)$ 为由$\tau = 0$ 到$\tau$ 足够大温度曲线的变化过程。

关于 $\theta_1$ 的数学描述可被整理为:

$$\begin{cases} \dfrac{\partial \theta_1}{\partial \tau} = a\dfrac{\partial^2 \theta_1}{\partial x^2} \\ x = 0 \quad \dfrac{\partial \theta_1}{\partial x} = 0 \\ x = \delta \quad \dfrac{\partial \theta_1}{\partial x} = 0 \\ \tau = 0 \quad \theta_1 = \dfrac{-q\delta}{2\lambda}\left(\dfrac{x}{\delta}\right)^2 \end{cases}$$

这是一个具有初始温度函数在两端绝热情况下的内部导热问题。$\theta_1$ 可用分离变量法求解。下面我们来完成这个求解过程。

令 $\theta_1 = X \cdot T$,获得$\dfrac{T'}{aT} = \dfrac{X''}{X} = -\varepsilon^2$

则 $T = A\mathrm{e}^{-\varepsilon^2 a\tau}, X = B\cos\varepsilon x + C\sin\varepsilon x$

当 $x = 0$ 时,$X' = 0$,得 $C = 0$。

令 $\varepsilon = \dfrac{\beta}{\delta}$,则 $X = B\cos\beta\dfrac{x}{\delta}$,其中 $\beta$ 是 $\sin\beta = 0$ 的根。

所以 $\beta = n\pi$,故 $X_n = B_n\cos\dfrac{n\pi x}{\delta}$,所以 $\theta_1 = \sum\limits_{n=0}^{\infty} C_n T_n X_n = \sum\limits_{n=0}^{\infty} C_n \mathrm{e}^{-\beta_n^2\frac{a\tau}{\delta^2}}\cos\dfrac{n\pi x}{\delta}$

当 $\tau = 0$ 时,$\dfrac{-q\delta}{2\lambda}\left(\dfrac{x}{\delta}\right)^2 = \sum\limits_{n=0}^{\infty} C_n\cos\dfrac{n\pi x}{\delta}$。这是一个傅立叶系列级数的展开问题。

$$C_0 = \frac{1}{\delta}\int_0^{\delta} \frac{-q\delta}{2\lambda}\left(\frac{x}{\delta}\right)^2 \mathrm{d}x = -\frac{q\delta}{6\lambda}$$

$$C_{\mathrm{n}} = \frac{2}{\delta}\int_0^{\delta} \frac{-q\delta}{2\lambda}\left(\frac{x}{\delta}\right)^2 \cos\frac{n\pi x}{\delta}\mathrm{d}x = \frac{2q\delta(-1)^{\mathrm{n}}}{\lambda n^2\pi^2}$$

$$\theta_1 = -\frac{q\delta}{6\lambda} - \frac{2q\delta}{\lambda\pi^2}\sum_{n=1}^{\infty}\frac{(-1)^{\mathrm{n}}}{n^2}\mathrm{e}^{-(n\pi)^2\frac{a\tau}{\delta^2}}\cos\frac{n\pi x}{\delta}$$

$$\theta = \theta_1 + \frac{q}{c\rho\delta}\tau + \frac{q\delta}{2\lambda}\left(\frac{x}{\delta}\right)^2$$

至此问题解毕。

(5) 方程或边界条件非齐次情况下一维非稳态导热问题的通用解法

设无限大平壁非稳态导热问题如下：

$$\begin{cases} L(u) = f(x) \\ B_1(u) = p_1 \\ B_2(u) = p_2 \\ T(u) = p_3 \end{cases} \qquad (a)$$

其中，$L$ 代表微分方程的微分算子，$B_1$、$B_2$ 代表边界条件的微分算子，$T$ 代表初始条件的算子，$f(x)$ 代表内热源的非齐次项，$p_1$、$p_2$、$p_3$ 为定解条件中的非齐次项。对于这一类方程和条件均为非齐次的问题，利用叠加原理的通用求解方法如下：

1）求特解 $u_1$，仅仅满足问题（$a$）的方程 $L(u_1) = f(x)$（无需满足边界条件和初始条件），即：

$$\begin{cases} L(u_1) = f(x) \\ B_1(u_1) = \text{任意函数} \\ B_2(u_1) = \text{任意函数} \\ T(u_1) = \text{任意函数} \end{cases} \qquad (b)$$

该特解采用试探的方法就可以容易得到。

2）根据叠加原理，如果令：$u = u_1 + u_2$，则 $u_2$ 需满足如下方程和条件：

$$\begin{cases} L(u_2) = 0 \\ B_1(u_2) = p_1 - B_1(u_1) \\ B_2(u_2) = p_2 - B_2(u_1) \\ T(u_2) = p_3 - T(u_1) \end{cases} \qquad (c)$$

进一步根据叠加原理对 $u_2$ 进行分解求解。

3）求特解 $u_3$，仅仅满足问题（$c$）的齐次方程和边界条件，无需满足初始条件，即：

$$\begin{cases} L(u_3) = 0 \\ B_1(u_3) = p_1 - B_1(u_1) \\ B_2(u_3) = p_2 - B_2(u_1) \\ T(u_3) = \text{任意函数} \end{cases} \qquad (d)$$

该特解采用试探的方法容易得到。

4）根据叠加原理，如果令：$u_2 = u_3 + u_4$，则 $u_4$ 需满足如下方程和条件：

$$\begin{cases} L(u_4) = 0 \\ B_1(u_4) = 0 \\ B_2(u_4) = 0 \\ T(u_4) = p_3 - T(u_1) - T(u_3) \end{cases} \tag{e}$$

不难发现，关于 $u_4$ 的问题已经满足分离变量法应用的条件（齐次方程、齐次边界条件），已经可以按照分离变量法来进行求解了。

5）即原问题的解为：$u = u_1 + u_3 + u_4$

读者不难发现，该解中的 $u_3$ 即为前文通常所说的 $\theta_\infty$。

**【例】** 设一无限长的实心圆柱体半径为 $R_2$，初始温度分布均匀为 $t_0$，$\tau = 0$ 时刻将之放置于温度为 $t_f$、对流换热系数为 $h$ 的流体中进行冷却（或加热），而且同时在圆心处增加强度为 $q_l$（W/m）的线热源。求解其非稳态温度场。

**【解】** 令过余温度 $\theta = t - t_f$，则问题的数学描述为：

$$\frac{\partial\theta}{\partial\tau} = \frac{a}{r}\cdot\frac{\partial}{\partial r}\left(r\frac{\partial\theta}{\partial r}\right)$$

$$r = 0, \frac{\partial\theta}{\partial r} = -\frac{q_l}{2\pi\lambda}\cdot\delta(r,0)$$

$$r = R_2, \frac{\partial\theta}{\partial r} + \frac{h}{\lambda}\theta = 0$$

$$\tau = 0, \theta = t_0 - t_f = \theta_0$$

上式中 $\delta(r,0)$ 为 *Dirac* 函数，其定义与用法请参考第四章第三节和第五章第二节中的有关内容。

令 $\theta = \theta_1 + \theta_\infty$，$\theta_q = \frac{q_l}{2\pi\lambda}$，$\mathrm{Bi} = \frac{hR_2}{\lambda}$，$\eta = \frac{r}{R_2}$，可求出仅仅满足方程和边界条件的特解：

$$\theta_\infty = \frac{q_l}{2\pi\lambda}\left(\frac{\lambda}{hR_2} - \ln\frac{r}{R_2}\right) = \theta_q\left(\frac{1}{\mathrm{Bi}} - \ln\eta\right)$$

那么关于 $\theta_1$ 需要满足：

$$\frac{\partial\theta_1}{\partial\tau} = \frac{a}{r}\cdot\frac{\partial}{\partial r}\left(r\frac{\partial\theta_1}{\partial r}\right)$$

$$r = R_1, \frac{\partial\theta_1}{\partial r} = 0$$

$$r = R_2, \frac{\partial\theta_1}{\partial r} + \frac{h}{\lambda}\theta_1 = 0$$

$$\tau = 0, \theta_1(r,0) = \theta_0 - \frac{q_l}{2\pi\lambda}\left(\frac{\lambda}{hR_2} - \ln\frac{r}{R_2}\right) = \theta_0 - \frac{\theta_q}{\mathrm{Bi}} + \theta_q\cdot\ln\eta$$

可见 $\theta_1$ 已满足齐次方程与齐次边界条件，可用分离变量法求解。

根据第三节的求解过程可知，关于 $\theta_1$ 问题的特征值方程为：

$$-\beta_n J_1(\beta_n) + \mathrm{Bi}\cdot J_0(\beta_n) = 0$$

特征值函数为：$J_0\left(\beta_n\frac{r}{R_2}\right)$，特征函数的模为：

$$N_n^2 = \frac{J_0^2(\beta_n) + J_1^2(\beta_n)}{2} = J_0^2(\beta_n) \cdot \frac{\beta_n^2 + \mathrm{Bi}^2}{2\beta_n^2}$$

根据初始条件求解 $\theta_1$ 级数展开的系数，

$$C_n = \frac{2}{[J_0^2(\beta_n) + J_1^2(\beta_n)]}\int_0^1 \left(\theta_0 - \frac{\theta_q}{\mathrm{Bi}} + \theta_q \cdot \ln\eta\right)\eta J_0(\beta_n\eta)\mathrm{d}\eta$$

$$= \frac{2}{[J_0^2(\beta_n) + J_1^2(\beta_n)]}\left[\frac{J_1(\beta_n)}{\beta_n}\left(\theta_0 - \frac{\theta_q}{\mathrm{Bi}}\right) + \frac{\theta_q}{\beta_n^2}[J_0(\beta_n) - 1]\right]$$

令 $\mathrm{Fo} = \frac{a\tau}{R_2^2}$，因此该问题的温度场为：

$$\theta = \theta_1 + \theta_\infty = \sum_{n=1}^{\infty} C_n \exp(-\beta_n^2 \cdot \mathrm{Fo}) \cdot J_0(\beta_n\eta) + \theta_q\left(\frac{1}{\mathrm{Bi}} - \ln\eta\right)$$

## 第六节　周期性非稳态导热的分离变量解

### 一、第一类边界条件的情况

本科教材中曾给出壁面温度周期性变化时无穷大平壁中温度场的解。该问题的数学描述为：

$$\begin{cases} \frac{\partial\theta}{\partial\tau} = a\frac{\partial^2\theta}{\partial x^2} \\ \text{当 } x = 0 \text{ 时}, \theta_w = A_w\cos\left(\frac{2\pi}{T}\tau\right) \\ \text{当 } x \to \infty \text{ 时}, \theta = 0 \\ \text{当 } \tau = 0 \text{ 时，壁面温度已知}(A_w)\text{，壁内温度分布待求。} \end{cases} \tag{2-22}$$

式中表明壁面温度按余弦规律周期性变化，$A_w$ 为振幅，$T$ 为周期。壁面温度 $\theta_w$ 在一个周期内的平均值为0，即 $\bar{\theta}_w = \frac{1}{T}\int_0^T \theta_w \mathrm{d}\tau = 0$。与以往讲述过的例题不同的是，该例题是无穷区间的导热问题。

现在我们来讨论解的过程。应用分离变量法，令 $\theta = X(x) \cdot T(\tau)$，则$\frac{T'}{aT} = \frac{X''}{X} = \lambda$，$\lambda$ 是与 $x$、$\tau$ 均无关的常数。得到 $T = A\mathrm{e}^{a\lambda\tau}$ 后，当我们讨论 $\lambda$ 的取值范围时发现，$\lambda$ 大于、等于或小于0均不正确。其中对 $\lambda < 0$，当$\tau \to \infty$ 时，$T = 0$，$\theta = 0$，但实际上无论$\tau$为何值，在壁中 $x$ 不太大的一段，$\theta$ 均不等于0，因此也不符合物理意义。这说明 $\lambda$ 不可能为实数。此时我们可以令 $\lambda = \pm i\varepsilon^2$，即将问题引入到复数领域，式中 $\varepsilon$ 为实数。

关于 $T$ 的方程变为 $T' = \pm i\varepsilon^2 aT$，解得 $T = \mathrm{e}^{\pm i\varepsilon^2 a\tau}$；

关于 $X$ 的方程变为 $X'' = \pm i\varepsilon^2 X$，关于 $X$ 两个特解（暂不考虑积分常数）为

$$\begin{cases} X = \mathrm{e}^{\varepsilon\sqrt{\pm i}\,x} \\ X = \mathrm{e}^{-\varepsilon\sqrt{\pm i}\,x} \end{cases}$$

于是：

$$\theta = XT = \begin{cases} e^{\pm i\varepsilon^2 a\tau} e^{\varepsilon\sqrt{\pm i}\,x} \\ e^{\pm i\varepsilon^2 a\tau} e^{-\varepsilon\sqrt{\pm i}\,x} \end{cases}$$

请读者自行验证这两个解的正确性，并请注意 $T$ 式中的 ± 号与 $X$ 式中的 ± 号是对应的。

现对解中的$\sqrt{i}$作复数运算。有关的复数运算公式如下：

若 $w = \rho(\cos\varphi + i\sin\varphi)$，$z = r(\cos\theta + i\sin\theta)$，$w^n = z$，则

$$\rho^n(\cos n\varphi + i\sin n\varphi) = r(\cos\theta + i\sin\theta),$$

故 $\rho = r^{\frac{1}{n}}$，$\begin{cases} \cos n\varphi = \cos\theta \\ \sin n\varphi = \sin\theta \end{cases}$，其中 $\varphi = \dfrac{\theta + 2k\pi}{n}(k = 0,1,2,\cdots,n-1)$

$i$ 的复数表达式无实部，模为 1，幅角为$\dfrac{\pi}{2}$，即 $i = i\sin\dfrac{\pi}{2}$，由上述最后一个公式知：

$$\sqrt{i} = \begin{cases} \cos\dfrac{\pi}{4} + i\sin\dfrac{\pi}{4} = \dfrac{\sqrt{2}}{2}(1+i) \\ \cos\dfrac{\frac{\pi}{2}+2\pi}{2} + i\sin\dfrac{\frac{\pi}{2}+2\pi}{2} = -\dfrac{\sqrt{2}}{2}(1+i) \end{cases}, \sqrt{-i} = i\sqrt{i} = \begin{cases} -\dfrac{\sqrt{2}}{2}(1-i) \\ \dfrac{\sqrt{2}}{2}(1-i) \end{cases}$$

于是 $\theta$ 解的所有可能形式为：

$$\theta = \begin{cases} e^{i\varepsilon^2 a\tau + \frac{\sqrt{2}}{2}(1+i)\varepsilon x} & (a) \\ e^{i\varepsilon^2 a\tau - \frac{\sqrt{2}}{2}(1+i)\varepsilon x} & (b) \\ e^{-i\varepsilon^2 a\tau - \frac{\sqrt{2}}{2}(1-i)\varepsilon x} & (c) \\ e^{-i\varepsilon^2 a\tau + \frac{\sqrt{2}}{2}(1-i)\varepsilon x} & (d) \\ e^{i\varepsilon^2 a\tau - \frac{\sqrt{2}}{2}(1+i)\varepsilon x} & (e) \\ e^{i\varepsilon^2 a\tau + \frac{\sqrt{2}}{2}(1+i)\varepsilon x} & (f) \\ e^{-i\varepsilon^2 a\tau + \frac{\sqrt{2}}{2}(1-i)\varepsilon x} & (g) \\ e^{-i\varepsilon^2 a\tau - \frac{\sqrt{2}}{2}(1-i)\varepsilon x} & (h) \end{cases}$$

观察上述 $\theta$ 解的各个形式，发现（$a$）与（$f$），（$b$）与（$e$），（$c$）与（$h$），（$d$）与（$g$）两两相同，故只需保留（$a$）~（$d$）式即可。

复数运算的欧拉公式为 $z = r(\cos\theta + i\sin\theta) = re^{j\theta}$。($a$)、($d$) 式的实部为 $e^{\frac{\sqrt{2}}{2}\varepsilon x}$，当 $x\to\infty$ 时，$\theta\to\infty$，显然不符合物理意义，将其抛弃后则 $\theta$ 的解只剩下：

$$\theta = \begin{cases} e^{-\frac{\sqrt{2}}{2}\varepsilon x + i\left(\varepsilon^2 a\tau - \frac{\sqrt{2}}{2}\varepsilon x\right)} = e^{-\frac{\sqrt{2}}{2}\varepsilon x}\left[\cos\left(\varepsilon^2 a\tau - \dfrac{\sqrt{2}}{2}\varepsilon x\right) + i\sin\left(\varepsilon^2 a\tau - \dfrac{\sqrt{2}}{2}\varepsilon x\right)\right] \\ e^{-\frac{\sqrt{2}}{2}\varepsilon x - i\left(\varepsilon^2 a\tau - \frac{\sqrt{2}}{2}\varepsilon x\right)} = e^{-\frac{\sqrt{2}}{2}\varepsilon x}\left[\cos\left(\varepsilon^2 a\tau - \dfrac{\sqrt{2}}{2}\varepsilon x\right) - i\sin\left(\varepsilon^2 a\tau - \dfrac{\sqrt{2}}{2}\varepsilon x\right)\right] \end{cases}$$

上述两个解相加还是解，乘上积分常数 $A$ 后，则 $\theta$ 为：

$$\theta = Ae^{-\frac{\sqrt{2}}{2}\varepsilon x}\cos\left(\varepsilon^2 a\tau - \frac{\sqrt{2}}{2}\varepsilon x\right),$$

当 $x = 0$ 时，$\theta_w = A_w\cos\left(\dfrac{2\pi}{T}\tau\right) = A\cos(\varepsilon^2 a\tau)$，由此可得：

$$A = A_w,\ \varepsilon^2 a = \frac{2\pi}{T}, \text{即}\ \varepsilon = \sqrt{\frac{2\pi}{aT}},$$

故解为：

$$\theta = A_w e^{-\sqrt{\frac{\pi}{aT}}x} \cos\left(\frac{2\pi}{T}\tau - \sqrt{\frac{\pi}{aT}}x\right) \tag{2-23}$$

回顾解的过程，我们对数学中的复数意义及其功能可以有更深的理解。$\sqrt{-1}$虽然没有直接的物理意义，但它却给本节一类物理问题的求解帮了大忙。复数的意义是人为规定的，但一个复变量的模与幅角都可以在流体力学与传热学这类物理问题中找到实际意义。一个向量用复数表示，则既表示了大小，又表示了方向，它的优点是具有强大的计算功能。本节的问题在实数域中很难求解，我们是借助于复数求解的。但毕竟复数的虚部没有直接的物理意义，所以在推导的最后又把虚部消掉了。

**二、当边界条件为第三类时**

在上例中，我们把边界条件改为：当 $x = 0$ 时，$\lambda \frac{\partial\theta}{\partial x} = h(\theta - \theta_f)$，$\theta_f = A_f\cos\left(\frac{2\pi}{T}\tau\right)$，即壁面外流体温度按简谐规律周期性变化，$A_f$ 为 $\theta_f$ 波动的半个振幅。

由物理概念知，壁面温度也必然随之按简谐规律变化，但其振幅 $A_w$ 应小于 $A_f$，其相位应比 $\theta_f$ 晚一个数值。令 $\theta_w = A_w\cos\left(\frac{2\pi}{T}\tau - \varphi\right) = cA_f\cos\left(\frac{2\pi}{T}\tau - \varphi\right)$，$c$ 为壁面温度波动与流体温度波动振幅之比，$c = \frac{A_w}{A_f}$；$\varphi$ 为相位之差。当 $\theta_w$ 已知时，壁内温度场 $\theta$ 的公式如上节。现在需要根据第三类边界条件求出 $c$ 与 $\varphi$。

对流体侧有：$q_w = h(\theta_f - \theta_w) = h\left[A_f\cos\left(\frac{2\pi}{T}\tau\right) - cA_f\cos\left(\frac{2\pi}{T}\tau - \varphi\right)\right]$，

对固体侧有：
$$q_w = -\lambda\left.\frac{\partial\theta}{\partial x}\right|_{x=0} = \lambda A_w\sqrt{\frac{\pi}{aT}}\left[\cos\left(\frac{2\pi}{T}\tau - \varphi\right) - \sin\left(\frac{2\pi}{T}\tau - \varphi\right)\right]$$
$$= \lambda A_w\sqrt{\frac{2\pi}{aT}}\cos\left(\frac{2\pi}{T}\tau + \frac{\pi}{4} - \varphi\right)$$

两式相等得：

$$h\cos\left(\frac{2\pi}{T}\tau\right) = c\left[\lambda\sqrt{\frac{2\pi}{aT}}\cos\left(\frac{2\pi}{T}\tau + \frac{\pi}{4} - \varphi\right) + h\cos\left(\frac{2\pi}{T}\tau - \varphi\right)\right]$$

现在我们需要由此式确定两个未知数 $c$ 与 $\varphi$。令 $y = \frac{2\pi}{T}\tau - \varphi$，由 $\cos\left(y + \frac{\pi}{4}\right) = \frac{\sqrt{2}}{2}(\cos y - \sin y)$ 得：

$$\cos(y + \varphi) = c\left[\frac{\lambda}{h}\sqrt{\frac{\pi}{aT}}(\cos y - \sin y) + \cos y\right]$$

令 $B = \frac{\lambda}{h}\sqrt{\frac{\pi}{aT}}$，则：

$$\cos(y + \varphi) = c[(B + 1)\cos y - B\sin y]$$

令 $\cos\theta = \dfrac{B+1}{\sqrt{(B+1)^2+B^2}}, \sin\theta = \dfrac{B}{\sqrt{(B+1)^2+B^2}}$，则 $\mathrm{tg}\theta = \dfrac{B}{B+1}$

$$\cos(\gamma+\varphi) = c\sqrt{(B+1)^2+B^2}\cos(\gamma+\theta),$$

比较等式左右得：

$$\frac{A_{\mathrm{w}}}{A_{\mathrm{f}}} = c = \frac{1}{\sqrt{(B+1)^2+B^2}}, \varphi = \theta = \mathrm{arctg}\frac{B}{B+1} \tag{2-24}$$

**三、厚墙中的周期性非稳态导热**

设有一平壁，右侧壁面与温度为 $t_{\mathrm{f}}$（常数），放热系数为 $h$ 的流体对流换热，左侧壁面温度 $t_{\mathrm{w1}}$，以 $\bar{t}_{\mathrm{w1}}$ 为中心周期性简谐变化，要求确定壁内的温度分布函数 $t(x,\tau)$。

令 $\theta = t - t_{\mathrm{f}}$，$\theta_{\mathrm{w1}}(\tau) = t_{\mathrm{w1}}(\tau) - t_{\mathrm{f}}$，$\theta_{\mathrm{w2}}(\tau) = t_{\mathrm{w2}}(\tau) - t_{\mathrm{f}}$，$\bar{\theta}_{\mathrm{w1}} = \dfrac{1}{T}\displaystyle\int_0^T \theta_{\mathrm{w1}}\mathrm{d}\tau$

问题的数学描述为：

$$\begin{cases} \dfrac{\partial\theta}{\partial\tau} = a\dfrac{\partial^2\theta}{\partial x^2} \\ \text{当 } x = 0 \text{ 时}, \theta_{\mathrm{w1}}(\tau) = \bar{\theta}_{\mathrm{w1}} + A_{\mathrm{w1}}\cos\left(\dfrac{2\pi}{T}\tau\right) \\ \text{当 } x = \delta \text{ 时}, \lambda\dfrac{\partial\theta}{\partial x} = -h\theta \end{cases} \tag{2-25}$$

由于 $\theta$ 的时间平均值不为零，此问题已经不可以如本章第一节中那样直接分离变量求解。因为那样做得到的解 $\theta = A_{\mathrm{w}}\mathrm{e}^{-\sqrt{\frac{\pi}{aT}}x}\cos\left(\dfrac{2\pi}{T}\tau - \sqrt{\dfrac{\pi}{aT}}x\right)$ 在一个时间周期上的平均值为 0，与题意不符。为了利用分离变量法得到正确的解，此例需利用变量分解法。

令 $\theta = \theta_1 + \theta_2$，$\theta_1$ 只表达温度的波动，$\theta_2$ 为壁左侧为定常温度 $\bar{\theta}_{\mathrm{w1}}$，右侧与流体对流换热时，壁内的稳态温度分布。容易解得：

$$\theta_2(x) = \bar{\theta}_{\mathrm{w1}}\left(1 - \frac{\mathrm{Bi}}{\mathrm{Bi}+1}\frac{x}{\delta}\right) \tag{2-26}$$

则

$$\theta = \bar{\theta}_{\mathrm{w1}}\left(1 - \frac{\mathrm{Bi}}{\mathrm{Bi}+1}\frac{x}{\delta}\right) + A_{\mathrm{w1}}\mathrm{e}^{-\sqrt{\frac{\pi}{aT}}x}\cos\left(\frac{2\pi}{T}\tau - \sqrt{\frac{\pi}{aT}}x\right) \tag{2-27}$$

该解的图示如图 2-6 所示，$\theta$ 为两个解的叠加，一个是 $\bar{t}_{\mathrm{w1}}$ 与 $t_{\mathrm{f}}$ 间的稳态导热，另一个温度以稳态导热得直线为中心波动的分量。

在右侧壁面上（$x = \delta$ 处）温度也是波动的，

$$\theta_{\mathrm{w2}} = \bar{\theta}_{\mathrm{w1}}\frac{1}{\mathrm{Bi}+1} + A_{\mathrm{w1}}\mathrm{e}^{-\sqrt{\frac{\pi}{aT}}\delta}\cos\left(\frac{2\pi}{T}\tau - \sqrt{\frac{\pi}{aT}}\delta\right) \tag{2-28}$$

$$\bar{\theta}_{\mathrm{w2}} = \bar{\theta}_{\mathrm{w1}}\frac{1}{\mathrm{Bi}+1}, \text{即 } \bar{t}_{\mathrm{w2}} = t_{\mathrm{f}} + (\bar{t}_{\mathrm{w1}} - t_{\mathrm{f}})\frac{1}{\mathrm{Bi}+1} \tag{2-29}$$

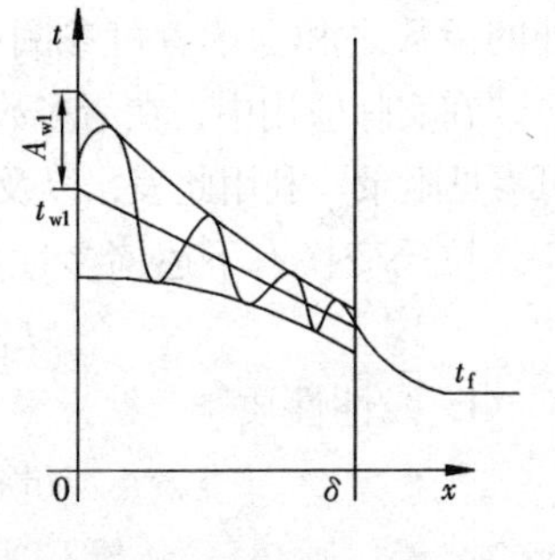


图 2-6　厚墙中温度波

# 第三章　用拉普拉斯变换求解非稳态导热问题

积分变换的一个重要性能是能将导数项化为代数项，从而使微分方程中自变量个数减少，降低方程的求解难度。本章先介绍拉普拉斯变换，然后用若干例题介绍它在求解导热微分方程中的应用。

## 第一节　拉普拉斯变换的基本概念

定义

$$F(s) = \int_0^{\infty} e^{-s\tau} f(\tau) d\tau \tag{3-1}$$

为函数 $f(\tau)$ 的拉普拉斯变换，简称拉氏变换，记为：

$$L[f(\tau)] = F(s) \tag{3-2}$$

$f(\tau)$ 称为拉氏变换的原函数，$F(s)$ 称为 $f(\tau)$ 的象函数。式中 $s$ 可以是复变量。

例如函数 $f(\tau) = \tau$ 的象函数为 $L(\tau) = \int_0^{\infty} e^{-s\tau}\tau d\tau = \frac{1}{s^2}$，函数 $\sin(\tau)$ 的象函数为 $L(\sin\tau) = \int_0^{\infty} e^{-s\tau}\sin\tau d\tau = \frac{1}{s^2+1}$。

拉氏变换积分式中由于有 $e^{-s\tau}$ 项存在，所以其收敛性是非常强的。常用的初等函数均可进行变换，即使在 $0 \sim \infty$ 区间数值很大的函数，例如 $\tau^{100}$ 或 ch（$\tau$）也是如此，如 $L(\tau^n) = \frac{n!}{s^{n+1}}$。

已知象函数，求原函数的运算叫做拉普拉斯反变换，记为 $f(\tau) = L^{-1}[F(s)]$，设 $s = \sigma + iw$，则反变换式为：

$$f(\tau) = \frac{1}{2\pi i}\int_{\sigma-i\infty}^{\sigma+i\infty} F(s) e^{s\tau} ds \tag{3-3}$$

该反变换计算式的证明要用到复变函数的留数定理，即 $f(\tau)$ 等于被积函数全部极点处的留数之和。读者可参阅有关复变函数的书籍。

在实际应用中，在诸多数学书籍和数学手册中均可找到 $f(\tau)$ 与 $F(s)$ 相互变换的对照表，可参见附录。利用此表，以及对下述拉氏变化性质的灵活运用，便可解决许多变换问题。

拉氏变换有下述诸多性质，这些性质均可由定义式推导出来。设：

$$L[f(\tau)] = F(s), \quad L[g(\tau)] = G(s)$$

1. 线性性质

$$L[c_1 f(\tau) + c_2 g(\tau)] = c_1 F(s) + c_2 G(s) \tag{3-4}$$

$$L^{-1}[c_1 F(s) + c_2 G(s)] = c_1 f(\tau) + c_2 g(\tau) \tag{3-5}$$

式中 $c_1$，$c_2$ 为常数。

2. 位移性质（象函数自变量位移）

$$L[f(\tau)e^{b\tau}] = F(s-b) \tag{3-6}$$

3. 延迟性质（原函数自变量位移）

若在（$-b$，0）区间$f$（$\tau$）=0，则

$$L[f(\tau-b)] = e^{-sb}F(s) \tag{3-7}$$

4. 相似性质（原函数或象函数自变量放大$b$倍）

$$L[f(b\tau)] = \frac{1}{|b|}F\left(\frac{s}{b}\right) \tag{3-8}$$

$$L^{-1}[F(bs)] = \frac{1}{|b|}f\left(\frac{\tau}{b}\right) \tag{3-9}$$

5. 导数的拉氏变换

$$L[f'(\tau)] = sF(s) - f(0) \tag{3-10}$$

$$L[f^{(n)}(\tau)] = sL[f^{(n-1)}(\tau)] - f^{(n-1)}(0) \tag{3-11}$$

6. 积分的拉氏变换

$$L\left[\int_0^\tau f(\tau')\mathrm{d}\tau'\right] = \frac{F(s)}{s} \tag{3-12}$$

代入拉氏变换的定义，然后交换积分次序，此性质可证。积分区域如图 3-1 所示。

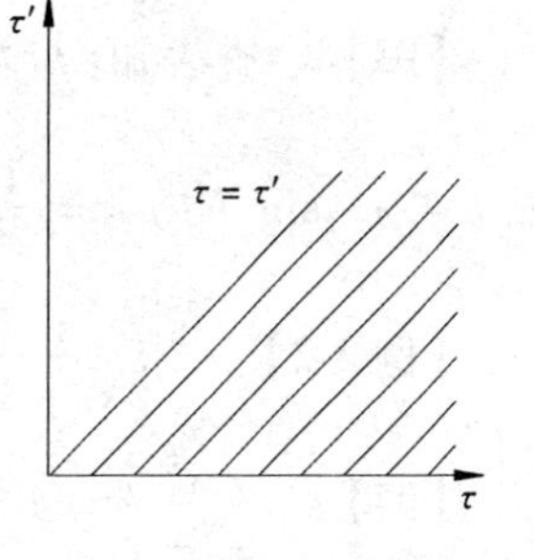


图 3-1　性质 6 附图

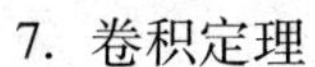

7. 卷积定理

两函数$f(\tau)$ 与$g(\tau)$ 的卷积定义为：

$$f*g = \int_0^\tau f(\tau-\tau')g(\tau')\mathrm{d}\tau' = \int_0^\tau f(\tau')g(\tau-\tau')\mathrm{d}\tau' \tag{3-13}$$

上面两个积分相等，称为卷积的交换律。证明如下：

令$\tau''=\tau-\tau'$，积分变为：

$$-\int_\tau^0 f(\tau'')g(\tau-\tau'')\mathrm{d}(\tau'') = \int_0^\tau f(\tau'')g(\tau-\tau'')\mathrm{d}\tau'' = \int_0^\tau f(\tau')g(\tau-\tau')\mathrm{d}\tau'$$

卷积定理为：

$$L(f*g) = F(s)G(s) \tag{3-14}$$

即两个原函数卷积的拉氏变换等于它们各自象函数的乘积。证明如下：

$$L(f*g) = \int_0^\infty \left[\int_0^\tau f(\tau')g(\tau-\tau')\mathrm{d}\tau'\right]e^{-s\tau}\mathrm{d}\tau$$

$$= \int_0^\infty \int_0^\tau f(\tau')g(\tau-\tau')e^{-s\tau}\mathrm{d}\tau'\mathrm{d}\tau$$

该二重积分的积分区域如图 3-1 所示，交换积分次序后，先对$\tau$积分：

$$L(f*g) = \int_0^\infty f(\tau')\left[\int_{\tau'}^\infty g(\tau-\tau')e^{-s\tau}\mathrm{d}\tau\right]\mathrm{d}\tau'$$

令$\tau''=\tau-\tau'$，则$e^{-s\tau} = e^{-s(\tau''+\tau')}$，$g(\tau-\tau') = g(\tau'')$，$\mathrm{d}\tau = \mathrm{d}\tau''$。当$\tau=\tau'$时，$\tau''=0$；当$\tau\to\infty$时，$\tau''\to\infty$。故：

$$L(f*g) = \int_0^\infty f(\tau')e^{-s\tau'}\mathrm{d}\tau' \cdot \int_0^\infty g(\tau'')e^{-s\tau''}\mathrm{d}\tau'' = F(s)G(s)$$

8. 象函数的微分定理

$$F'(s) = L[-\tau f(\tau)]$$
$$F^{n}(s) = L[(-\tau)^{n} f(\tau)] \tag{3-15}$$

即象函数每一次求导数，相当于原函数乘一次 $(-\tau)$。

9. 象函数的积分定理

$$\int_{s}^{\infty} F(s')\mathrm{d}s' = L[f(\tau)/\tau] \tag{3-16}$$

即象函数在区间 $(s,\infty)$ 积分，相当于原函数除以$\tau$。

上述没有给出证明的性质或定理，都可以由拉普拉斯变换的定义出发，较简单地给予证明，请读者加以验证为好。

这些性质的定理是很有使用价值的，利用这些性质可以大大扩展拉普拉斯变换表的使用范围。

**【例 3-1】** 求 $L[\tau + a\sin(b\tau)]$。

**【解】** 查表知：$L(\tau) = \dfrac{1}{s^2}, L\left[\dfrac{1}{b}\sin(b\tau)\right] = \dfrac{1}{s^2+b^2}$。算得 $L[a\sin(b\tau)] = \dfrac{ab}{s^2+b^2}$，因而 $L[\tau + a\sin(b\tau)] = \dfrac{1}{s^2} + \dfrac{ab}{s^2+b^2}$。

**【例 3-2】** 求 $\dfrac{s^2}{s^2-1}$ 的反变换。

**【解】** $\dfrac{s^2}{s^2-1} = 1 + \dfrac{1}{s^2-1}$

查表知：$L(\delta(\tau,0)) = 1, L^{-1}\left(\dfrac{1}{s^2-a^2}\right) = \dfrac{1}{a}\mathrm{sh}(a\tau)$，

故 $L^{-1}\left(\dfrac{s^2}{s^2-1}\right) = \delta(\tau,0) + \mathrm{sh}(\tau)$

式中 $\delta(\tau)$ 为单位脉冲函数，又称 $\delta$ 函数，本书后面将有详细的讲解。此例所使用的多项式分解的方法可称为部分分式法，本书后面也将多次应用。

**【例 3-3】** 求 $L^{-1}\left[\dfrac{1}{s(s+1)(s+2)}\right]$。

**【解】** 令
$$\frac{1}{s(s+1)(s+2)} = \frac{a}{s} + \frac{b}{s+1} + \frac{c}{s+2}$$
$$= \frac{a(s+1)(s+2) + bs(s+2) + cs(s+1)}{s(s+1)(s+2)}$$
$$= \frac{(a+b+c)s^2 + (3a+2b+c)s + 2a}{s(s+1)(s+2)}$$

由 $\begin{cases} a+b+c = 0 \\ 3a+2b+c = 0 \\ 2a = 1 \end{cases}$，解得 $\begin{cases} a = \dfrac{1}{2} \\ b = -1 \\ c = \dfrac{1}{2} \end{cases}$

故 $\dfrac{1}{s(s+1)(s+2)} = \dfrac{0.5}{s} - \dfrac{1}{s+1} + \dfrac{0.5}{s+2}$

查表：$L^{-1}\left(\frac{1}{s}\right)=1, L^{-1}\left(\frac{1}{s+a}\right)=e^{-a\tau}$

故 $L^{-1}\left[\frac{1}{s(s+1)(s+2)}\right]=0.5-e^{-\tau}+0.5e^{-2\tau}$

**【例 3-4】** 求 $L[\tau\,\mathrm{ch}(\tau)]$。

**【解】** 此例符合象函数微分定理的情况。

查表知：$L[\mathrm{ch}(\tau)]=\frac{s}{s^2-1}$

故 $L[-\tau\,\mathrm{ch}(\tau)]=L[\mathrm{ch}(\tau)]'_s=\left[\frac{s}{s^2-1}\right]'=-\frac{s^2+1}{(s^2-1)^2}$

因而 $L[\tau\,\mathrm{ch}(\tau)]=\frac{s^2+1}{(s^2-1)^2}$

**【例 3-5】** 求 $L^{-1}\left[\frac{1}{(s+1)(s^2+1)}\right]$。

**【解】** 此式可用部分分式法求解。

$$\frac{1}{(s+1)(s^2+1)}=0.5\left[\frac{1}{s+1}-\frac{s}{s^2+1}+\frac{1}{s^2+1}\right]$$

故 $L^{-1}\left[\frac{1}{(s+1)(s^2+1)}\right]=0.5[e^{-\tau}-\cos(\tau)+\sin(\tau)]$

这里我们选用卷积定理再求解一次。

$$L[e^{-\tau}]=\frac{1}{s+1}, L[\sin\tau]=\frac{1}{s^2+1}$$

则 $L[e^{-\tau}*\sin\tau]=\frac{1}{s+1}\cdot\frac{1}{s^2+1}$

$$e^{-\tau}*\sin\tau=\int_0^\tau e^{-(\tau-\tau')}\sin\tau'\,d\tau'=\int_0^\tau \sin\tau' e^{-(\tau-\tau')}\,d\tau'$$

$$=e^{-\tau}\left[\frac{e^{\tau'}}{2}(\sin\tau'-\cos\tau')\right]_0^\tau=0.5(e^{-\tau}+\sin\tau-\cos\tau)$$

## 第二节 用拉普拉斯变换求解非稳态导热问题举例

根据导数的拉普拉斯变换性质，只要将导热微分方程中的各项对$\tau$进行拉氏变换，方程中关于$\tau$的导数项就会变为关于 $s$ 的代数项，非稳态的偏微分方程就会变成只关于空间坐标的微分方程。若问题为一维，我们会得到关于 $x$ 的常微分方程。若温度场与空间坐标无关（集总热容系统），我们甚至可直接得到代数方程。在 $s$ 域求解后，再进行反变换，解就完成了。

我们用几个例子来说明用拉普拉斯变换求解非稳态导热问题的思路。

**一、集总热容问题**

本科传热学曾经讲过，所谓集总热容系统，是指系统内各点的温度与空间坐标无关，仅为时间的函数。当 $\mathrm{Bi}<0.1$ 时，与流体进行对流换热的固体可看作集总热容系统。这里 $\mathrm{Bi}=\frac{hl}{\lambda}$，定型尺寸 $l=\frac{4V}{F}$，$V$ 为物体的体积，$F$ 为表面积。

例如一固体与流体进行对流换热，换热系数为 $h$，流体温度为 $t_f$，各给定量满足 $\frac{4hV}{\lambda F} < 0.1$，则可近似认为该物体内温度一致，仅为时间的函数。初始温度为$\tau=0$，$\theta=\theta_0=t_0-t_f$。问题的数学描述为 $\frac{d\theta}{d\tau}=-\frac{hF}{c\rho V}\theta$，解为：

$$\theta=\theta_0\exp\left(-\frac{hF}{c\rho V}\tau\right)=\theta_0\exp(-\mathrm{BiFo})$$

现在我们用拉氏变换法来求解这一微分方程，以使读者对应用拉氏变换法求解非稳态导热问题的思路有所了解。

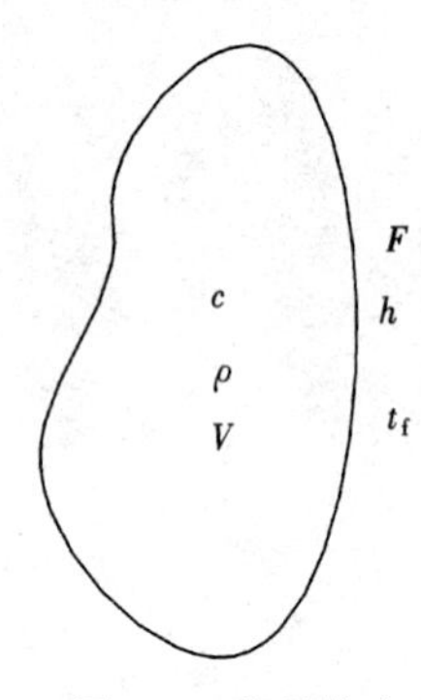

图 3-2 集总热容分析图

设 $L[\theta(\tau)]=T(s)$，对微分方程各项进行拉氏变换得：

$$L[\theta'(\tau)]=sT(s)-\theta(0),L\left[-\frac{hF}{c\rho V}\theta\right]=-\frac{hF}{c\rho V}T(s)$$

由此可得到关于 $s$ 的代数方程，解得 $T(s)=\dfrac{\theta_0}{s+\frac{hF}{c\rho V}}$，查表得：

$$L(\mathrm{e}^{-a\tau})=\frac{1}{s+a},$$

故：

$$\theta=\theta_0\exp\left(-\frac{hF}{c\rho V}\tau\right)=\theta_0\exp-\mathrm{BiFo} \tag{3-17}$$

## 二、半无限大平壁的非稳态导热问题

**【例 3-6】** 半无限大平壁，初始温度为 $t_0$，壁面温度从$\tau=0$时刻起突增至 $t_w$，并保持不变，求解 $t(x,\tau)$。

**【解】** 在一些本科教材中已给出此问题的解，但没有给出求解的过程。

令

$$\theta=\frac{t-t_0}{t_w-t_0} \tag{3-18}$$

则该问题的数学描述为：

$$\begin{cases}\dfrac{\partial\theta}{\partial\tau}=a\dfrac{\partial^2\theta}{\partial x^2}\\ \text{当}x=0\text{时},\theta=1\\ \text{当}x\to\infty\text{时},\theta=0\\ \text{当}\tau=0\text{时},\theta=0\end{cases} \tag{3-19}$$

令 $L[\theta]=T(x,s)$，则：

$$L\left[\frac{\partial\theta}{\partial\tau}\right]=sT(x,s)-\theta(0)=sT(x,s)$$

$$L\left[\frac{\partial^2\theta}{\partial x^2}\right]=\frac{\partial^2T(x,s)}{\partial x^2}$$

将 $s$ 看做是参数，则方程可变为关于 $x$ 的常微分方程：

$$T''_{xx}-\frac{s}{a}T=0$$

该方程的通解为：

$$T(x,s)=A\mathrm{e}^{\sqrt{\frac{s}{a}}x}+B\mathrm{e}^{-\sqrt{\frac{s}{a}}x}$$

考虑边界条件：当 $x\to\infty$ 时，$\theta=0$，$T=0$，故：

$$A=0, T(x,s)=Be^{-\sqrt{\frac{s}{a}}x}$$

当 $x=0$ 时，$T(x,s)=\frac{1}{s}$，得 $B=\frac{1}{s}$，故 $T(x,s)=\frac{1}{s}e^{-\sqrt{\frac{s}{a}}x}$。

查表知 $L\left(erfc\frac{k}{2\sqrt{\tau}}\right)=\frac{1}{s}e^{-k\sqrt{s}}$，取 $k=\frac{x}{\sqrt{a}}$，得：

$$\theta(x,\tau)=erfc\left(\frac{x}{2\sqrt{a\tau}}\right)=1-erf\left(\frac{x}{\sqrt{4a\tau}}\right)$$

式中 $erf$ 为高斯误差函数，$erfc$ 为高斯误差补函数。其定义为：

$$erf(u)=\frac{2}{\sqrt{\pi}}\int_0^u e^{-v^2}dv$$

$$erfc(u)=1-erf(u)$$

不难验证，$erf(0)=0, erf(\infty)=\frac{2}{\sqrt{\pi}}\int_0^\infty e^{-v^2}dv=1$。$erf(\infty)$ 这个广义积分在高等数学中讲过。

**【例 3-7】** 半无限大平壁，初始温度为 $t_0$。从 $\tau=0$ 时刻起，壁面上开始加入定常热量 $q_w$，求 $t(x,\tau)$。

**【解】** 令 $\theta=t-t_0$，该问题数学描述为：

$$\begin{cases}\dfrac{\partial\theta}{\partial\tau}=a\dfrac{\partial^2\theta}{\partial x^2}\\ \text{当 } x=0 \text{ 时}, \dfrac{\partial\theta}{\partial x}=-\dfrac{q_w}{\lambda}\\ \text{当 } x\to\infty \text{ 时}, \theta=0\\ \text{当 } \tau=0 \text{ 时}, \theta=0\end{cases}$$

一些本科教材中曾给出该问题的解，但没有给出求解过程。该问题也有多种求解方法，现在我们采用拉氏变换法求解。与上例相同，变换后获得关于 $x$ 的常微分方程通解为 $T(x,s)=Ae^{\sqrt{\frac{s}{a}}x}+Be^{-\sqrt{\frac{s}{a}}x}$。

由边界条件：当 $x\to\infty$ 时，$\theta=0$，知 $A=0$。故：

$$T(x,s)=Be^{-\sqrt{\frac{s}{a}}x}$$

对 $x=0$ 处的边界条件表达式两侧进行拉氏变换得：

$$T'_x=-\frac{q_w}{\lambda}\frac{1}{s}, \text{即 } B\left(-\sqrt{\frac{s}{a}}\right)=-\frac{q_w}{\lambda}\frac{1}{s}, \text{故：}$$

$$B=\frac{\sqrt{a}q_w}{s\sqrt{s}\lambda}, T(x,s)=\frac{\sqrt{a}q_w}{s\sqrt{s}\lambda}e^{-\sqrt{\frac{s}{a}}x}$$

查表知 $L\left(2\sqrt{\tau}ierfc\frac{k}{2\sqrt{\tau}}\right)=\frac{1}{s\sqrt{s}}e^{-k\sqrt{s}}$，取 $k=$

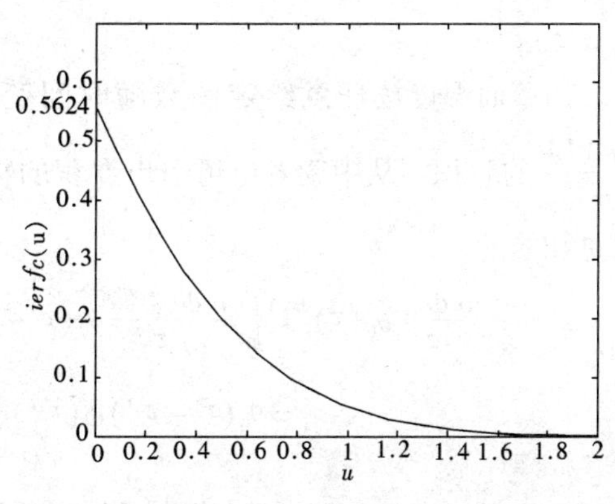


图 3-3 高斯误差补函数的一次积分数值图像

$\frac{x}{\sqrt{a}}$, 得:

$$\theta(x,\tau) = \frac{2\sqrt{a\tau}q_w}{\lambda} ierfc\left(\frac{x}{2\sqrt{a\tau}}\right) \tag{3-20}$$

式中 $ierfc$ 算符为高斯误差补函数的一次积分。$ierfc(u) = \int_u^{\infty} erfc(v)\mathrm{d}v$, 在本科一些传热学教材中给出了计算数值表。其数值图像如图3-3所示。

## 第三节 杜哈美尔定理

该定理给出第一类边界条件下，一维非稳态导热求解的一个通用公式。杜哈美尔定理的内容为：半无穷大平壁一维非稳态导热中，若 $\phi(x,\tau)$ 满足：

$$\begin{cases} \frac{\partial \phi}{\partial \tau} = a\frac{\partial^2 \phi}{\partial x^2} \\ 当\tau = 0 时, \phi = 0 \\ 当 x = 0 时, \phi = 1 \\ 当 x \to \infty 时, \phi = 0 \end{cases} \tag{3-21}$$

则定解问题：

$$\begin{cases} \frac{\partial \theta}{\partial \tau} = a\frac{\partial^2 \theta}{\partial x^2} \\ 当\tau = 0 时, \theta = 0 \\ 当 x = 0 时, \theta = \theta_0(\tau) \\ 当 x \to \infty 时, \theta = 0 \end{cases} \tag{3-22}$$

的解为：

$$\theta(x,\tau) = \frac{\partial \phi}{\partial \tau} * \theta_0(\tau) = \phi(\tau) * \frac{\mathrm{d}\theta_0(\tau)}{\mathrm{d}\tau} \tag{3-23}$$

当壁面温度给定为随时间变化的任意函数 $\theta_0(\tau)$ 时，用该定理可直接得出壁内温度分布 $\theta(x,\tau)$。

$x = 0$ 时, $\phi = 1$ 的意义为壁面固定一个温度，其解已经求得为 $\theta(x,\tau) = 1 - erf\left(\frac{x}{\sqrt{4a\tau}}\right)$。

当壁面温度按任意给定函数随时间变化时，壁内的温度分布为基本解 $\phi(x,\tau)$ 与 $\frac{\mathrm{d}\theta_0(\tau)}{\mathrm{d}\tau}$ 的卷积。从中读者也可悟出卷积的物理意义。根据卷积定义可以证明解的两种形式是相等的。

$$\begin{aligned} \frac{\partial \phi}{\partial \tau} * \theta_0(\tau) &= \int_0^{\tau} \frac{\partial \phi(\tau')}{\partial \tau'}\theta_0(\tau - \tau')\mathrm{d}\tau' \\ &= \theta_0(\tau - \tau')\phi(\tau')\big|_0^{\tau} - \int_0^{\tau}\phi(\tau')\mathrm{d}\theta_0(\tau - \tau') \\ &= \theta_0(0)\phi(\tau) - \theta_0(\tau)\phi(0) - \int_0^{\tau}\phi(\tau')\frac{\mathrm{d}\theta_0(\tau - \tau')}{\mathrm{d}\tau'}\mathrm{d}\tau' \end{aligned}$$

因 $\theta_0(0)=0,\phi(0)=0$，则该式为 $\phi(\tau)*\dfrac{d\theta_0(\tau)}{d\tau}$。

现在我们来证明杜哈美尔定理。

记 $L[\theta(x,\tau)]=\bar{\theta}(x,s)$，$L[\theta_0(\tau)]=\bar{\theta}_0(s)$，$L[\phi(x,\tau)]=\bar{\phi}(x,s)$，则拉氏变换后的关于 $\theta$ 与 $\phi$ 的两个微分方程分别为：

$$\bar{\theta}(x,s)=\frac{a}{s}\bar{\theta}''_{xx} \tag{a}$$

$$\bar{\phi}(x,s)=\frac{a}{s}\bar{\phi}''_{xx} \tag{b}$$

当 $x=0$ 时，

$$\bar{\theta}(x,s)=\bar{\theta}_0(s) \tag{c}$$

$$\bar{\phi}(x,s)=\frac{1}{s} \tag{d}$$

$\bar{\theta}$ 与 $\bar{\phi}$ 关于 $x$ 的微分方程（$a$）与（$b$）相同，通解的形式也必相同。$x\to\infty$ 时的边界条件相同，只是 $x=0$ 时，$\bar{\theta}$ 与 $\bar{\phi}$ 取不同的常数（$s$ 对 $x$ 而言是常数）。故 $\bar{\theta}$ 与 $\bar{\phi}$ 的解之比为 $x=0$ 处的常数之比。即：

$$\frac{\bar{\theta}}{\bar{\phi}}=\frac{\bar{\theta}_0(s)}{\frac{1}{s}},\bar{\theta}=s\bar{\theta}_0(s)\bar{\phi} \tag{e}$$

换句话说，$\bar{\phi}$ 若满足（$b$）与（$d$），则 $s\bar{\theta}_0(s)\bar{\phi}$ 必满足（$a$）与（$c$），对（$e$）式取反变换，$L\left(\dfrac{\partial\phi}{\partial\tau}\right)=s\bar{\phi}$，$L(\theta_0)=\bar{\theta}_0$，利用卷积定理即得到定理的表达式。

现在我们来举例说明杜哈美尔定理的应用。

**【例 3-8】** 半无穷大平壁周期性不稳态导热问题，当 $x=0$ 时，$\theta=A_w\sin\left(\dfrac{2\pi}{T}\tau\right)$；当 $\tau=0$ 或 $x\to\infty$ 时，$\theta=0$。

**【解】** 由上述条件知，$\theta(0,0)=0$。

此例与第二章第五节中解过的例子不同。前例是壁面温度波动作用于壁内已经足够长时间，波动已经“成熟发展”的情况，而本例是在壁面温度作用下从 $\theta(x)=0$ 开始壁面温度波逐渐发展的情况。

根据杜哈美尔定理，解为 $\theta(x,\tau)=\dfrac{\partial\phi}{\partial\tau}*\theta_0(\tau)$。式中 $\phi$ 据上节为：

$$\phi=1-erf(u),u=\sqrt{\frac{x^2}{4a\tau}}, \tag{3-24}$$

$$\frac{\partial\phi}{\partial\tau}=\frac{\partial(1-erf(u))}{\partial\tau}=-\frac{2}{\sqrt{\pi}}\frac{\partial}{\partial\tau}\int_0^u e^{-v^2}dv$$

$$=-\frac{2}{\sqrt{\pi}}e^{-u^2}\frac{\partial u}{\partial\tau}=\frac{1}{\sqrt{\pi}\tau}\sqrt{\frac{x^2}{4a\tau}}e^{-\frac{x^2}{4a\tau}}$$

$$\theta(x,\tau)=\frac{A_w}{\sqrt{\pi}}\int_0^\tau\sin\left(\frac{2\pi}{T}\tau'\right)\sqrt{\frac{x^2}{4a(\tau-\tau')^3}}e^{-\frac{x^2}{4a(\tau-\tau')}}d\tau' \tag{3-25}$$

令 $\eta = \sqrt{\dfrac{x^2}{4a(\tau - \tau')}}$，上式可变为：

$$\theta(x,\tau) = \frac{2A_w}{\sqrt{\pi}}\int_{\sqrt{\frac{x^2}{4a\tau}}}^{\infty} e^{-\eta^2}\sin\left[\frac{2\pi}{T}\left(\tau - \frac{x^2}{4a\eta^2}\right)\right]d\eta \tag{3-26}$$

根据物理概念，当$\tau\to\infty$时，壁内温度波会“成熟发展”，其温度场据第二章第五节的解应为

$$\theta(x,\tau) = A_w e^{-\sqrt{\frac{\pi}{aT}}x}\sin\left(\frac{2\pi}{T}\tau - \sqrt{\frac{\pi}{a\tau}}x\right) \tag{3-27}$$

此式理应也能够由式（3-26）令$\tau\to\infty$得出。当$\tau\to\infty$时（3-26）式的积分下限变为0，即：

$$\theta(x,\tau)\mid_{\tau\to\infty} = \frac{2A_w}{\sqrt{\pi}}\int_0^{\infty} e^{-\eta^2}\sin\left[\frac{2\pi}{T}\left(\tau - \frac{x^2}{4a\eta^2}\right)\right]d\eta$$

用常规的方法是解不出这个广义积分的。令：

$$\theta_1(x,\tau)\mid_{\tau\to\infty} = \frac{2A_w}{\sqrt{\pi}}\int_0^{\infty} e^{-\eta^2}\cos\left[\frac{2\pi}{T}\left(\tau - \frac{x^2}{4a\eta^2}\right)\right]d\eta$$

则：
$$\theta_1 + i\theta = \frac{2A_w}{\sqrt{\pi}}\int_0^{\infty} e^{-\eta^2 + i\frac{2\pi}{T}\left(\tau - \frac{x^2}{4a\eta^2}\right)}d\eta = \frac{2A_w}{\sqrt{\pi}}e^{i\frac{2\pi}{T}\tau}\int_0^{\infty} e^{-\eta^2 - i\frac{2\pi}{T}\frac{x^2}{4a\eta^2}}d\eta$$

令 $\beta^2 = \dfrac{i2\pi x^2}{4aT}$，则上式中的积分为：

$$Z = \frac{\theta_1 + i\theta}{\frac{2A_w}{\sqrt{\pi}}e^{i\frac{2\pi}{T}\tau}} = \int_0^{\infty} e^{-\eta^2 - \frac{\beta^2}{\eta^2}}d\eta$$

需要采用特殊的方法才能做出这个积分，过程如下：

$$\frac{\partial Z}{\partial \beta} = -\int_0^{\infty} e^{-\eta^2 - \frac{\beta^2}{\eta^2}}\frac{2\beta}{\eta^2}d\eta$$

令：$\eta = \dfrac{\beta}{\xi}$，则 $d\eta = \dfrac{-\beta}{\xi^2}d\xi$，带入将积分变量更换为$\xi$，整理得：$\dfrac{\partial Z}{\partial \beta} = -2\int_0^{\infty} e^{-\xi^2 - \frac{\beta^2}{\xi^2}}d\xi$ $= -2Z$。解得：$Z = Be^{-2\beta}$（$B$ 为积分常数），即：

$$\theta_1 + i\theta = \frac{2}{\sqrt{\pi}}A_w e^{i\frac{2\pi}{T}\tau}Be^{\pm 2\sqrt{\frac{2\pi i}{4aT}}x}$$

代入$\sqrt{i} = \pm\left(\dfrac{\sqrt{2}}{2} + \dfrac{\sqrt{2}}{2}i\right)$ 并整理得：$\theta_1 + i\theta = A_w \cdot B \cdot \dfrac{2}{\sqrt{\pi}}e^{\pm\sqrt{\frac{\pi x^2}{aT}}} \cdot e^{i\left(\frac{2\pi}{T}\tau \pm \sqrt{\frac{\pi}{aT}}x\right)}$（过程中两个 ± 号可合为一个）。据物理概念容易判断式中的 ± 号只能取负，而且 $B = \dfrac{\sqrt{\pi}}{2}$。取上式的虚部即可获得式（3-27）。

# 第四章　用傅立叶变换法求解导热问题

与拉普拉斯变换一样，傅立叶变换也是一种积分变换。在用来求解非稳态导热问题时，它与拉普拉斯变换不同。拉氏变换是对时间$\tau$进行变换，因此它要求温度场在$\tau = 0 \sim \infty$区间有意义。而傅立叶变换是对坐标$x$进行变换，它要求温度场在$x = -\infty \sim \infty$区间有意义。当实际问题的温度场只定义在（$0 \sim \infty$）区间时，往往可以通过补充定义（$-\infty \sim 0$）区间温度函数的方法，使问题变成可用傅立叶变换法求解的形式。

## 第一节　引入概念的例子

我们用一个导热问题的例子来说明傅立叶变换的概念。设有半无穷大平壁，初始温度为$t = t_0$，从$\tau = 0$时刻起，表面（$x = 0$处）温度突变至$t_w$并保持不变。

问题的数学描述为：

令：$\theta = \dfrac{t - t_w}{t_0 - t_w}$

$$\begin{cases} \dfrac{\partial \theta}{\partial \tau} = a\dfrac{\partial^2 \theta}{\partial x^2} \\ \tau = 0 \quad \theta = 1 \\ x = 0 \quad \theta = 0 \\ x \to \infty \quad \theta = 1 \end{cases} \tag{4-1}$$

本书在上一章中已经介绍，当令温度场变量为$\theta_1 = \dfrac{t - t_0}{t_w - t_0}$时，该问题的解为：

$$\theta_1 = 1 - erf\sqrt{\frac{x^2}{4a\tau}}$$

在温度函数两种不同的定义$\theta$与$\theta_1$之间存在简单的关系：

$$\theta + \theta_1 = \frac{t - t_w}{t_0 - t_w} + \frac{t - t_0}{t_w - t_0} = 1$$

故本问题的解为：

$$\theta = erf\sqrt{\frac{x^2}{4a\tau}} \tag{4-2}$$

现在我们从另一个思路来得出这个解，并从中介绍傅立叶变换的概念。将$\theta$分离变量为$\theta = X(x)T(\tau)$，则：

$$\frac{T'}{aT} = \frac{X''}{X} = \mu$$

由物理概念可知，$\tau \to \infty$时$\theta = 0$，故不难判断$\mu < 0$。

令 $\mu = -\beta^2$，解得：

$$\begin{cases} T = \mathrm{e}^{-a\beta^2\tau} \\ X = b\sin(\beta x) \end{cases}$$

由于 $x=0$ 时 $\theta=0$，因此 $X$ 通解式中的 $\cos(\beta x)$ 项已经被消去，故 $\theta = b\mathrm{e}^{-a\beta^2\tau}\sin(\beta x)$。

在第二章所介绍的分离变量法中，此时应根据边界条件来确定特征值 $\beta$。但此例中 $\beta$ 为任意值均满足 $x=0$ 时 $\theta=0$ 这个边界条件，特征值不确定。因此这不是通常意义上的分离变量法。当然，这个解更不能满足起始条件和 $x\to\infty$ 处的边界条件。为了使其能够满足所有条件。将解写成

$$\theta(x,\tau) = \sum_{n=1}^{\infty} b_n \mathrm{e}^{-a\beta_n^2\tau}\sin(\beta_n x) \tag{4-3}$$

当 $\tau=0$ 时 $$\theta(x,0) = \sum_{n=1}^{\infty} b_n \sin(\beta_n x) = 1$$

这里的 $\beta_n$ 可为任意值。但这个式子从形式上看是个对 $\theta(x,\tau)$ 以 $x$ 为自变量的正弦级数展开的式子。我们知道，周期函数才能作傅立叶级数展开。因此我们拓宽思路，把 $x$ 的定义区间［0，∞）看做是 $(0\sim l)$，$l\to\infty$。这样问题就变成了一个从形式上看有限区间的傅立叶级数展开问题。本例 $\theta(x,0)=1$，作傅立叶正弦展开时定义域的延拓如图 4-1 所示。$\theta(x,0)$ 变成为一个以 $2l$ 为周期的周期函数，记为 $f(x)$。在 $(0\sim l)$ 区间，$f(x)=\theta(x,0)$。

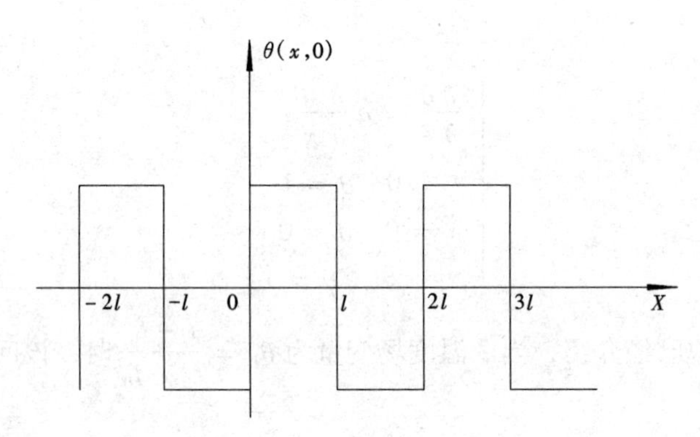


图 4-1

令 $\beta_n = \frac{n\pi}{l}$，上式变为 $f(x) = \sum_{n=1}^{\infty} b_n \sin\left(\frac{n\pi}{l}x\right)$

傅立叶系数 $$b_n = \frac{1}{l}\int_{-l}^{l} f(\xi)\sin\left(\frac{n\pi}{l}\xi\right)\mathrm{d}\xi$$

$$f(x) = \lim_{l\to\infty}\sum_{n=1}^{\infty}\left\{\left[\frac{1}{l}\int_{-l}^{l} f(\xi)\sin\left(\frac{n\pi}{l}\xi\right)\mathrm{d}\xi\right]\sin\left(\frac{n\pi}{l}x\right)\right\}$$

设 $\Delta\beta = \beta_{n+1} - \beta_n = \frac{\pi}{l}$

$$\theta(x,0) = \lim_{l\to\infty}\sum_{n=1}^{\infty}\left\{\frac{\Delta\beta}{\pi}\int_{-l}^{l}\left[f(\xi)\sin(\beta_n\xi)\mathrm{d}\xi\right]\sin(\beta_n x)\right\}$$

将$\beta$看作是一个自变量，且当$l\to\infty$时$\Delta\beta\to 0$。我们发现上式还是自变量为$\beta$的定积分的定义式，将求和式写成积分式得：

$$f(x)=\frac{1}{\pi}\int_{0}^{\infty}\mathrm{d}\beta\int_{-\infty}^{\infty}f(\xi)\sin(\beta\xi)\sin(\beta x)\,\mathrm{d}\xi$$

$$=\frac{1}{\pi}\int_{0}^{\infty}\int_{-\infty}^{\infty}f(\xi)\sin(\beta\xi)\sin(\beta x)\,\mathrm{d}\xi\mathrm{d}\beta \tag{4-4}$$

此式称为函数$f(x)$的傅立叶积分。傅立叶积分可被看作是一种特殊的傅立叶级数，该级数各项中的自变量$\beta$在临项间已连续变化（周期$l\to\infty,\beta_n=\frac{n\pi}{l},\Delta\beta_n=\frac{\pi}{l}\to 0$），因此它可用积分形式表达：

$$b(\beta)=\frac{1}{\pi}\int_{-\infty}^{\infty}f(\xi)\sin(\beta\xi)\,\mathrm{d}\xi \tag{4-5}$$

称为$f(\xi)$的傅立叶正弦变换，$b(\beta)$为$f(\xi)$傅立叶变换的象函数。

$$f(x)=\int_{0}^{\infty}b(\beta)\sin(\beta x)\,\mathrm{d}\beta \tag{4-6}$$

称为傅立叶正弦变换的反变换。

我们先将这个例题求解到底，然后再来进一步讨论有关傅立叶变换的问题。

前面已经写出了$f(x)$的傅立叶积分式，将$\theta(x,\tau)$的解写出为：

$$\theta(x,\tau)=\frac{2}{\pi}\int_{0}^{\infty}\int_{0}^{\infty}\mathrm{e}^{-a\beta^2\tau}\sin(\beta\xi)\sin(\beta x)\,\mathrm{d}\beta\mathrm{d}\xi \tag{4-7}$$

我们看到该解已满足微分方程和$x=0$处的边界条件。我们还将看到，当把这个积分做出后，它同时满足起始条件和$x\to\infty$处$\theta=1$这个边界条件。这是因为它原本就是满足这些条件函数的傅立叶展开式。

正弦函数在［0，∞）区间的积分是发散的。但在整个$\theta(x,\tau)$的表达式中，由于$\mathrm{e}^{-a\beta^2\tau}$这个随$\beta$增大衰减很快的项的参与，积分也就收敛了。积分过程为：

积化和差：$\sin(\beta\xi)\sin(\beta x)=\frac{1}{2}\{\cos[\beta(x-\xi)]-\cos[\beta(x+\xi)]\}$

为了收敛，我们先对$\beta$积分：

令$p=a\tau,q=x-\xi$或$q=x+\xi$，则上式中的一部分为：

$$\int_{0}^{\infty}\mathrm{e}^{-p\beta^2}\cos(q\beta)\,\mathrm{d}\beta$$

这个积分只有利用复变函数的运算功能才能进行，据欧拉公式：

$$\cos(q\beta)=\frac{1}{2}(\mathrm{e}^{-iq\beta}+\mathrm{e}^{iq\beta})$$

代入后积分为：

$$\frac{1}{2}\int_{0}^{\infty}(\mathrm{e}^{-p\beta^2+iq\beta}+\mathrm{e}^{-p\beta^2-iq\beta})\,\mathrm{d}\beta$$

将e的指数配方成为概率积分的形式：

$$p\beta^2+iq\beta=p\left(\beta+\frac{iq}{2p}\right)^2+\frac{q^2}{4p}=\left(\sqrt{p}\beta+\frac{iq}{2\sqrt{p}}\right)^2+\frac{q^2}{4p}$$

$$p\beta^2 - iq\beta = p\left(\beta - \frac{iq}{2p}\right)^2 + \frac{q^2}{4p} = \left(\sqrt{p}\beta - \frac{iq}{2\sqrt{p}}\right)^2 + \frac{q^2}{4p}$$

积分变为：$\frac{1}{2}\mathrm{e}^{-\frac{q^2}{4p}}\int_0^{\infty}[\mathrm{e}^{-\left(\sqrt{p}\beta+\frac{iq}{2\sqrt{p}}\right)^2} + \mathrm{e}^{-\left(\sqrt{p}\beta-\frac{iq}{2\sqrt{p}}\right)^2}]\mathrm{d}\beta$

令 $u = \sqrt{p}\beta + \frac{iq}{2\sqrt{p}}, \quad v = \sqrt{p}\beta - \frac{iq}{2\sqrt{p}}$

则 $\mathrm{d}\beta = \frac{1}{\sqrt{p}}\mathrm{d}u$

积分为$\frac{1}{2\sqrt{p}}\mathrm{e}^{-\frac{q^2}{4p}}\left(\int_{\frac{iq}{2\sqrt{p}}}^{\infty}\mathrm{e}^{-u^2}\mathrm{d}u + \int_{\frac{-iq}{2\sqrt{p}}}^{\infty}\mathrm{e}^{-v^2}\mathrm{d}v\right)$

$$= \frac{1}{2\sqrt{p}}\mathrm{e}^{-\frac{q^2}{4p}}\left(\int_0^{\infty}\mathrm{e}^{-u^2}\mathrm{d}u - \int_0^{\frac{iq}{2\sqrt{p}}}\mathrm{e}^{-u^2}\mathrm{d}u + \int_0^{\frac{iq}{2\sqrt{p}}}\mathrm{e}^{-v^2}\mathrm{d}v + \int_0^{\infty}\mathrm{e}^{-v^2}\mathrm{d}v\right)$$

由于 $\int_0^{\infty}\mathrm{e}^{-u^2}\mathrm{d}u = \frac{\sqrt{\pi}}{2}$

故原式 $= \frac{\sqrt{\pi}}{2\sqrt{p}}\mathrm{e}^{-\frac{q^2}{4p}}$。

至此，我们已经完成了对 $\beta$ 的积分。将此式及 $p$ 及 $q$ 的定义式代入 $\theta(x,\tau)$ 式得：

$$\theta(x,\tau) = \frac{1}{\sqrt{4\pi a\tau}}\int_0^{\infty}\left(\mathrm{e}^{\frac{-(x-\xi)^2}{4a\tau}} - \mathrm{e}^{\frac{-(x+\xi)^2}{4a\tau}}\right)\mathrm{d}\xi$$

令 $u_1 = \frac{\xi - x}{\sqrt{4a\tau}}, u_2 = \frac{\xi + x}{\sqrt{4a\tau}}, u = \frac{x}{\sqrt{4a\tau}}$

作积分变量代换后为：

$$\theta(x,\tau) = \frac{1}{\sqrt{4\pi a\tau}}\left(\int_{-u}^{\infty}\mathrm{e}^{-u_1^2}\sqrt{4a\tau}\mathrm{d}u_1 - \int_u^{\infty}\mathrm{e}^{-u_2^2}\sqrt{4a\tau}\mathrm{d}u_2\right)$$

$$= \frac{2}{\sqrt{\pi}}\int_0^{u}\mathrm{e}^{-y^2}\mathrm{d}y = erf(u) \tag{4-8}$$

我们已经得出了问题的解。本例为了说明傅立叶变换的用法，已详细给出了解题的过程。即先对 $x$ 进行傅立叶变换，将代入初始条件后的解写成傅立叶积分，并通过积分求出 $\theta(x,\tau)$ 的表达式。

## 第二节 傅立叶积分

设 $f(x)$ 是定义在（$-\infty$，$\infty$）区间上的实函数，它在［$-l$，$l$］区间上分段光滑（导数可具有第一类间断点）。

则 $f(x) = \frac{a_0}{2} + \sum_{n=1}^{\infty}\left[a_n\cos\left(\frac{n\pi}{l}x\right) + b_n\sin\left(\frac{n\pi}{l}x\right)\right]$

$$a_n = \frac{1}{l}\int_{-l}^{l}f(\xi)\cos\left(\frac{n\pi}{l}\xi\right)\mathrm{d}\xi, b_n = \frac{1}{l}\int_{-l}^{l}f(\xi)\sin\left(\frac{n\pi}{l}\xi\right)\mathrm{d}\xi(n = 0,1,2,3\cdots) \tag{4-9}$$

代入 $a_n$ 与 $b_n$ 后

$$f(x)=\frac{1}{2l}\int_{-l}^{l}f(\xi)\mathrm{d}\xi+\sum_{n=1}^{\infty}\left[\frac{1}{l}\int_{-l}^{l}f(\xi)\cos\left(\frac{n\pi}{l}\xi\right)\cos\left(\frac{n\pi}{l}x\right)\mathrm{d}\xi+\frac{1}{l}\int_{-l}^{l}f(\xi)\sin\left(\frac{n\pi}{l}\xi\right)\sin\left(\frac{n\pi}{l}x\right)\mathrm{d}\xi\right]$$

$$=\frac{1}{2l}\int_{-l}^{l}f(\xi)\mathrm{d}\xi+\sum_{n=1}^{\infty}\frac{1}{l}\int_{-l}^{l}f(\xi)\cos\left[\frac{n\pi}{l}(x-\xi)\right]\mathrm{d}\xi$$

令 $\beta_n=\frac{n\pi}{l}$，$\Delta\beta=\beta_{n+1}-\beta_n=\frac{\pi}{l}$，当 $l\to\infty$ 时，$\Delta\beta\to 0$，且 $n=0$ 项在积分中已可忽略不计，故：

$$f(x)=\frac{1}{\pi}\lim_{\Delta\beta\to 0}\sum_{n=0}^{\infty}\Delta\beta\int_{-\infty}^{\infty}f(\xi)\cos[\beta(x-\xi)]\mathrm{d}\xi$$

据定积分定义：

$$f(x)=\frac{1}{\pi}\int_{0}^{\infty}\mathrm{d}\beta\int_{-\infty}^{\infty}f(\xi)\cos[\beta(x-\xi)]\mathrm{d}\xi \tag{4-10}$$

称为 $f(x)$ 的傅立叶积分。

又可写成

$$f(x)=\int_{0}^{\infty}[A(\beta)\cos(\beta x)+B(\beta)\sin(\beta x)]\mathrm{d}\beta \tag{4-11}$$

式中

$$A(\beta)=\frac{1}{\pi}\int_{-\infty}^{\infty}f(\xi)\cos(\beta\xi)\mathrm{d}\xi$$

$$B(\beta)=\frac{1}{\pi}\int_{-\infty}^{\infty}f(\xi)\sin(\beta\xi)\mathrm{d}\xi \tag{4-12}$$

（4-11）与（4-12）两式分别称为函数 $f(x)$ 的傅立叶余弦与正弦变换，$A(\beta)$、$B(\beta)$ 为“象函数”。由于 $f(\xi)\cos[\beta(x-\xi)]$ 对 $\beta$ 而言是偶函数，故可将对 $\beta$ 从（$0\sim\infty$）的积分写成 $\frac{1}{2}\int_{-\infty}^{\infty}f(\xi)\cos[\beta(x-\xi)]\mathrm{d}\beta$，考虑到正弦函数 $\sin[\beta(x-\xi)]$ 对 $\beta$ 而言是奇函数，$\int_{-\infty}^{\infty}\sin[\beta(x-\xi)]\mathrm{d}\beta=0$，所以可以在傅立叶积分式中加入一项 $i\sin[\beta(x-\xi)]$ 得到：

$$f(x)=\frac{1}{2\pi}\int_{-\infty}^{\infty}\mathrm{d}\beta\int_{-\infty}^{\infty}f(\xi)\{\cos[\beta(x-\xi)]+i\sin[\beta(x-\xi)]\}\mathrm{d}\xi$$

$$=\frac{1}{2\pi}\int_{-\infty}^{\infty}\mathrm{d}\beta\int_{-\infty}^{\infty}f(\xi)\mathrm{e}^{i\beta(x-\xi)}\mathrm{d}\xi \tag{4-13}$$

令：

$$F(\beta)=\int_{-\infty}^{\infty}f(\xi)\mathrm{e}^{i\beta\xi}\mathrm{d}\xi \tag{4-14}$$

此为复数形式下的傅立叶变换，$F(\beta)$ 为象函数。

$$f(x)=\frac{1}{2\pi}\int_{-\infty}^{\infty}F(\beta)\mathrm{e}^{-i\beta x}\mathrm{d}\beta \tag{4-15}$$

此为傅立叶反变换。

傅立叶变换的性质有：

（1）线性性质：

若

$$F(f_1)=F_1(\lambda)$$

$$F(f_2)=F_2(\lambda)$$

则 $$F(\alpha f_1+\beta f_2)=\alpha F(f_1)+\beta F(f_2) \tag{4-16}$$

（2）两函数卷积的傅立叶变换等于各自傅立叶变换后象函数的乘积。

$$F(f_1*f_2)=F(f_1)F(f_2) \tag{4-17}$$

证：$$F(f_1*f_2)=\int_{-\infty}^{\infty}e^{i\lambda x}dx\int_{-\infty}^{\infty}f_1(x-\xi)f_2(\xi)d\xi$$
$$=\int_{-\infty}^{\infty}f_2(\xi)d\xi\int_{-\infty}^{\infty}e^{i\lambda x}f_1(x-\xi)dx$$

令 $x-\xi=\eta$，将对 $x$ 的积分换为对 $\eta$ 的积分，可得：

$$F(f_1*f_2)=\int_{-\infty}^{\infty}f_2(\xi)d\xi\int_{-\infty}^{\infty}e^{i\lambda(\xi+\eta)}f_1(\eta)d\eta$$
$$=\int_{-\infty}^{\infty}f_2(\xi)e^{i\lambda\xi}d\xi\int_{-\infty}^{\infty}e^{i\lambda\eta}f_1(\eta)d\eta$$
$$=F(f_1)F(f_2)$$

（3）两函数乘积的傅立叶变换等于其各自傅立叶变换象函数的卷积乘以$\frac{1}{2\pi}$，即：

$$F(f_1\cdot f_2)=\frac{1}{2\pi}F(f_1)*F(f_2) \tag{4-18}$$

证明方法同上。

（4）导数的傅立叶变换等于原函数傅立叶变换的象函数乘以 $-i\lambda$，条件是当 $|x|\to\infty$ 时，$f(x)=0$

证：$$F[f'(x)]=\int_{-\infty}^{\infty}f'(x)e^{i\lambda x}dx=f(x)e^{i\lambda x}\Big|_{-\infty}^{\infty}-\int_{-\infty}^{\infty}i\lambda f(x)e^{i\lambda x}dx=-i\lambda F(f)$$

不难理解 $n$ 阶导数的傅立叶变换公式为：

$$F[f^n(x)]=(-i\lambda)^nF(f) \tag{4-19}$$

（5）傅立叶变换的导数等于原函数乘以 $ix$ 后的傅立叶变换。

$$\frac{d}{d\lambda}F(f)=\frac{d}{d\lambda}\int_{-\infty}^{\infty}f(x)e^{i\lambda x}dx=\int_{-\infty}^{\infty}f(x)(ix)e^{i\lambda x}dx=F[ixf(x)] \tag{4-20}$$

## 第三节 傅立叶变换的应用，非稳态导热问题的标准解

### 一、无限大区间一维非稳态导热问题的标准解

设在无限大区间存在下述非稳态导热问题

$$\begin{cases}\dfrac{\partial t}{\partial \tau}=a\dfrac{\partial^2 t}{\partial x^2}+f(x,\tau)\\ t(x,0)=\varphi(x)\\ |x|\to\infty \quad t=0\end{cases} \tag{4-21}$$

这是一个无穷大的区间，具有任意内热源项 $f(x,\tau)$，任意初始温度 $\varphi(x)$ 的一维非稳态导热问题。若在无穷远处 $t\neq0$，例如 $t=t_\infty$ 则可令 $\theta=t-t_\infty$，仍满足 $|x|\to\infty$ 时 $\theta=0$。

傅立叶变换法很适合求解具有内热源的导热问题。

$$记\ F[t(x,\tau)]=\bar{t}(\lambda,\tau)$$
$$F[t(x,0)]=\bar{\phi}(\lambda)$$
$$F[f(x,\tau)]=\bar{f}(\lambda,\tau)$$

将方程两边对 $x$ 进行傅立叶变换得：

$$\frac{\partial \bar{t}}{\partial \tau} = -a\lambda^2\bar{t} + \bar{f}$$

这是一个关于$\tau$的一阶线性变系数非齐次微分方程。其通解为：

$$\bar{t} = Ce^{-a\lambda^2\tau} + e^{-a\lambda^2\tau}\int_0^\tau \bar{f}e^{a\lambda^2\tau'}d\tau'$$

当$\tau=0$时，$\bar{t} = \bar{\phi}(\lambda)$代入上式得：

$$C = \bar{\phi}(\lambda)$$

于是$\bar{t}$的解为：

$$\bar{t} = \bar{\phi}(\lambda)e^{-a\lambda^2\tau} + \int_0^\tau \bar{f}(\lambda,\tau')e^{-a\lambda^2(\tau-\tau')}d\tau'$$

将此式各项求反变换即可得$t(x,\tau)$的解。

$$F^{-1}(e^{-a\lambda^2\tau}) = \frac{1}{2\pi}\int_{-\infty}^{\infty}e^{-(a\lambda^2\tau+i\lambda x)}d\lambda = \frac{1}{2\pi}\int_{-\infty}^{\infty}e^{-a\tau\left(\lambda^2+\frac{ix}{a\tau}\lambda\right)}d\lambda$$

$$= \frac{1}{2\pi}e^{-\frac{x^2}{4a\tau}}\int_{-\infty}^{\infty}e^{-a\tau\left(\lambda+\frac{ix}{2a\tau}\right)^2}d\lambda$$

$$= \frac{1}{2\pi}\frac{1}{\sqrt{a\tau}}e^{-\frac{x^2}{4a\tau}}\int_{-\infty}^{\infty}e^{-\left(\sqrt{a\tau}\lambda+\frac{ix}{2\sqrt{a\tau}}\right)^2}d\left(\sqrt{a\tau}\lambda + \frac{ix}{2\sqrt{a\tau}}\right)$$

据概率积分，上式中积分部分为$\sqrt{\pi}$，故：

$$F^{-1}(e^{-a\lambda^2\tau}) = \frac{1}{\sqrt{4\pi a\tau}}e^{-\frac{x^2}{4a\tau}}$$

同理：$F^{-1}(e^{-a\lambda^2(\tau-\tau')}) = \frac{1}{\sqrt{4\pi a(\tau-\tau')}}e^{-\frac{x^2}{4a(\tau-\tau')}}$

据傅立叶变换的卷积性质，象函数的乘积对应原函数的卷积：

$$F^{-1}(\bar{\phi}\cdot e^{-a\lambda^2\tau}) = \varphi(x) * \frac{1}{\sqrt{4\pi a\tau}}e^{-\frac{x^2}{4a\tau}}$$

$$F^{-1}(\bar{f}(\lambda,\tau')\cdot e^{-ax^2(\tau-\tau')}) = f(x,\tau') * \frac{1}{\sqrt{4\pi a(\tau-\tau')}}e^{\frac{-x^2}{4a(\tau-\tau')}}$$

$$t(x,\tau) = \frac{1}{\sqrt{4\pi a\tau}}\int_{-\infty}^{\infty}\varphi(\xi)e^{-\frac{(x-\xi)^2}{4a\tau}}d\xi + \frac{1}{\sqrt{4\pi a}}\int_0^\tau d\tau'\int_{-\infty}^{\infty}f(\xi,\tau')\frac{1}{\sqrt{\tau-\tau'}}e^{-\frac{(x-\xi)^2}{4a(\tau-\tau')}}d\xi \qquad (4\text{-}22)$$

这是一个标准解，第一项反映初始温度的影响，第二项反映内热源的影响。许多一维非稳态导热问题的解可以从这个解直接导出。

## 二、$\delta$（*Dirac*）函数在导热问题中的应用

例如：半无限大平壁的非稳态导热问题。已知在$x=0$处壁面上加入定常热流$q_w$（W/m$^2$）。

本来，我们已推导出的标准解中有内热源一项。在壁面上加入定常热流，从物理概念

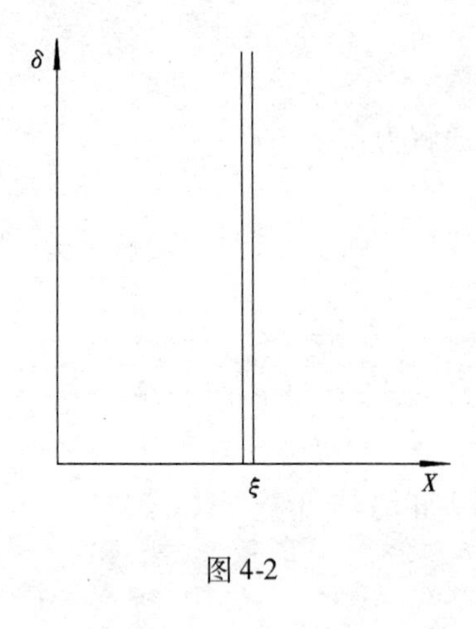

图 4-2

上说，它等同于在壁面上无限薄的一层中有一个无限大的内热源。为了把 $q_w$ 能写成内热源的形式，需要引入 δ 函数的概念。

设有函数 δ，如图 4-2 所示。

在 $x \neq \xi$ 处，$\delta = 0$；

在 $\xi \leqslant x < \xi + \Delta x$ 处，$\delta = h$，且 $\Delta x \to 0, h \to \infty$，而该无限窄，无限高柱形的面积为 1，即 $h \cdot \Delta x = 1$。我们将这样一个函数定义为 δ 函数，记为 $\delta(x,\xi)$，根据上述概念：

$$\delta(x,\xi) = \begin{cases} 0 & x \neq \xi \\ \infty & x = \xi \end{cases}$$

$$\int_{-\infty}^{\infty} \delta(x,\xi)\,\mathrm{d}x = 1 \tag{4-23}$$

在 $\delta(x,\xi)$ 中，$x$ 是自变量，$\xi$ 是 $\delta(x,\xi)$ 取无穷大值的位置。当 $\xi$ 点的位置可以变化时，δ 函数就成了 $\delta(x,\xi)$ 这样一个二元函数。不难理解，在尺寸坐标上的 δ 函数，其因次为 $[1/m]$。

δ 函数还有一个重要性质：

$$\int_{-\infty}^{\infty} f(x)\delta(x,\xi)\,\mathrm{d}x = f(\xi) \tag{4-24}$$

证：$\int_{-\infty}^{\infty} f(x)\delta(x,\xi)\,\mathrm{d}x = \lim\limits_{\substack{h\to\infty \\ \Delta x\to 0}} f(\xi) \cdot h \cdot \Delta x = f(\xi)$

有了 δ 函数的帮助，我们可以把各种边界条件写到内热源项中去，从而使已获得的标准解得以应用。在上面壁面 $x=0$ 处加入定常热流 $q_w$（$\mathrm{W/m^2}$）时，我们可以设想在 $x=0$ 处有一极小的薄层 $\Delta x$，其高度为 $h$，在该薄层中加入一个体积热源 $q_v$，其总热量与 $q_w$ 所给出的相同。于是：

$$q_w \cdot h = q_v \cdot h \cdot \Delta x$$

在 $\Delta x$ 薄层中，$q_v = \dfrac{1}{\Delta x} q_w$，当 $\Delta x \to 0$ 时，$q_v = \delta(x,0) q_w$

于是 $x=0$ 处，加入定常热流 $q_w$ 这一边界条件与方程中加上内热源 $f(0,\tau) = \delta(x,0)\dfrac{q_w}{c\rho}$ 对导热过程所起的作用相同。

当初始温度为零时，该过程的数学描述为：

$$\frac{\partial t}{\partial \tau} = a\frac{\partial^2 t}{\partial x^2} + \delta(x,0)\frac{2q_w}{c\rho}$$

$$\text{当}\ \tau = 0, t = 0$$

$$\text{当}\ |x| \to \infty, t = 0 \tag{4-25}$$

这里我们已将实际中不存在的 $-\infty < x < 0$ 区间的温度场定义了，即假想这是一个从 $-\infty$ 到 $\infty$ 以 $x=0$ 为中心的两侧对称的温度场。实际中 $q_w$ 是加在 $x>0$ 一侧的，当使用标准解时，对 $(-\infty, \infty)$ 区间在 $x=0$ 处加入的总热量应为一侧的两倍，因此在内热源项已乘以 2。

三、标准解的应用举例

**【例 4-1】** 常热流边界条件的情况：

半无限大平壁$\tau=0$时，$t=0$；$x\to\infty$处，$t=0$。$x=0$处壁面上加入定常热流$q_w$。求温度分布。

**【解】** 此题即可直接代标准解，其中$\varphi(x)=0, f(\xi,\tau')=\delta(x,0)\dfrac{2q_w}{c\rho}$。

得：$t=\dfrac{1}{\sqrt{4\pi a}}\int_0^{\tau}\mathrm{d}\tau'\int_{-\infty}^{\infty}\delta(\xi,0)\dfrac{2q_w}{c\rho}\dfrac{1}{\sqrt{\tau-\tau'}}\mathrm{e}^{-\frac{(x-\xi)^2}{4a(\tau-\tau')}}\mathrm{d}\xi$

据$\delta$函数的性质，上式中$(-\infty,\infty)$的积分为被积函数在$\xi=0$处的值。

$$t=\frac{2q_w}{\sqrt{4\pi a}c\rho}\int_0^{\tau}\frac{1}{\sqrt{\tau-\tau'}}\mathrm{e}^{-\frac{x^2}{4a(\tau-\tau')}}\mathrm{d}\tau'$$

令$\eta=\dfrac{x}{\sqrt{4a(\tau-\tau')}}$进行积分变量的变换，得：

$$t=\frac{2q_w x}{\sqrt{4\pi}\lambda}\int_{\frac{x}{\sqrt{4a\tau}}}^{\infty}\frac{1}{\eta^2}\mathrm{e}^{-\eta^2}\mathrm{d}\eta$$

经分部积分得：

$$t=\frac{q_w x}{\sqrt{\pi}\lambda}\left[\frac{1}{u}\mathrm{e}^{-u^2}-2\int_u^{\infty}\mathrm{e}^{-\eta^2}\mathrm{d}\eta\right] \tag{4-26}$$

式中$u=\dfrac{x}{\sqrt{4a\tau}}$，又因为积分项$\int_u^{\infty}=\int_0^{\infty}-\int_0^{u}$，

$$t=\frac{2q_w\sqrt{a\tau}}{\lambda}\left[\frac{1}{\sqrt{\pi}}\mathrm{e}^{-u^2}-u+u\cdot erf(u)\right]=\frac{2q_w\sqrt{a\tau}}{\lambda}\left[\frac{1}{\sqrt{\pi}}\mathrm{e}^{-u^2}-u\cdot erfc(u)\right] \tag{4-27}$$

式（4-27）中括号内部分即为高斯误差补函数的一次积分，证明如下：

根据定义，

$$\begin{aligned}
ierfc(u)&=\int_u^{\infty}\left[1-\frac{2}{\sqrt{\pi}}\int_0^{\xi}\mathrm{e}^{-\eta^2}\mathrm{d}\eta\right]\mathrm{d}\xi\\
&=\frac{2}{\sqrt{\pi}}\int_u^{\infty}\left[\int_0^{\infty}\mathrm{e}^{-\eta^2}\mathrm{d}\eta-\int_0^{\xi}\mathrm{e}^{-\eta^2}\mathrm{d}\eta\right]\mathrm{d}\xi\\
&=\frac{2}{\sqrt{\pi}}\int_u^{\infty}\int_{\xi}^{\infty}\mathrm{e}^{-\eta^2}\mathrm{d}\eta\mathrm{d}\xi
\end{aligned}$$

此积分的积分区域如图 4-3 阴影部分所示。变换积分次序为先对$\xi$后对$\eta$积分得：

$$\begin{aligned}
ierfc(u)&=\frac{2}{\sqrt{\pi}}\int_u^{\infty}\mathrm{e}^{-\eta^2}\mathrm{d}\eta\int_u^{\eta}\mathrm{d}\xi=\frac{2}{\sqrt{\pi}}\left[\int_u^{\infty}\eta\mathrm{e}^{-\eta^2}\mathrm{d}\eta-u\int_u^{\infty}\mathrm{e}^{-\eta^2}\mathrm{d}\eta\right]\\
&=\frac{-1}{\sqrt{\pi}}\mathrm{e}^{-\eta^2}\Big|_u^{\infty}-\frac{2u}{\sqrt{\pi}}\left[\int_0^{\infty}\mathrm{e}^{-\eta^2}\mathrm{d}\eta-\int_0^{u}\mathrm{e}^{-\eta^2}\mathrm{d}\eta\right]\\
&=\frac{1}{\sqrt{\pi}}\mathrm{e}^{-u^2}-u\,erfc(u)
\end{aligned}$$

故 $t = \frac{2q_w\sqrt{a\tau}}{\lambda}ierfc(u)$，与第三章用拉氏变换所求得的解完全相同。

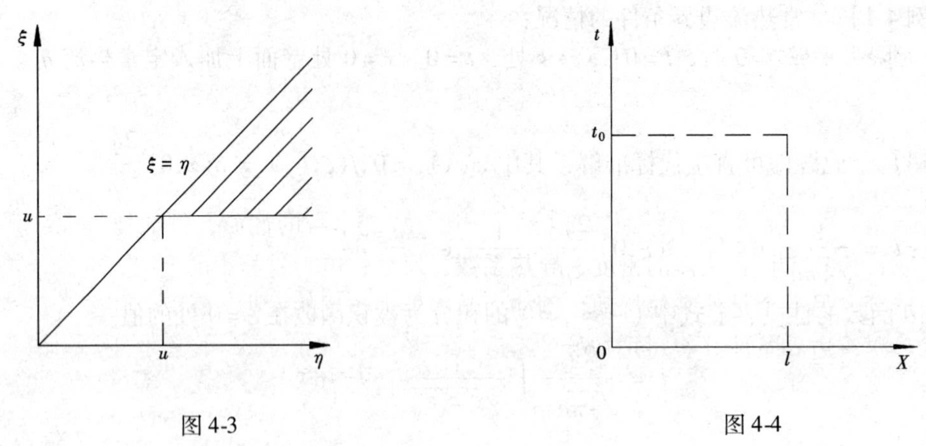


图 4-3　　　　图 4-4

【例 4-2】　有初始温度的情况：

半无限平壁 $x=0$ 表面处绝热，开始时，$0<x<l$ 处 $t=t_0$，$x>l$ 处 $t=0$，无内热源。求 $t(x,\tau)$。

【解】　数学描述为：

$$\begin{cases} \frac{\partial t}{\partial \tau} = a\frac{\partial^2 t}{\partial x^2} \\ x=0, \frac{\partial t}{\partial x}=0 \\ \tau = 0 \text{ 时} \begin{cases} 0<x<l \text{ 处 } t=t_0 \\ x>l \text{ 处 } t=0 \end{cases} \end{cases} \tag{4-28}$$

壁面绝热，我们可以把温度场看做是以 $x=0$ 为轴左右对称，从而把问题拓展到 $-\infty\to\infty$ 区间。初始温度 $\varphi(x)$ 为：

$$\varphi(x) = \begin{cases} 0 & -\infty<x<-l \\ t_0 & -l<x<l \\ 0 & l<x<\infty \end{cases}$$

标准解为：$t = \frac{1}{\sqrt{4\pi a\tau}}\int_{-\infty}^{\infty}\varphi(\xi)\mathrm{e}^{-\frac{(x-\xi)^2}{4a\tau}}\mathrm{d}\xi = \frac{t_0}{\sqrt{4\pi a\tau}}\int_{-l}^{l}\mathrm{e}^{-\frac{(x-\xi)^2}{4a\tau}}\mathrm{d}\xi$

令 $v = \frac{x-\xi}{\sqrt{4a\tau}}$，进行变量代换：

$$\mathrm{d}\xi = -\sqrt{4a\tau}\mathrm{d}v$$

$\xi = l$ 时 $v = \frac{x-l}{\sqrt{4a\tau}}$，$\xi=-l$ 时 $v=\frac{x+l}{\sqrt{4a\tau}}$

故
$$t = \frac{-t_0}{\sqrt{\pi}}\int_{\frac{x+l}{\sqrt{4a\tau}}}^{\frac{x-l}{\sqrt{4a\tau}}}\mathrm{e}^{-v^2}\mathrm{d}v = \frac{t_0}{2}\left(erf\frac{x+l}{\sqrt{4a\tau}} - erf\frac{x-l}{\sqrt{4a\tau}}\right) \tag{4-29}$$

# 第五章　导热微分方程的格林函数

一个系统中发生的物理过程，例如力学过程，传热过程，电力电子过程，其某一时刻的系统状况和变化是由两个方面决定的：一个是系统本身的性质，例如力学中固体的刚度，尺寸；传热过程中固体的密度，导热系数，尺寸；电力过程中的电阻，电压，电容和电路构造等。另一个是外来的扰动，例如力学中外力作用的大小，时间与位置；传热过程中的内热源，边界条件（也可把初始的温度看作是初始的扰动）；电学中外来的信号，外加电压，电流，磁场强度等。在描述上述系统物理过程的微分方程中，通常外来的扰动都是由方程中的非齐次项表达的。例如导热微分方程中的内热源项就是非齐次项。

所谓格林函数，就是描述系统物理过程的微分方程在一个单位扰量作用时的解。由于单位扰量是被规定了的，因此格林函数反映的是系统本身的性态，即在某一位置某一时刻有一单位扰量时，全系统的状况。

## 第一节　格林函数的概念、性质与用法

设有常微分方程

$$L(u) = -f(x) \tag{5-1}$$

式中，$L$ 为微分算子。例如 $\frac{\partial^2 u}{\partial x^2}+\frac{\partial^2 u}{\partial y^2}=-f(x)$，则可记为 $L(u)=-f(x)$，其中 $L=\frac{\partial}{\partial x^2}+\frac{\partial}{\partial y^2}$；$-f(x)$ 为非齐次项，在物理过程中，它通常都表达外来的扰量。

格林函数的定义为：

若

$$L(G) = -\delta(x,\xi) \tag{5-2}$$

则 $G$ 为 $L$ 的格林函数。式中 $\delta$ 函数在积分时就表现出它是一个单位扰量 $\left(\int_{-\infty}^{\infty}\delta(x,\xi)\mathrm{d}x=1\right)$。于是 $G$ 完全是由 $L$ 决定的。

由于 $\delta(x,\xi)$ 中 $\xi$ 是可变的，即单位扰量在 $x$ 轴上的位置是任意的，因此 $L$ 方程的解 $G$ 是 $x$ 与 $\xi$ 的函数，即 $G(x,\xi)$。

本节用齐次边界条件的二阶线性变系数自伴非齐次方程来讨论 $G$ 的性质，这类方程的格林函数是存在的，并且是求解导热问题时可以使用的。

$$L(u)=\frac{\mathrm{d}}{\mathrm{d}x}\left(P(x)\frac{\mathrm{d}u}{\mathrm{d}x}\right)+q(x)u$$

$$\begin{cases}a_1u(a)+a_2u'(a)=0\\ b_1u(b)+b_2u'(b)=0\end{cases} \tag{5-3}$$

## 一、格林函数的性质

（1）在 $x=\xi$ 处，

$$\left.\frac{\mathrm{d}G(x,\xi)}{\mathrm{d}x}\right|_{\xi-\varepsilon}^{\xi+\varepsilon}=-\frac{1}{P(\xi)} \tag{5-4}$$

式中 $\varepsilon$ 为很小的一个正数。该性质说明在 $x=\xi$ 处格林函数的导数不连续，右导数与左导数的跳跃值为 $-\dfrac{1}{P(\xi)}$。

证：$\dfrac{\mathrm{d}}{\mathrm{d}x}\left[P(x)\dfrac{\mathrm{d}G}{\mathrm{d}x}\right]+q(x)G=-\delta(x,\xi)$

将此式两边在 $\xi$ 左右的小区域内对 $x$ 积分

$$\lim_{\varepsilon\to0}\int_{\xi-\varepsilon}^{\xi+\varepsilon}\frac{\mathrm{d}}{\mathrm{d}x}\left[P(x)\frac{\mathrm{d}G}{\mathrm{d}x}\right]\mathrm{d}x+\int_{\xi-\varepsilon}^{\xi+\varepsilon}q(x)G(x,\xi)\,\mathrm{d}x=\int_{\xi-\varepsilon}^{\xi+\varepsilon}-\delta(x,\xi)\,\mathrm{d}x$$

式中第二项被积函数为有限量，在无穷小域上的积分值为 0，右端项据 $\delta$ 函数的性质为 $-1$，则第一项为：

$$\lim_{\varepsilon\to0}P(x)\left.\frac{\mathrm{d}G}{\mathrm{d}x}\right|_{\xi-\varepsilon}^{\xi+\varepsilon}=-1$$

性质得证。

（2）若 $G$ 为 $L$ 的格林函数，$-f(x)$ 为 $L$ 方程中的非齐次项，则：

$$u(x)=\int_a^b G(x,\xi)f(\xi)\,\mathrm{d}\xi \tag{5-5}$$

证：$u_{\mathrm{x}}=\displaystyle\int_a^b G'_{\mathrm{x}}(x,\xi)f(\xi)\,\mathrm{d}\xi,\ u_{\mathrm{xx}}=\int_a^b G''_{\mathrm{xx}}(x,\xi)f(\xi)\,\mathrm{d}\xi$

$$\begin{aligned}L(u)&=Pu_{\mathrm{xx}}+P_{\mathrm{x}}u_{\mathrm{x}}+qu=P\int_a^b G_{\mathrm{xx}}f(\xi)\,\mathrm{d}\xi+P_x\int_a^b G_{\mathrm{x}}f(\xi)\,\mathrm{d}\xi+q\int_a^b Gf(\xi)\,\mathrm{d}\xi\\&=\int_a^b(PG_{\mathrm{xx}}+P_{\mathrm{x}}G_{\mathrm{x}}+qG)f(\xi)\,\mathrm{d}\xi=\int_a^b L(G)f(\xi)\,\mathrm{d}\xi\\&=\int_a^b-\delta(x,\xi)f(\xi)\,\mathrm{d}\xi=-f(x)\end{aligned}$$

该性质已被证出。

该性质的物理意义可作如下解释：

1）对力学过程，$u$ 为位移，$f(x)$ 为作用力，$G(x,\xi)$ 表示在 $\xi$ 点作用总量为 1 的外力时所引起的在 $x$ 点的位移。当外扰为区域作用 $f(x)$ 时，在 $x$ 点的位移即为 $u(x)=\displaystyle\int_a^b G(x,\xi)f(\xi)\,\mathrm{d}\xi$，表示总位移等于单位位移以 $f(\xi)$ 为权重叠加后的平均。

2）对传热问题，$u$ 为温度，$f(x)$ 为内热源，$G(x,\xi)$ 表示在 $\xi$ 点有单位内热源时 $x$ 点的温度。在 $f(x)$ 内热源作用下 $x$ 点的温度 $u(x)$ 为上述温度以 $f(\xi)$ 为权重叠加后的平均。

（3）当与方程相对应的齐次方程只有零解时，格林函数存在并惟一。

例如有方程：$u''+u=-1,u(0)=0,u\left(\dfrac{\pi}{2}\right)=0$。与该方程相对应的齐次方程为：$v''+v=0$，$v(0)=0$，$v\left(\dfrac{\pi}{2}\right)=0$。代入边界条件知，该方程在该边界条件下只有零解，

即 $v(x)=0$。此性质是说在这种情况下，$u$ 的格林函数存在并惟一。对不满足该条件的定解问题，有可能存在“广义格林函数”，对此感兴趣的读者，可参阅有关数理方程方面的书籍。本书不再涉及。下面进行的讨论，都是针对满足该条件的情况。读者还将看到，在这个条件下，格林函数是如何被求出的。

**二、格林函数的得出与应用**

设格林函数 $G$ 所满足的微分方程与边界条件如下：

$$\begin{cases} L(G)=-\delta(x,\xi) \\ a_1G(a)+a_2G'(a)=0 \\ b_1G(b)+b_2G'(b)=0 \end{cases} \tag{5-6}$$

由于 $G$ 在点 $\xi$ 处导数有一个突变，所以我们把 $G$ 分成两段来写

$$G(x,\xi)=\begin{cases} G_1(x,\xi) & x<\xi \\ G_2(x,\xi) & x>\xi \end{cases} \tag{5-7}$$

$G_1$ 应满足 $x=a$ 处的边界条件，$G_2$ 应满足 $x=b$ 处的边界条件，则可写出：

$$\begin{cases} L(G_1)=0 \\ a_1G_1(a)+a_2G'_1(a)=0 \end{cases} \quad a\leqslant x<\xi \tag{5-8}$$

$$\begin{cases} L(G_2)=0 \\ b_1G_2(b)+b_2G'_2(b)=0 \end{cases} \quad \xi<x\leqslant b \tag{5-9}$$

由于式（5-8）与（5-9）两式都只有一个边界条件，所以他们的解都并不惟一。式（5-3）是个二阶微分方程，要写出惟一解就需两个边界条件。

设 $y(x)$ 为满足 $L(y)=0$ 和 $x=a$ 处齐次边界条件的任意一个解，$z(x)$ 为满足 $L(z)=0$ 和 $x=b$ 处齐次边界条件的任意一个解，当把 $\xi$ 也作为变量看待时，显然 $G_1$ 与 $G_2$ 都与 $\xi$ 有关，即未定的积分常数 $c_1$ 与 $c_2$ 都是 $\xi$ 的函数，而齐次边界条件决定了积分常数应乘而不是加，因此可将 $G_1$ 与 $G_2$ 写成：

$$G_1(x,\xi)=c_1(\xi)y(x) \quad G_2(x,\xi)=c_2(\xi)z(x) \tag{5-10}$$

$G_1$ 与 $G_2$ 在 $\xi$ 处连续，故

$$c_1(\xi)y(\xi)=c_2(\xi)z(\xi) \tag{5-11}$$

$G(x,\xi)$ 在 $\xi$ 点的一阶导数跳跃值应为 $-\dfrac{1}{P(\xi)}$，故

$$c_1(\xi)y'(\xi)-c_2(\xi)z'(\xi)=\frac{1}{P(\xi)} \tag{5-12}$$

两式联立解得：

$$c_1=\frac{z/P}{-yz'+zy'},c_2=\frac{y/P}{-yz'+zy'} \tag{5-13}$$

令

$$\frac{1}{m}=-P[yz'-zy'] \tag{5-14}$$

则格林函数为：

$$G(x,\xi)=\begin{cases} my(x)z(\xi) & a\leqslant x<\xi \\ mz(x)y(\xi) & \xi<x\leqslant b \end{cases} \tag{5-15}$$

可以证明，$m$ 为与 $\xi$ 无关的常数。将式（5-14）对 $\xi$ 求导得：

$$\frac{\mathrm{d}\frac{1}{m}}{\mathrm{d}\xi}=-p'yz'+p'zy'-py'z'-pyz''+pz'y'+pzy''=p'(zy'-yz')+p(zy''-yz'')$$

将 $L(y)=0$ 式两边乘以 $z$，将 $L(z)=0$ 两边乘以 $y$ 并相减，即可证明上式为零。

至此，在齐次边界条件下，二阶线性自伴变系数非齐次微分方程的格林函数已被求出。从此式看，格林函数还有一个重要性质，即 $G(x,\xi)$ 中的 $x$ 与 $\xi$ 是对称的，它们的位置可以互换。我们将式（5-15）中的 $x$ 与 $\xi$ 互换为：

$$G(\xi,x)=\begin{cases}my(\xi)z(x) & \xi<x\leqslant b\\ mz(\xi)y(x) & a\leqslant x<\xi\end{cases}\tag{5-16}$$

可以看出互换后的式（5-16）与（5-15）完全相同。

**【例 5-1】** 设有定解问题：

$$u''+u=-1,\ u(0)=0,\ u\left(\frac{\pi}{2}\right)=0$$

该方程为齐次边界条件的二阶线性变系数自伴非齐次方程，所对应的齐次方程只有零解，可以用构造格林函数的方法求解。令：

$$\begin{cases}y''+y=0\\ y(0)=0\end{cases}\quad 0\leqslant x<\xi,\qquad \begin{cases}z''+z=0\\ z\left(\frac{\pi}{2}\right)=0\end{cases}\quad \xi<x\leqslant\frac{\pi}{2}$$

取 $y=\sin x, z=\cos x$（最简单形式），据式（5-14）求得 $m=1$，得：

$$G(x,\xi)=\begin{cases}\sin x\cos\xi & 0\leqslant x<\xi\\ \cos x\sin\xi & \xi<x\leqslant\frac{\pi}{2}\end{cases}$$

方程的解为 $u(x)=\int_0^{\pi/2}G(x,\xi)f(\xi)\mathrm{d}\xi$

对 $\xi$ 从 $0-\pi/2$ 积分，在［0，$x$］区间，$\xi<x$，在区间$[x,\pi/2]$，$\xi>x$。故

$$\begin{aligned}u(x)&=\int_0^x\cos x\sin\xi\mathrm{d}\xi+\int_x^{\pi/2}\sin x\cos\xi\mathrm{d}\xi\\&=\cos x[-\cos x+1]+\sin x[1-\sin x]\\&=\cos x+\sin x-1\end{aligned}$$

读者可用微分方程的通常解法验证此解的正确性。

我们还看到，在求解过程中若取 $y=2\sin x$，$z=\cos x$，则算得 $m=1/2$，结果是一样的。

**【例 5-2】** 一维无限大平壁稳态导热，两侧为第三类边界条件。壁中有均匀的内热源 $q_v$($\mathrm{W/m^3}$)。问题的数学描述为：

$$\begin{cases}\theta=t-t_f\\ \theta''=-\frac{q_v}{\lambda}\\ x=0\quad\theta'=0\\ x=\delta\quad\delta\theta'+\mathrm{Bi}\theta=0\end{cases}\tag{5-17}$$

式中 $\mathrm{Bi} = \dfrac{h\delta}{\lambda}$。根据物理意义，若该平壁无内热源，则方程只有零解。

取半个壁宽作为研究对象，设有总量为1的线热源作用于$\xi$点（$0 \leqslant \xi \leqslant \delta$）。则$\theta$方程的格林函数$G$满足：

$$\begin{cases} G'' = -\delta(x,\xi) \\ x = 0 \quad G' = 0 \\ x = \delta \quad \delta G' + \mathrm{Bi}G = 0 \end{cases}$$

按前面关于$y$与$z$的定义不难获取$y=1$ 。关于$z$：

$$\begin{cases} z'' = 0 \\ x = \delta, \delta z' + \mathrm{Bi}z = 0 \end{cases} \qquad \xi \leqslant x < \delta$$

解得$z = A_2 x + B_2$，代入边界条件解得$B_2 = -A_2\left(\dfrac{1+\mathrm{Bi}}{\mathrm{Bi}}\right)\delta$

$A_2$与$B_2$两个积分常数可以合为一个。由于在$\xi \sim \delta$区间$z'<0$，即$A_2<0$，故取$A_2=-1$，则$B_2 = \left(\dfrac{1+\mathrm{Bi}}{\mathrm{Bi}}\right)\delta, z(x) = -x + \left(\dfrac{1+\mathrm{Bi}}{\mathrm{Bi}}\right)\delta$。据式（5-14）求得$m=1$。格林函数为：

$$G(x,\xi) = \begin{cases} y(x)z(\xi) = -\xi + \left(\dfrac{1+\mathrm{Bi}}{\mathrm{Bi}}\right)\delta & 0 \leqslant x < \xi \\ z(x)y(\xi) = -x + \left(\dfrac{1+\mathrm{Bi}}{\mathrm{Bi}}\right)\delta & \xi < x \leqslant \delta \end{cases}$$

$$\begin{aligned} \theta &= \int_0^\delta G(x,\xi)\,\frac{q_v}{\lambda}\mathrm{d}\xi \\ &= \frac{q_v}{\lambda}\left[\int_0^x \left(-x + \frac{1+\mathrm{Bi}}{\mathrm{Bi}}\delta\right)\mathrm{d}\xi + \int_x^\delta \left(-\xi + \frac{1+\mathrm{Bi}}{\mathrm{Bi}}\delta\right)\mathrm{d}\xi\right] \\ &= \frac{q_v}{\lambda}\left(-x^2 + \frac{1+\mathrm{Bi}}{\mathrm{Bi}}\delta x - \frac{\delta^2}{2} + \frac{1+\mathrm{Bi}}{\mathrm{Bi}}\delta^2 + \frac{x^2}{2} - \frac{1+\mathrm{Bi}}{\mathrm{Bi}}\delta x\right) \\ &= \frac{q_v}{2\lambda}\left(-x^2 + \frac{2+\mathrm{Bi}}{\mathrm{Bi}}\delta^2\right) \end{aligned}$$

可以验证此解满足原微分方程与边界条件。

格林函数$G$及其组成部分$G_1$与$G_2$的示意见图5-1。$G_1$与$G_2$在$\xi$点连续。$G_1$的导数为0，$G_2$的导数为$-1$，导数在$\xi$点的跳跃值为$-1$。

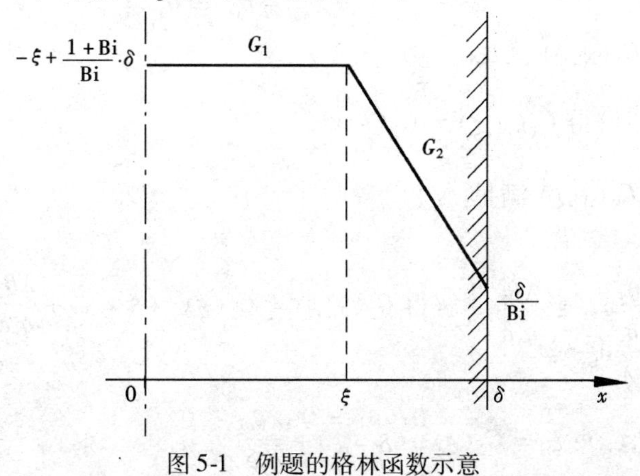


图5-1 例题的格林函数示意

## 三、非齐次边界条件下的格林函数

设有一个非齐次边界条件下有内热源时的一维稳态导热问题：

$$\begin{cases} L(u) = -f(x) \\ a_1 u'(a) + a_2 u(a) = q_{w1} \\ b_1 u'(b) + a_2 u(b) = q_{w2} \end{cases}$$

设其格林函数为 $G(x,\xi)$，我们观察 $G$ 应该满足的边界条件。

由于 $u(x) = \int_a^b G(x,\xi) f(\xi) \mathrm{d}\xi$，将之代入到问题的非齐次边界条件中，可得：

$$a_1 \int_a^b G'_x(a,\xi) \cdot f(\xi) \mathrm{d}\xi + a_2 \int_a^b G(a,\xi) \cdot f(\xi) \mathrm{d}\xi = q_{w1}$$

合并左侧的积分项，即得：

$$\int_a^b f(\xi) \cdot [a_1 G'_x(a,\xi) + a_2 G(a,\xi)] \mathrm{d}\xi = [a_1 G'_x(a,\xi) + a_2 G(a,\xi)] \cdot \int_a^b f(\xi) \mathrm{d}\xi$$

$\Rightarrow a_1 G'_x(a,\xi) + a_2 G(a,\xi) = \dfrac{q_{w1}}{\int_a^b f(\xi) \mathrm{d}\xi}$，这就是 $G$ 应该满足的边界条件。

即：

$$\begin{cases} L(G) = -\delta(x,\xi) \\ a_1 G'_x(a) + a_2 G(a) = \dfrac{q_{w1}}{\int_a^b f(\xi) \mathrm{d}\xi} \\ b_1 G'_x(b) + a_2 G(b) = \dfrac{q_{w2}}{\int_a^b f(\xi) \mathrm{d}\xi} \end{cases}$$

**【例 5-3】** 常物性无限大平壁厚 $\delta$，有内热源强度 $q_v$，左侧温度恒为 $t_{w1}$，右侧温度恒为 $t_{w2}$，现利用格林函数法求解壁内的稳态温度场。

**【解】** 令 $\theta = t - t_{w1}$，则

$$\begin{cases} \theta'' = -\dfrac{q_v}{\lambda} \\ x = 0 \quad \theta = 0 \\ x = \delta \quad \theta = t_{w2} - t_{w1} = \theta_2 \end{cases}$$

令 $0 \leqslant x < \xi$，$G_1(x,\xi)$ 满足

$\begin{cases} G''_1 = 0 \\ G_1(0,\xi) = 0 \end{cases}$，解得 $G_1(x,\xi) = C_1(\xi) x$

令 $\xi < x \leqslant \delta$，$G_2(x,\xi)$ 满足

$\begin{cases} G''_2 = 0 \\ G_2(\delta,\xi) = \dfrac{\theta_2}{\int_a^b \dfrac{q_v}{\lambda} \mathrm{d}\xi} = \dfrac{\lambda\theta_2}{q_v \delta} \end{cases}$，解得 $G_2(x,\xi) = C_2(\xi) \cdot (\delta - x) + \dfrac{\lambda\theta_2}{q_v\delta}$

（1）连续性：$C_1(\xi) \cdot \xi = C_2(\xi) \cdot (\delta - \xi) + \dfrac{\lambda\theta_2}{q_v\delta}$

（2）导数跳跃性：$C_1(\xi)+C_2(\xi)=1$

解得：$C_1(\xi)=1-\dfrac{\xi}{\delta}+\dfrac{\lambda\theta_2}{q_v\delta^2}$，$C_2(\xi)=\dfrac{\xi}{\delta}-\dfrac{\lambda\theta_2}{q_v\delta^2}$

$$G(x,\xi)=\begin{cases}G_1(x,\xi)=\left(1-\dfrac{\xi}{\delta}+\dfrac{\lambda\theta_2}{q_v\delta^2}\right)x & (0\leqslant x<\xi,x<\xi\leqslant\delta)\\ G_2(x,\xi)=\left(\dfrac{\xi}{\delta}-\dfrac{\lambda\theta_2}{q_v\delta^2}\right)(\delta-x)+\dfrac{\lambda\theta_2}{q_v\delta} & (\xi\leqslant x<\delta,0\leqslant\xi<x)\end{cases}$$

那么：$\theta=\int_0^x G_2\cdot\dfrac{q_v}{\lambda}d\xi+\int_x^\delta G_1\cdot\dfrac{q_v}{\lambda}d\xi=\dfrac{q_v}{2\lambda}x(\delta-x)+\theta_2\dfrac{x}{\delta}$

**【例5-4】** 一维无限大平壁稳态常物性导热问题，平壁厚度为$\delta$(m)，内热源强度为$q_v$（W/m$^3$），左侧壁面与温度为$t_f$（℃）、对流换热系数为$h$（W/(m$^2$·℃))的流体接触，右侧壁面以恒定的热流密度$q_w$（W/m$^2$)进行散热。现利用格林函数法求解该稳态温度场。

**【解】** 令$\theta=t-t_f$，则$\dfrac{\partial^2\theta}{\partial x^2}=-\dfrac{q_v}{\lambda}$

$x=0$，$\lambda\dfrac{\partial t}{\partial x}-h\theta=0$；$x=\delta$，$-\lambda\dfrac{\partial\theta}{\partial x}=q_w$。

$$\left.\begin{array}{l}G_1''=0\\ [\delta G_1'-\mathrm{Bi}G_1]_{x=0}=0\end{array}\right\}\Rightarrow G_1=C_1(\xi)\left(1+\frac{\mathrm{Bi}}{\delta}x\right)$$

$$\left.\begin{array}{l}G_2''=0\\ [-\lambda G_2']_{x=\delta}=\dfrac{q_w}{\int_0^\delta\frac{q_v}{\lambda}dx}=\dfrac{\lambda q_w}{\delta q_v}\end{array}\right\}，由于\left.\begin{array}{l}G_3''=0\\ [-\lambda G_3']_{x=\delta}=0\end{array}\right\}\Rightarrow G_3=C_2(\xi)$$

所以$G_2=C_2(\xi)-\dfrac{q_w}{\delta q_v}x$（齐次通解+非齐次特解）

连续性：$C_1(\xi)\left(1+\dfrac{\mathrm{Bi}}{\delta}\xi\right)=C_2(\xi)-\dfrac{q_w}{\delta q_v}\xi$

导数跳跃性：$-\dfrac{q_w}{\delta q_v}-C_1(\xi)\dfrac{\mathrm{Bi}}{\delta}=-1$

解得：$C_1(\xi)=\dfrac{\delta}{\mathrm{Bi}}\left(1-\dfrac{q_w}{\delta q_v}\right)$，$C_2(\xi)=\dfrac{\delta}{\mathrm{Bi}}\left(1-\dfrac{q_w}{\delta q_v}\right)\left(1+\dfrac{\mathrm{Bi}}{\delta}\xi\right)+\dfrac{q_w}{\delta q_v}\xi$

$$G(x,\xi)=\begin{cases}G_1=\dfrac{\delta}{\mathrm{Bi}}\left(1-\dfrac{q_w}{\delta q_v}\right)\left(1+\dfrac{\mathrm{Bi}}{\delta}x\right) & (0\leqslant x\leqslant\xi)\\ G_2=\dfrac{\delta}{\mathrm{Bi}}\left(1-\dfrac{q_w}{\delta q_v}\right)\left(1+\dfrac{\mathrm{Bi}}{\delta}\xi\right)+\dfrac{q_w}{\delta q_v}(\xi-x) & (\xi\leqslant x\leqslant\delta)\end{cases}$$

$$\theta=\int_0^x G_2\frac{q_v}{\lambda}d\xi+\int_x^\delta G_1\frac{q_v}{\lambda}d\xi=-\frac{1}{h}\left(q_w-\frac{q_v\delta}{\lambda}\right)-\frac{x}{\lambda}\cdot\left(q_w-\frac{q_v\delta}{\lambda}\right)-\frac{q_v}{2\lambda}x^2$$

## 第二节　非稳态导热微分方程的格林函数

在傅立叶变换一章中，曾得出过无限大区间非稳态导热问题的标准解：

$$\theta(x,\tau)=\frac{1}{\sqrt{4\pi a\tau}}\int_{-\infty}^{\infty}\varphi(\xi)\mathrm{e}^{-\frac{(x-\xi)^2}{4a\tau}}\mathrm{d}\xi+\frac{1}{\sqrt{4\pi a}}\int_0^{\tau}\frac{\mathrm{d}\tau'}{\sqrt{\tau-\tau'}}\int_{-\infty}^{\infty}f(\xi,\tau')\mathrm{e}^{\frac{-(x-\xi)^2}{4a(\tau-\tau')}}\mathrm{d}\xi$$

现在我们从格林函数的角度来解读这个标准解。

观察此解的构造，我们可以认为非稳态一维导热问题的格林函数为：

$$G(x,\xi,\tau,\tau')=\frac{1}{\sqrt{4a\pi(\tau-\tau')}}\mathrm{e}^{-\frac{(x-\xi)^2}{4a(\tau-\tau')}}\tag{5-18}$$

这里首先涉及二维格林函数和二维 $\delta$ 函数：

$\delta(x,\xi,\tau,\tau')$ 为二维 $\delta$ 函数，其含义与性质如下：

$$(1)\ \delta(x,\xi,\tau,\tau')=\begin{cases}0 & x\neq\xi\text{ 或 }\tau\neq\tau'\\ \infty & x=\xi\text{ 并且 }\tau=\tau'\end{cases}\tag{5-19}$$

$$(2)\ \int_0^{\infty}\int_{-\infty}^{\infty}\delta(x,\xi,\tau,\tau')\mathrm{d}x\mathrm{d}\tau=1\tag{5-20}$$

$$(3)\ \int_0^{\infty}\int_{-\infty}^{\infty}f(x,\tau)\delta(x,\xi,\tau,\tau')\mathrm{d}x\mathrm{d}\tau=f(\xi,\tau')\tag{5-21}$$

$G(x,\xi,\tau,\tau')$ 为二维格林函数，它表达在 $\tau'$ 时刻，在 $\xi$ 点有一个总量为 1 的内热源作用时，全域的温度场状况。由定义知 $\delta(x,\xi,\tau,\tau')$ 的因次为（1/（m·s））。

$G$ 是满足齐次的导热微分方程的，即：

$$\frac{\partial G}{\partial\tau}=a\frac{\partial^2G}{\partial x^2}$$

请读者自己验证其正确性。

在 $\tau'$ 时刻，在 $\xi$ 点有总量为 1 的内热源作用时，导热微分方程为：

$$\frac{\partial G}{\partial\tau}=a\frac{\partial^2G}{\partial x^2}+\delta(x,\xi,\tau,\tau')\tag{5-22}$$

在不同的外部条件下，用 $G$ 可以构造出温度场函数 $\theta(x,\tau)$。下面以无限大平壁中非稳态导热问题各种情况为例加以说明。

（1）集中于 $\xi$ 点（面），在 $\tau'$ 时刻瞬间加入总热量 $B$（$\mathrm{J/m^2}$），求壁中的温度分布 $\theta(x,\tau)$。此问题的微分方程为：

$$\frac{\partial\theta}{\partial\tau}=a\frac{\partial^2\theta}{\partial x^2}+\delta(x,\xi,\tau,\tau')\cdot\frac{B}{c\rho}\tag{5-23}$$

根据格林函数的意义与性质，方程的解为：

$$\theta(x,\tau)=\frac{B}{c\rho}\frac{1}{\sqrt{4a\pi(\tau-\tau')}}\exp\left(-\frac{(x-\xi)^2}{4a(\tau-\tau')}\right)\tag{5-24}$$

在标准解中，代入 $\varphi(\xi)=0,f(x,\tau)=\delta(x,\xi,\tau,\tau')\dfrac{B}{c\rho}$ 亦得此式。

（2）在（$-\infty,\infty$）区间，在 $\tau'$ 时刻瞬间加入 $f(x)$（$\mathrm{J/m^3}$）的热量，求壁中的温度分布

$\theta(x,\tau)$。此问题的微分方程为：

$$\frac{\partial \theta}{\partial \tau} = a\frac{\partial^2\theta}{\partial x^2} + \delta(\tau,\tau') \cdot \frac{f(x)}{c\rho} \tag{5-25}$$

根据格林函数的意义与性质，方程的解为：

$$\theta(x,\tau) = \int_{-\infty}^{\infty} \frac{f(\xi)}{c\rho} G(x,\xi,\tau,\tau')\mathrm{d}\xi$$

$$= \frac{1}{c\rho}\int_{-\infty}^{\infty} \frac{f(\xi)}{\sqrt{4a\pi(\tau-\tau')}}\exp\left(-\frac{(x-\xi)^2}{4a(\tau-\tau')}\right)\mathrm{d}\xi \tag{5-26}$$

在标准解中，代入 $\varphi(\xi) = 0, f(\xi,\tau') = \frac{f(\xi)}{c\rho}\delta(\tau,\tau')$ 亦得此式。

若$\tau'=0$，即从0时刻起计算温度场，则：

$$\theta(x,\tau) = \frac{1}{c\rho}\int_{-\infty}^{\infty} \frac{f(\xi)}{\sqrt{4a\pi\tau}}\exp\left(-\frac{(x-\xi)^2}{4a\tau}\right)\mathrm{d}\xi \tag{5-27}$$

（3）无内热源，有初始温度。当$\tau=0$时，$\theta(x,0) = \varphi(x)$。

我们将初始温度看作是$\tau'=0$时刻的外部扰动。利用格林函数直接写出的解为：

$$\theta(x,\tau) = \int_{-\infty}^{\infty} \varphi(\xi) G(x,\xi,\tau,\tau'=0)\mathrm{d}\xi$$

$$= \int_{-\infty}^{\infty} \frac{\varphi(\xi)}{\sqrt{4a\pi\tau}}\exp\left(-\frac{(x-\xi)^2}{4a\tau}\right)\mathrm{d}\xi \tag{5-28}$$

此式与运用标准解所得到的式子完全一样。此外，比较（2）与（3）我们发现在有初始温度 $\varphi(x)$ 与在零时刻加入一个瞬时分布热源 $f(x)$ 两种情况下，$\varphi(x)$ 与$\frac{f(x)}{c\rho}$对温度场的影响完全一样。也就是说，在零时刻加入一个瞬时分布热源 $f(x)$（$\mathrm{J/m^3}$），相当于给定了一个初始温度 $\varphi(x) = \frac{f(x)}{c\rho}$。

（4）$\tau = 0$ 时，$\theta=0$，在点 $\xi$ 处连续作用热源 $q(\tau)$（$\mathrm{W/m^2}$）。

方程为

$$\frac{\partial \theta}{\partial \tau} = a\frac{\partial^2\theta}{\partial x^2} + \frac{q(\tau)}{c\rho}\delta(x,\xi) \tag{5-29}$$

运用格林函数得到解为：

$$\theta(x,\tau) = \int_0^{\tau} \frac{q(\tau')}{c\rho} G(x,\xi,\tau,\tau')\mathrm{d}\tau'$$

$$= \frac{1}{c\rho}\int_0^{\tau} \frac{q(\tau')}{\sqrt{4a\pi(\tau-\tau')}}\exp\left(-\frac{(x-\xi)^2}{4a(\tau-\tau')}\right)\mathrm{d}\tau' \tag{5-30}$$

在标准解中令 $\varphi(\xi) = 0$，$f(\xi,\tau') = \frac{q(\tau')}{c\rho}\delta(x,\xi)$，亦得到此式。若 $\xi=0$，即相当于壁面上加入定常热流的第二类边界条件。

由上述分析可以看出，格林函数是导热方程在最简单条件下（特定点，特定时刻有一个总量为1的热量加入）的一个基本解。它表达的是由齐次方程描写的系统本身的性状。当有外扰时，将外扰与格林函数进行卷积，即得到该外扰条件下的实际温度场。

（5）初始温度为 $\varphi(x)$（℃），在全域连续加入热量 $q_v(x,\tau)$（$W/m^3$），方程为：

$$\frac{\partial\theta}{\partial\tau}=a\frac{\partial^2\theta}{\partial x^2}+\frac{q_v(x,\tau)}{c\rho} \tag{5-31}$$

$$\tau=0,\theta=\varphi(x)$$

前已述及初始温度 $\varphi(x)$ 相当于在零时刻作用了一个瞬间热源 $\frac{f(x)}{c\rho}$，故可将方程改写为：

$$\frac{\partial\theta}{\partial\tau}=a\frac{\partial^2\theta}{\partial x^2}+\frac{q_v(x,\tau)}{c\rho}+\delta(\tau,\tau'=0)\varphi(x) \tag{5-32}$$

应用格林函数写出的解为：

$$\begin{aligned}\theta(x,\tau)&=\int_0^\tau \mathrm{d}\tau'\int_{-\infty}^{\infty}\left[\frac{q_v(\xi,\tau')}{c\rho}+\delta(\tau,\tau'=0)\varphi(\xi)\right]G(x,\xi,\tau,\tau')\mathrm{d}\xi\\&=\frac{1}{\sqrt{4a\pi\tau}}\int_{-\infty}^{\infty}\varphi(\xi)\exp\left(-\frac{(x-\xi)^2}{4a\tau}\right)\mathrm{d}\xi+\frac{1}{\sqrt{4a\pi}}\int_0^\tau\frac{\mathrm{d}\tau'}{\sqrt{\tau-\tau'}}\\&\int_{-\infty}^{\infty}\frac{q_v(\xi,\tau')}{c\rho}\exp\left(-\frac{(x-\xi)^2}{4a(\tau-\tau')}\right)\mathrm{d}\xi\end{aligned} \tag{5-33}$$

式中 $\frac{q_v(\xi,\tau')}{c\rho}$ 即为标准解中的内热源项 $f(\xi,\tau')$。可见用格林函数 $G$ 写出的解与标准解完全相同。

在上述讨论中，有一个环节读者需要加以注意，即如何将各种给定的热力条件正确地写成微分方程中的热源项。

## 第三节　多维稳态导热方程的格林函数

拉普拉斯方程 $\nabla^2\theta=0$ 有一个基本解可作为格林函数

$$G(x,\xi,y,\eta,z,\zeta)=\frac{1}{\sqrt{(x-\xi)^2+(y-\eta)^2+(z-\zeta)^2}} \tag{5-34}$$

读者首先需自己验证 $G$ 满足拉普拉斯方程，即：当 $x\neq\xi,y\neq\eta,z\neq\zeta$ 同时存在时，

$$\frac{\partial^2G}{\partial x^2}+\frac{\partial^2G}{\partial y^2}+\frac{\partial^2G}{\partial z^2}=0$$

$G$ 的物理意义为：当在三个坐标方向无穷远处 $\theta=0$，在 $\xi,\eta,\zeta$ 点有一个总扰量为1［W］的点热源时，稳态导热的温度场。据此，$G$ 满足下述方程与边界条件：

$$\nabla^2G=-\delta(x,\xi,y,\eta,z,\zeta) \tag{5-35}$$

$$\begin{cases} x - \xi \to \infty & G = 0 \\ y - \eta \to \infty & G = 0 \\ z - \zeta \to \infty & G = 0 \end{cases} \tag{5-36}$$

当空间热源分布函数为 $q_{v}(x,y,z)$ 时，根据格林函数的定义和性质，空间温度场为：

$$\theta(x,y,z) = \frac{1}{\lambda}\iiint \frac{q_{v}(x-\xi,y-\eta,z-\zeta)}{\sqrt{(x-\xi)^{2}+(y-\eta)^{2}+(z-\zeta)^{2}}}\mathrm{d}\xi\mathrm{d}\eta\mathrm{d}\zeta \tag{5-37}$$

# 第六章　对流换热的守恒方程组

对流换热研究的是流体与固体壁面间由于温度不同而引起的热传递现象。在壁面附近的流体一侧，傅立叶定律也是成立的，$\boldsymbol{q} = -\lambda \dfrac{\partial t}{\partial \boldsymbol{n}}$与固体导热不同的是该式各量均是流体侧的，于是如图 AB 段通过壁面的热流为：

$$\phi = \int -\lambda \frac{\partial t}{\partial \boldsymbol{n}} \mathrm{d}s \tag{6-1}$$

显然要求得 $\phi$，需知被积函数 $\dfrac{\partial t}{\partial \boldsymbol{n}}$。

在流体侧 $t = t(x,y,z,\tau)$，$\dfrac{\partial t}{\partial \boldsymbol{n}}$也是空间位置与时间的函数，只要知道了流体中 $t(x,y,z,\tau)$ 这个函数，那么任意给定壁面上的热流就可求了。所以与导热问题一样，求解热流的问题可归结为求解流体中的温度场问题。

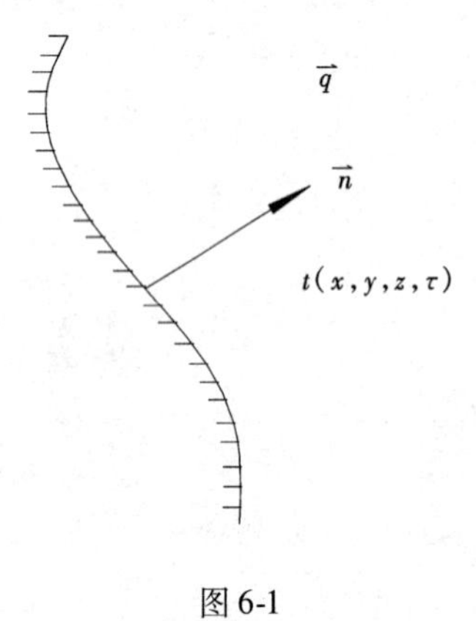

图 6-1

与导热问题不同的是流体是流动的。流体中的温度场与速度场密切相关。要想求解温度场必须先知道速度场。由于速度场与压力场有关，所以问题还涉及压力场和密度场。因此，一般而言，对流换热问题求解的未知函数为：

$$u(x,y,z,\tau), v(x,y,z,\tau), w(x,y,z,\tau),$$
$$p(x,y,z,\tau), \rho(x,y,z,\tau) \text{ 和 } t(x,y,z,\tau)$$

上面 $u,v,w$ 分别为速度场在三个坐标上的分量。

多个数量的求解要应用代数方程组，多个函数的求解就要依靠微分方程组，因此第一步就需要“列方程”。

物质不灭，能量守恒是宇宙间的普遍规律。当与固体壁面换热时，在流体中的各个小微元体中不断有质量的增减，动量的进出和能量的得失，把这些质量、动量和能量的增减用函数及其导数写出来，就得到所谓“对流换热微分方程组”。

对流换热所涉及的物理过程时时、处处都要遵循以下三大守恒定律：

（1）质量守恒；

（2）力与动量的平衡；

（3）能量守恒。

在本科传热学中也讲过这三个定律，以及由此导出的微分方程组，但那是在流体不可压缩、忽略流体中的摩擦生热、忽略流体的动能等一系列假定下作出的简化了的模型，作为高等传热学，这里将介绍更一般的情况。

与导热微分方程组的推导一样，我们以流体中的一个微元体为研究对象，在该微元体中建立上述三个平衡关系。

1. 质量平衡，连续性方程

质量平衡的文字表达为通过六个面流入与流出小微元体的质量之差等于小微元体内部质量的增加，小微元体体积不变，质量的增加意味着密度的提高。

在直角坐标系下，单位时间小微元体内部质量的增加可表述为：$\frac{\partial \rho}{\partial \tau}\mathrm{d}x\mathrm{d}y\mathrm{d}z$(kg/s)

在垂直于 $x$ 轴的两个面上单位时间流入与流出的质量分别为：

$$(\rho u)\mid_{x}\mathrm{d}y\mathrm{d}z \text{ 与 } (\rho u)\mid_{x+\mathrm{d}x}\mathrm{d}y\mathrm{d}z$$

两者之差为 $-\frac{\partial(\rho u)}{\partial x}\mathrm{d}x\mathrm{d}y\mathrm{d}z$

同理，在垂直于 $y$ 与 $z$ 轴的两个面上流入与流出的质量之差分别为：

$$-\frac{\partial(\rho v)}{\partial y}\mathrm{d}x\mathrm{d}y\mathrm{d}z \text{ 与 } -\frac{\partial(\rho w)}{\partial z}\mathrm{d}x\mathrm{d}y\mathrm{d}z$$

将上述各项合成，消去 $\mathrm{d}x\mathrm{d}y\mathrm{d}z$ 得：

$$\frac{\partial \rho}{\partial \tau}+\frac{\partial(\rho u)}{\partial x}+\frac{\partial(\rho v)}{\partial y}+\frac{\partial(\rho w)}{\partial z}=0$$

即：

$$\frac{\partial \rho}{\partial \tau}+div(\rho \boldsymbol{u})=0 \tag{6-2}$$

该式也可以写成：

$$\frac{D\rho}{D\tau}+\rho div\boldsymbol{u}=0 \tag{6-3}$$

式中：

$$\frac{D\rho}{D\tau}=\frac{\partial \rho}{\partial \tau}+u\frac{\partial \rho}{\partial x}+v\frac{\partial \rho}{\partial y}+w\frac{\partial \rho}{\partial z} \tag{6-4}$$

在上式中 $\frac{\partial \rho}{\partial \tau}$ 项表示微元体中密度随时间的变化率，$div(\rho \boldsymbol{u})$ 项表示单位体积单位时间流入流出微元体的质量之差。

在圆柱坐标系 $(r,\theta,z)$ 下，读者不难利用第一章的知识推得：

$$\frac{\partial \rho}{\partial \tau}+\frac{1}{r}\frac{\partial}{\partial r}(r\rho u_{r})+\frac{1}{r}\frac{\partial}{\partial \theta}(\rho u_{\theta})+\frac{\partial}{\partial z}(\rho u_{z})=0$$

或

$$\frac{D\rho}{D\tau}+\rho\left[\frac{1}{r}\frac{\partial}{\partial r}(ru_{r})+\frac{1}{r}\frac{\partial u_{\theta}}{\partial \theta}+\frac{\partial u_{z}}{\partial z}\right]=0 \tag{6-5}$$

$u_{r},u_{\theta},u_{z}$ 是速度 $\boldsymbol{u}$ 在柱坐标三个方向上的分量。

2. 力与动量的平衡，运动方程

力学中的动量定理对小微元体中的流体也是适用的，即力乘以时间等于动量变化。对于流体而言，动量定理可以表述为：力等于单位时间的动量变化。

动量与力都是有方向的矢量，动量定理的具体描述必须指明是针对哪个方向的。例如小微元体在 $x$ 方向所受到的合力应等于该小微元体在 $x$ 方向上的动量变化。所得的方程仅为 $x$ 方向的动量方程。我们先书写 $x$ 方向的动量方程。要想建立这个动量方程，就必须把小微元体的受力与动量用数学手段正确的描述出来。

小微元体受力时，其动量的改变包含两个方面。一是其本身由于速度及密度的变化带来的动量改变，可表述为 $\frac{\partial}{\partial \tau}(\rho u)\mathrm{d}x\mathrm{d}y\mathrm{d}z$，二是小微元体六个面单位时间流出与流入动量之差，即动量的净输出。这个净输出也是由于力的作用而引起的。在垂直于 $x$ 的两个面上单位时间流入与流出的动量分别为：

$$(\rho u^2)\mid_x \mathrm{d}y\mathrm{d}z \text{ 与 } (\rho u^2)\mid_{x+\mathrm{d}x} \mathrm{d}y\mathrm{d}z$$

流出与流入之差为 $\dfrac{\partial(\rho u^2)}{\partial x}\mathrm{d}x\mathrm{d}y\mathrm{d}z$。在垂直于 $y$ 的两个面上流入与流出 $x$ 方向上动量分别为：

$$(\rho uv)\mid_y \mathrm{d}x\mathrm{d}z \text{ 与 } (\rho uv)\mid_{y+\mathrm{d}y} \mathrm{d}x\mathrm{d}z$$

流出与流入之差为 $\dfrac{\partial(\rho uv)}{\partial y}\mathrm{d}x\mathrm{d}y\mathrm{d}z$。同理，在垂直于 $z$ 轴两个面上单位时间流出 $x$ 方向上的动量与流入之差为 $\dfrac{\partial(\rho uw)}{\partial z}\mathrm{d}x\mathrm{d}y\mathrm{d}z$。

小微元体单位时间在 $x$ 方向上的总的动量变化为：

$$\left[\frac{\partial(\rho u)}{\partial \tau}+\frac{\partial(\rho u^2)}{\partial x}+\frac{\partial(\rho uv)}{\partial y}+\frac{\partial(\rho uw)}{\partial z}\right]\mathrm{d}x\mathrm{d}y\mathrm{d}z$$

将该式中括号内各项作微分运算得：

$$\rho\frac{\partial u}{\partial \tau}+u\frac{\partial \rho}{\partial \tau}+u\rho\frac{\partial u}{\partial x}+u\frac{\partial(\rho u)}{\partial x}+v\rho\frac{\partial u}{\partial y}+u\frac{\partial(\rho v)}{\partial y}+w\rho\frac{\partial u}{\partial z}+u\frac{\partial(\rho w)}{\partial z}$$

据（6-2）式连续性方程，该式中第 2、4、6、8 项之和为零。故该动量总变化可写为：

$$\rho\frac{Du}{D\tau}=\rho\left(\frac{\partial u}{\partial \tau}+u\frac{\partial u}{\partial x}+v\frac{\partial u}{\partial y}+w\frac{\partial u}{\partial z}\right) \tag{6-6}$$

作用于小微元体单位时间在 $x$ 方向上的力有两类：体积力与表面力。

体积力有重力、离心力、电磁力与哥氏力等。将单位质量流体所受到的 $x$ 方向上的体积力记为 $X(\mathrm{m/s^2})$。一般而言，$X$ 也是空间位置与时间的函数，即 $X(x,y,z,\tau)$，但对于一般的传热问题，$X$ 通常为常数。例如地面上的重力，若 $x$ 被设为垂直于地面向上，则 $X=-9.8\mathrm{m/s^2}$，若 $x$ 被设为水平方向，则 $X=0$。

表面力包括压力与黏性力。设 $P_x$ 为小微元体垂直 $x$ 轴一个表面上的表面合力，则：

$$P_x=\sigma_x i+\tau_{xy}j+\tau_{xz}k \tag{6-7}$$

$\sigma_x$ 是该面上的法向应力，$\tau_{xy}$ 与 $\tau_{xz}$ 分别为该表面上 $y$ 与 $z$ 方向的切应力。根据流体力学的知识，应力与应变具有确定的关系。当流体各向同性时，切应力为：

$$\tau_{ji}=\tau_{ij}=\mu\left(\frac{\partial u_i}{\partial x_j}+\frac{\partial u_j}{\partial x_i}\right)\quad(i\neq j) \tag{6-8}$$

$\tau_{ji}$ 表示小微元体中垂直于 $j$ 的表面上所受到的 $i$ 方向上的切应力。具体对垂直于 $x$ 轴的两个面：

$$\tau_{xy}=\tau_{yx}=\mu\left(\frac{\partial u}{\partial y}+\frac{\partial v}{\partial x}\right)$$

正应力为

$$\sigma_x=-P+2\mu\frac{\partial u}{\partial x}-\mu' div\boldsymbol{u} \tag{6-9}$$

式中 $p$ 为表面上的正压力，$\sigma_x$ 的正方向定义为表面的外法线方向，负号表示作用于小微元体表面上外部正压力的方向与该表面的外法线方向相反。式中后两项均可理解为由于流体黏性引起的拉应力。

$\mu'$ 被称为第二黏滞系数。当流体运动时，其内部压强应为小微元体各表面上正应力的平均值，即

$$-P=\frac{1}{3}(\sigma_x+\sigma_y+\sigma_z)=-P+\frac{2}{3}\mu\left(\frac{\partial u}{\partial x}+\frac{\partial v}{\partial y}+\frac{\partial w}{\partial z}\right)-\mu' div\boldsymbol{u}$$
$$=-P+\left(\frac{2}{3}\mu-\mu'\right)div\boldsymbol{u}$$

由此式知：

$$\mu'=\frac{2}{3}\mu \tag{6-10}$$

在 $x$ 方向上的力等于单位时间 $x$ 方向上的动量增加，其关系式为：

$$\rho\frac{Du}{D\tau}=\rho X+\frac{\partial\sigma_x}{\partial x}+\frac{\partial\tau_{xy}}{\partial y}+\frac{\partial\tau_{xz}}{\partial z} \tag{6-11}$$

$\rho\frac{Du}{D\tau}$ 只是一个全微分的形式，其物理概念还是要将其按式（6-6）分解后进行解释。将上述力的分析结果代入后得到：

$$\rho\frac{Du}{D\tau}=\rho X-\frac{\partial P}{\partial x}+\frac{\partial}{\partial x}\left(2\mu\frac{\partial u}{\partial x}-\frac{2}{3}\mu div\boldsymbol{u}\right)$$
$$+\frac{\partial}{\partial y}\left[\mu\left(\frac{\partial u}{\partial y}+\frac{\partial v}{\partial x}\right)\right]+\frac{\partial}{\partial z}\left[\mu\left(\frac{\partial u}{\partial z}+\frac{\partial w}{\partial x}\right)\right] \tag{6-12}$$

类似地不难写出 $y$ 与 $z$ 方向上的动量方程，这就是著名的纳维－斯托克斯（Navier-Stokes）方程，是这两个人在19世纪中叶导出的，一直是流体力学的经典方程，作为流体力学的基础理论公式至今仍被广泛应用。

对不可压缩流体（$\rho$=常数）且 $\mu$ 为常数时，$div\boldsymbol{u}=0$，上式被简化为：

$$\frac{Du}{D\tau}=X-\frac{1}{\rho}\frac{\partial P}{\partial x}+\nu\nabla^2 u \tag{6-13}$$

3. 能量守恒方程

本科传热学给出的能量方程是忽略了流体的动能以及力的作功而得到的。对流体速度不很高的对流换热问题，上述忽略是恰当的，但当流体高速流动，处于可压缩状态时，上述两项与热量的流进流出以及小微元体内能的改变相比就不可忽略了。例如流体为空气，设其温度为100℃，计算时取其比热容为1kJ/（kg·K），则当温度改变100℃，单位质量的内能变化为100kJ/kg。若流体速度为20m/s，其单位质量的动能为 $\frac{u^2}{2}=200(m^2/s^2)=$ 0.2(kJ/kg)，是可以忽略的，但若流速为200m/s，则动能为20（kJ/kg），已与内能有同样的数量级了。

据热力学第一定律，单位时间小微元体内能的增量加上传出控制体的能量与传入之差，应等于单位时间作用于控制体上诸力所作的功。这里所说的传出与传入包括流出与流入及导出与导入两个部分。

单位时间小微元体内总能量的增量为：

$$\frac{\partial}{\partial \tau}\left[\rho\left(e+\frac{1}{2}V^2\right)\right]\mathrm{d}x\mathrm{d}y\mathrm{d}z$$

$e$ 为单位质量流体的内能，$V$ 为流速。

在垂直于 $x$ 的两个面上流入与流出小微元体的能量分别为：

$$\rho u\left(e+\frac{1}{2}V^2\right)\bigg|_{x}\mathrm{d}y\mathrm{d}z \text{ 与 } \rho u\left(e+\frac{1}{2}V^2\right)\bigg|_{x+\mathrm{d}x}\mathrm{d}y\mathrm{d}z$$

两者之差为：$\frac{\partial}{\partial x}\left[\rho u\left(e+\frac{1}{2}V^2\right)\right]\mathrm{d}x\mathrm{d}y\mathrm{d}z$

同理可得其余四个面流出小微元体的能量与流入之差。通过六个面流出小微元体的能量与流入之差为：

$$\left\{\frac{\partial}{\partial x}\left[\rho u\left(e+\frac{1}{2}V^2\right)\right]+\frac{\partial}{\partial y}\left[\rho v\left(e+\frac{1}{2}V^2\right)\right]+\frac{\partial}{\partial z}\left[\rho w\left(e+\frac{1}{2}V^2\right)\right]\right\}\mathrm{d}x\mathrm{d}y\mathrm{d}z$$

将微元体内总能量记为 $E$：

$$E=e+\frac{1}{2}V^2 \tag{6-14}$$

则 $E$ 随时间的增大项与流出、流入之差项的和为

$$\left(\frac{\partial(\rho E)}{\partial \tau}+\frac{\partial(\rho uE)}{\partial x}+\frac{\partial(\rho vE)}{\partial y}+\frac{\partial(\rho wE)}{\partial z}\right)\mathrm{d}x\mathrm{d}y\mathrm{d}z=$$

$$\left(\rho\frac{\partial E}{\partial \tau}+E\frac{\partial \rho}{\partial \tau}+\rho u\frac{\partial E}{\partial x}+E\frac{\partial(\rho u)}{\partial x}+\rho v\frac{\partial E}{\partial y}+E\frac{\partial(\rho v)}{\partial y}+\rho w\frac{\partial E}{\partial z}+E\frac{\partial(\rho w)}{\partial z}\right)\mathrm{d}x\mathrm{d}y\mathrm{d}z$$

该式右端第2、4、6、8项之和据（6-2）式为零，故小微元体内部总能量的变化为

$$\rho\frac{D\left(e+\frac{V^2}{2}\right)}{D\tau}\mathrm{d}x\mathrm{d}y\mathrm{d}z=\rho\frac{DE}{D\tau}\mathrm{d}x\mathrm{d}y\mathrm{d}z=\rho\left(\frac{\partial E}{\partial \tau}+u\frac{\partial E}{\partial x}+v\frac{\partial E}{\partial y}+w\frac{\partial E}{\partial z}\right)\mathrm{d}x\mathrm{d}y\mathrm{d}z \tag{6-15}$$

单位时间通过导热进入小微元体的热量与导出之差为：

$$\left[\frac{\partial}{\partial x}\left(\lambda\frac{\partial T}{\partial x}\right)+\frac{\partial}{\partial y}\left(\lambda\frac{\partial T}{\partial y}\right)+\frac{\partial}{\partial z}\left(\lambda\frac{\partial T}{\partial z}\right)\right]\mathrm{d}x\mathrm{d}y\mathrm{d}z$$

（推导过程在本科传热学导热微分方程一节中讲过）

作用于小微元体上的力单位时间所作的功应等于力矢量与速度矢量的点积，分解到三个坐标上即为力与速度各分量分别乘积之和。

在垂直于 $x$ 轴的两个表面上，表面力对小微元体所作的功为：

$$\left[-\sigma_x u\mathrm{d}y\mathrm{d}z-\tau_{xy}v\mathrm{d}x\mathrm{d}z-\tau_{xz}w\mathrm{d}x\mathrm{d}y\right]_x+\left[\sigma_x u\mathrm{d}y\mathrm{d}z+\tau_{xy}v\mathrm{d}x\mathrm{d}z+\tau_{xz}w\mathrm{d}x\mathrm{d}y\right]_{x+\mathrm{d}x}$$

式中各项的符号考虑了力的定义方向与速度的定义方向是否相同。两项之和为：

$$\frac{\partial}{\partial x}(\sigma_x u+\tau_{xy}v+\tau_{xz}w)\mathrm{d}x\mathrm{d}y\mathrm{d}z$$

类似地写出其余四个面上的功以后，得到表面力对小微元体所作的总功为：

$$\left[\frac{\partial}{\partial x}(\sigma_x u+\tau_{xy}v+\tau_{xz}w)+\frac{\partial}{\partial y}(\sigma_y v+\tau_{yx}u+\tau_{yz}w)+\frac{\partial}{\partial z}(\sigma_z w+\tau_{zx}u+\tau_{zy}v)\right]\mathrm{d}x\mathrm{d}y\mathrm{d}z$$

作用于小微元体的体积力在单位时间所作的功为：

$$\rho(Xu+Yv+Zw)\mathrm{d}x\mathrm{d}y\mathrm{d}z$$

综合上述各项，即可得到对流换热的能量守恒方程

$$\rho \frac{D}{D\tau}\left(e+\frac{1}{2}V^2\right)=-\left[\frac{\partial Pu}{\partial x}+\frac{\partial Pv}{\partial y}+\frac{\partial Pw}{\partial z}\right]+\frac{\partial}{\partial x}(\sigma'_x u+\tau_{xy}v+\tau_{xz}w)$$

$$+\frac{\partial}{\partial y}(\tau_{yx}u+\sigma'_y v+\tau_{yz}w)+\frac{\partial}{\partial z}(\tau_{zx}u+\tau_{zy}v+\sigma'_z w)$$

$$+\rho(Xu+Yv+Zw)+\frac{\partial}{\partial x}\left(\lambda\frac{\partial T}{\partial x}\right)+\frac{\partial}{\partial y}\left(\lambda\frac{\partial T}{\partial y}\right)$$

$$+\frac{\partial}{\partial z}\left(\lambda\frac{\partial T}{\partial z}\right) \tag{6-16}$$

式中

$$\sigma'_x=2\mu\frac{\partial u}{\partial x}-\frac{2}{3}\mu div\boldsymbol{V}=\sigma_x+P$$

$$\sigma'_y=2\mu\frac{\partial v}{\partial x}-\frac{2}{3}\mu div\boldsymbol{V}=\sigma_y+P$$

$$\sigma'_z=2\mu\frac{\partial w}{\partial x}-\frac{2}{3}\mu div\boldsymbol{V}=\sigma_z+P \tag{6-17}$$

细心的读者可能已经注意到，上式左端微元体能量随时间的变化中没有包含势能的变化项。实际上，势能的增加需要外力克服体积力做功。例如设在 $x$ 方向上的体积力为重力，则 $X=g=-9.81\text{m/s}^2$。微元体单位时间在 $x$ 方向的位移为 $u$（m/s），$u$ 的方向与 $X$ 的方向相反，则微元体在体积力 $X$ 作用下，单位时间的位能增加为 $-\rho Xu$。所以上式中体积力作功一项 $\rho(Xu+Yv+Zw)$ 包含了势能的增加项。

多维空间的数理表达式可以写成张量形式。

设应力张量为 $[\Pi]$

$$[\Pi]=\begin{bmatrix}\sigma_x & \tau_{xy} & \tau_{xz}\\ \tau_{yx} & \sigma_y & \tau_{yz}\\ \tau_{zx} & \tau_{zy} & \sigma_z\end{bmatrix}$$

$$[\tau]=\begin{bmatrix}\sigma'_x & \tau_{xy} & \tau_{xz}\\ \tau_{yx} & \sigma'_y & \tau_{yz}\\ \tau_{zx} & \tau_{zy} & \sigma'_z\end{bmatrix}$$

则

$$[\tau]=[\Pi]+\begin{bmatrix}P & 0 & 0\\ 0 & P & 0\\ 0 & 0 & P\end{bmatrix} \tag{6-18}$$

引入算子∇：

$$\nabla=\frac{\partial}{\partial x}\boldsymbol{i}+\frac{\partial}{\partial y}\boldsymbol{j}+\frac{\partial}{\partial z}\boldsymbol{k}$$

并利用矢量的运算法则，可将能量方程写为：

$$\rho\frac{D}{D\tau}\left(e+\frac{1}{2}\boldsymbol{V}^2\right)=-\nabla(P\boldsymbol{V})+\nabla([\tau]\cdot\boldsymbol{V})+\rho\boldsymbol{F}\cdot\boldsymbol{V}+\nabla(\lambda\nabla T) \tag{6-19}$$

式中 $\boldsymbol{F}=X\boldsymbol{i}+Y\boldsymbol{j}+Z\boldsymbol{k}$ 为体积力矢量；

$\boldsymbol{V}=u\boldsymbol{i}+v\boldsymbol{j}+w\boldsymbol{k}$ 为速度矢量。

这是一个热力学意义上的能量平衡方程式，它包含了热能与机械能（动能与势能），式中左端项为小微元体内能的增加及动能的净增量，右端第一项为表面正压力作功，第二项为表面的黏性力做功，第三项为体积力做功，第四项为通过热扩散（导热）热量的净输出。

除了总能方程，能量守恒关系还可从其他角度得以体现，例如从机械能角度看的守恒关系和从热能角度看的守恒关系。机械能的守恒关系可以从动量方程直接得出，将三个方向的动量方程各项均乘以该方向的流速后相加得到：

$$\rho \frac{\mathrm{d}\left(\frac{V^2}{2}\right)}{\mathrm{d}\tau} = -\left(u\frac{\partial P}{\partial x} + v\frac{\partial P}{\partial y} + w\frac{\partial P}{\partial z}\right) + u\left(\frac{\partial \sigma'_x}{\partial x} + \frac{\partial \tau_{yx}}{\partial y} + \frac{\partial \tau_{zx}}{\partial z}\right) + v\left(\frac{\partial \tau_{xy}}{\partial x} + \frac{\partial \sigma'_y}{\partial y} + \frac{\partial \tau_{zy}}{\partial z}\right)$$

$$+ w\left(\frac{\partial \tau_{xz}}{\partial x} + \frac{\partial \tau_{yz}}{\partial y} + \frac{\partial \sigma'_z}{\partial z}\right) + \rho(Xu + Yv + Zw)$$

$$= -\boldsymbol{V}\cdot\nabla P + \boldsymbol{V}\cdot(\nabla[\tau]) + \rho\cdot\boldsymbol{F}\cdot\boldsymbol{V} \quad (6\text{-}20)$$

式中

$$\nabla[\tau] = \left(\frac{\partial \sigma'_x}{\partial x} + \frac{\partial \tau_{yx}}{\partial y} + \frac{\partial \tau_{zx}}{\partial z}\right)\boldsymbol{i} + \left(\frac{\partial \tau_{xy}}{\partial x} + \frac{\partial \sigma'_y}{\partial y} + \frac{\partial \tau_{zy}}{\partial z}\right)\boldsymbol{j}$$

$$+ \left(\frac{\partial \tau_{xz}}{\partial x} + \frac{\partial \tau_{yz}}{\partial y} + \frac{\partial \sigma'_z}{\partial z}\right)\boldsymbol{k} \quad (6\text{-}21)$$

该式表达的机械能守恒关系为：微元体内动能的增加加上流出动能与流入之差等于表面压力作的功（右侧第一项）、表面黏滞力作的功（右侧第二项）和体积力作的功三者之和。

将总能守恒方程各项减去机械能守恒方程各项，我们还可得到一个纯热能的能量守恒方程。运算如下：

$$\nabla(P\boldsymbol{V}) = \boldsymbol{V}\cdot\nabla P + P\cdot div\boldsymbol{V}$$

$$\nabla([\tau]\cdot\boldsymbol{V}) = \boldsymbol{V}\cdot\nabla[\tau] + [\tau]\cdot\nabla\boldsymbol{V}$$

式中

$$[\tau]\cdot\nabla\boldsymbol{V} = \mu\phi = \left(\sigma'_x\frac{\partial u}{\partial x} + \tau_{yx}\frac{\partial u}{\partial y} + \tau_{zx}\frac{\partial u}{\partial z}\right) + \left(\tau_{xy}\frac{\partial v}{\partial x} + \sigma'_y\frac{\partial v}{\partial y} + \tau_{zy}\frac{\partial v}{\partial z}\right)$$

$$+ \left(\tau_{xz}\frac{\partial w}{\partial x} + \tau_{yz}\frac{\partial w}{\partial z} + \sigma'_z\frac{\partial w}{\partial z}\right) \quad (6\text{-}22)$$

于是我们得到：

$$\rho\frac{De}{D\tau} = -Pdiv\boldsymbol{V} + \nabla(\lambda\cdot\nabla T) + \mu\phi \quad (6\text{-}23)$$

式中左侧项为在单位时间的，单位体积微元体内能的增量与通过对流流出的净内能（流出与流入之差）。

为了看清右侧第一项的物理意义，据连续性方程将其改写为：

$$-Pdiv\boldsymbol{V} = \frac{P}{\rho}\frac{\mathrm{d}\rho}{\mathrm{d}\tau} = -P\rho\frac{\mathrm{d}\frac{1}{\rho}}{\mathrm{d}\tau} \quad (6\text{-}24)$$

$\rho\frac{\mathrm{d}\frac{1}{\rho}}{\mathrm{d}\tau}$ 可视为单位时间流体的体积膨胀率，乘以 $-P$ 后其因次为 $\left[\frac{N}{sm^2}\right] = \left[\frac{Nm}{sm^3}\right]$

可以看出该项是 $P$ 这个力在单位时间内对单位体积流体所作的压缩功。

第三项为通过导热导出热量与导入之差。

第四项 $\mu\phi$ 称为耗散项，为表面力作功产生的热量（摩擦生热）。函数 $\phi$ 称为耗散函数。将黏性应力的表达式代入 $\mu\phi$ 的表达式得到：

$$\phi = 2\left[\left(\frac{\partial u}{\partial y}+\frac{\partial v}{\partial x}\right)^2+\left(\frac{\partial v}{\partial z}+\frac{\partial w}{\partial y}\right)^2+\left(\frac{\partial w}{\partial x}+\frac{\partial u}{\partial z}\right)^2\right]$$
$$+\frac{2}{3}\left[\left(\frac{\partial u}{\partial x}-\frac{\partial v}{\partial y}\right)^2+\left(\frac{\partial v}{\partial y}-\frac{\partial w}{\partial z}\right)^2+\left(\frac{\partial w}{\partial z}-\frac{\partial u}{\partial x}\right)^2\right] \tag{6-25}$$

可见耗散函数各项全部是由平方项之和构成，故

$$\phi \geqslant 0$$

引入热力学第一定律的表达式会使我们更清楚地看出耗散函数的性质。

$$T\frac{\mathrm{d}s}{\mathrm{d}\tau} = \frac{\mathrm{d}e}{\mathrm{d}\tau} + P\frac{\mathrm{d}\frac{1}{\rho}}{\mathrm{d}\tau} \tag{6-26}$$

式中 $s$ 为流体的熵，左端为得热量，右端为内能的增加与膨胀功。将能量方程代入此式得：

$$\rho T\frac{\mathrm{d}s}{\mathrm{d}\tau} = \nabla(\lambda\cdot\nabla T) + \mu\phi \tag{6-27}$$

可见在对流换热时，流体的熵增由两部分构成：一部分是温差导热，另一部分就是耗散热。

从热能角度看的能量守恒关系式表明微元体中内能的增加由四个部分引起：

1）流入与流出的热量之差；

2）压力对微元体所作的压缩功；

3）导入与导出的热能之差；

4）表面力做功所发生的热耗散。

对不可压缩流体，当物性参数为常数时，从热能角度看的能量守恒关系简化为：

$$\rho C_v\frac{DT}{D\tau} = \lambda\nabla^2 T + \mu\phi \tag{6-28}$$

能量守恒方程中的耗散项只有当流体的速度很高，因此壁面附近的速度梯度很大时才有实际意义。例如流体是空气，过程为稳态，在边界层中温度变化 100K。我们取一些近似的数据来进行数量级分析。导热项可近似为：

$$\nabla(\lambda\nabla T) \approx \lambda\frac{\partial^2 T}{\partial y^2} \approx \lambda\frac{\left.\frac{\partial T}{\partial y}\right|_{\delta} - \left.\frac{\partial T}{\partial y}\right|_{0}}{\partial y} \approx \frac{\lambda\Delta T}{\delta^2}$$

耗散项中最大项：

$$\mu\phi \approx 2\mu\left(\frac{\partial u}{\partial y}\right)^2 \approx 2\mu\left(\frac{\Delta u}{\delta}\right)^2$$

两者之比为：$\dfrac{\mu\phi}{\nabla(\lambda\Delta T)} = \dfrac{2\mu\Delta u^2}{\lambda\Delta T}$

取空气的物性参数：$\lambda = 0.03\mathrm{W/(m\cdot ℃)}$，动力黏滞系数：$\mu = 20\times10^{-6}\mathrm{kg/(m\cdot s)}$。对 $\Delta u = 10\mathrm{m/s}$

$$\frac{\mu\phi}{\nabla(\lambda\Delta T)} = \frac{2 \times 20 \times 10^{-6} \times 10^2}{0.03 \times 100} = 1.3 \times 10^{-3}$$

对 $\Delta u = 200 m/s$

$$\frac{\mu\phi}{\nabla(\lambda\Delta T)} = \frac{2 \times 20 \times 10^{-6} \times 200^2}{0.03 \times 100} = 0.53$$

可见当流速低时，$\mu\phi$ 项微不足道，可以忽略；当流速较高时，特别是接近马赫数时 $\mu\phi$ 项在能量方程中将扮演主要角色。

# 第七章　边　界　层

第六章所给出的质量、动量与能量的平衡方程是研究对流换热的基础。由于流动与传热过程的复杂性，上述联立的微分方程组只在极少数非常简单的几何条件下对简单的边界条件才能用解析的方法求解。1904 年 Prandtl 提出了划时代的边界层理论，使上述联立方程组在许多情况下利用近似的解析方法求解成为可能。边界层理论还大大加深了人们对流场特征的认识，为人们进行对流阻力与换热的计算开辟了新的途径。

读者在本科传热学中已经学到边界层理论的要点为：

（1）在流场的固体壁面附近存在一个速度剧烈变化的薄层，在该层内速度由壁面上的零，在很薄的范围内剧烈变化到外缘的主流速度。该层叫做速度边界层，边界层以外的流动区域称为主流区。

（2）边界层的厚度很薄，其尺寸比壁面的宏观尺度小一个数量级。例如，几米长平板上的速度边界层厚度仅为几毫米。而边界层中，壁面法线方向上的速度梯度很大，比该方向上的主流区的速度梯度大一个数量级。

同样对流场中的温度场也存在一个温度边界层，该层很薄，且其中温度梯度很大，在该层中温度从壁面温度变为外缘的主流温度。

有了上述两条基本假定，人们就演绎出了非常丰富的关于流场及其中温度场分析与计算的内容。

边界层理论的重大意义在于：描述两个区速度场与温度场的控制方程均可被化简至较易求解的形式。

在主流区中由于速度梯度引起的动量扩散远小于对流引起的动量传递，因此，微元体表面的黏性力可以忽略。流体可被视为流体力学中的理想流体。无黏性的流体流动被称为有势流。对一些简单的几何形状，有势流速度场甚至可以求出解析解。在本科的流体力学或水力学中学习过平面势流理论的读者，应该已经知道对两维速度场用平面势流理论求解平面速度场的方法与几个最简单的例子。

在边界层中，黏性力起主导作用，但各方向上的黏性力却大小差异很大。设 $y$ 是垂直壁面的方向，$x$ 是沿着壁面的方向，则$\frac{\partial u}{\partial y} \gg \frac{\partial u}{\partial x}$，$\frac{\partial^2 u}{\partial y^2} \gg \frac{\partial^2 u}{\partial x^2}$。忽略加法计算中的高阶小量后，在黏性力项中只剩下$\frac{\partial^2 u}{\partial y^2}$一项。同理，在边界层的能量方程中导入，导出热量项也只剩下$\frac{\partial^2 t}{\partial y^2}$一项。

对稍复杂一点的壁面形状，第六章给出的针对整个流场的动量与能量微分方程很难具有解析求解的可能。但有了边界层理论，人们就可以对主流区与边界层区用简化了的方程组分别求解。因边界层很薄，故可把边界层外缘当作固体壁面，对整个流场用无黏性的势流理论求解，然后将势流解得到的“壁面”速度与压强作为边界层的外缘的速度与压强来求解边界层中的速度分布与温度分布，如此便可给出整个速度场与温度场的数学表达。

当然，在计算机数值模拟技术高度发展的今天，直接采用整个流场的守恒方程，用数值方法求解速度场与温度场已经取得丰硕的成果，利用这一方法，不引入边界层概念也可以求得速度场与温度场。但即使如此，边界层理论对人们从物理概念角度认识流场与温度场的结构，认识对流换热过程中动量与热量传递的规律，仍具有重大意义。

## 第一节 关于边界层的一些基本概念

本科的水力学与传热学均已讲授过边界层的基本概念。本章将在其基础上，继续进行一些深入的讨论。

### 一、壁面对流体的排挤

这里以最为简单的平板边界层来讨论这个性质。如图 7-1 所示，假设边界层内某点的速度为 $\boldsymbol{u}$，$\boldsymbol{u}$ 的两个分量为 $u$ 与 $v$，即 $\boldsymbol{u}=u\boldsymbol{i}+v\boldsymbol{j}$。

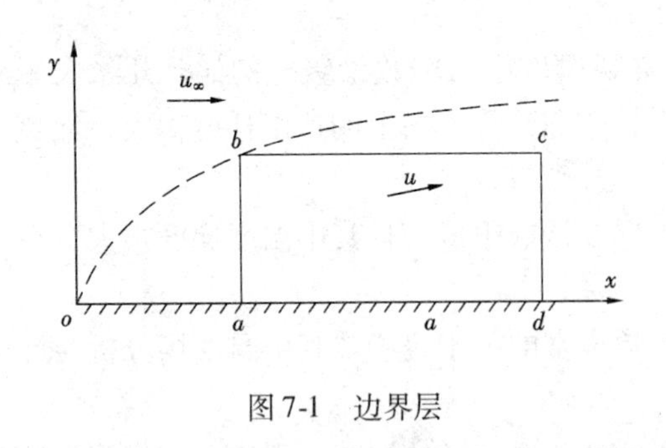

图 7-1 边界层

如何从物理概念出发判断 $\boldsymbol{u}$ 的方向为 $x$ 轴方向偏上，即 $v>0$ 呢？

取 $a$，$b$，$c$，$d$ 控制体，不难看出 $u_b\approx u_\infty$，$u_c<u_b$，即 $ab$ 面流入控制体的平均速度及流量要大于 $cd$ 面的流出。根据质量守恒的性质，可以判断在 $bc$ 面上一定有流体向上流出，即平板边界层中任意一点 $v>0$。

我们看到，由于边界层的存在，流体被壁面向中央排挤了。排挤现象也可以直接地理解为：边界层中的流速比主流区低，流不过去的流体转向了中央。

### 二、边界层的厚度

本科教材定义的边界层厚度为：

对速度边界层：$u_\delta=0.99u_\infty$

对温度边界层：$t_{\delta_t}=t_\infty-0.01\ (t_\infty-t_w)$

读者已经看到，这里对边界层厚度的定义完全是人为的，即速度与温度由壁面上的数值向主流区的数值沿垂直于壁面方向改变，人们将变化到总差的 99% 之处定义为边界层的外缘，其离壁的距离为边界层的厚度。

这个定义是有随意性的，为什么不可以 0.95，0.98 或 0.995 呢？为了克服这一弊端，在边界层的理论分析中，人们还给出了一系列边界层厚度的严格定义，如排量厚度 $\delta^*$、动量厚度 $\delta_i$、焓厚度等。

1. 排量厚度

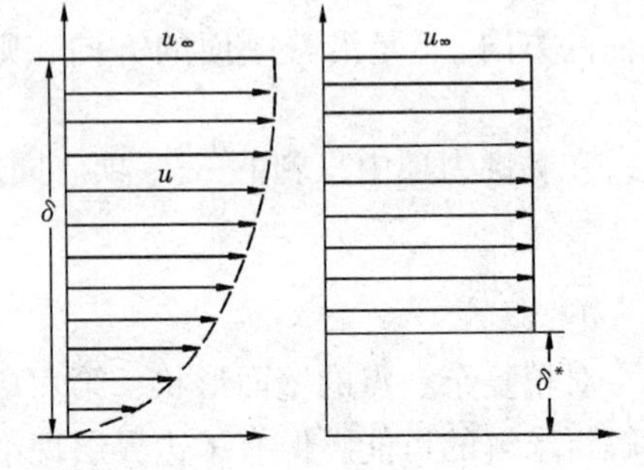

图 7-2 边界层的排量厚度

如图 7-2 所示，左侧为壁面某点上方边界层中的速度分布，右侧为假设边界层中的流体全部

以 $u_\infty$ 流动时，其流量应占用的厚度，该厚度显然应小于边界层的实际厚度，两者之差即为排量厚度。换句话说，$\delta^*$ 为由于边界层的存在而导致流道减小的宽度。显然，排量厚度与边界层中的速度分布有关。设边界层中的总体积流量为 $\dot{V}$，设垂直于纸面方向的流场宽度为1m，则

$$\dot{V} = \int_0^\delta u\mathrm{d}y = u_\infty(\delta - \delta^*) = u_\infty\delta - u_\infty\delta^*$$

故

$$\delta^* = \frac{1}{u_\infty}\int_0^\delta (u_\infty - u)\mathrm{d}y = \int_0^\delta \left(1 - \frac{u}{u_\infty}\right)\mathrm{d}y \tag{7-1}$$

由于在该式的积分上限附近，被积函数近似为零，所以尽管 $\delta$ 的大小有一定的不确定性，但 $\delta^*$ 的大小却是相当确定的。

2. 动量厚度

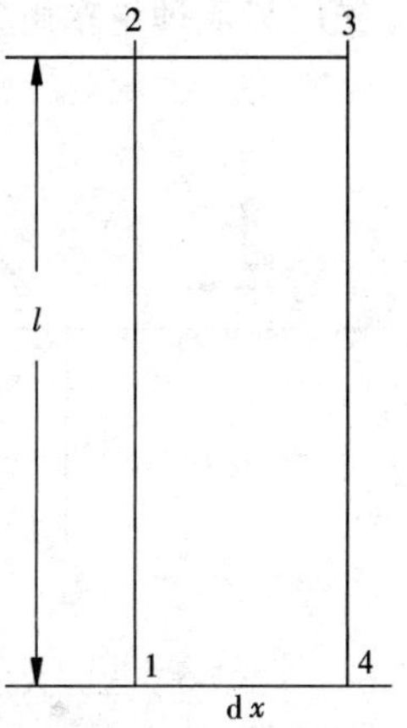

由于出现了边界层现象，流过边壁附近的动量与无边界层现象时相比已减小了。如图 7-3 所示，在边壁上方取一微元体1234，14 的长度为 d$x$。在壁面的法线方向上该微元体宽度为 $l$，设 $l$ 远远超过了边界层的厚度。

流入 12 与流出 34 的动量差为：

$$\rho\int_0^l u^2\mathrm{d}y\,|_x - \rho\int_0^l u^2\mathrm{d}y\,|_{x+\mathrm{d}x} = -\rho\frac{\mathrm{d}}{\mathrm{d}x}\int_0^l u^2\mathrm{d}y\mathrm{d}x$$

流出 23 的质量为流入 12 与流出 34 的质量之差，即为

$-\rho\dfrac{\mathrm{d}}{\mathrm{d}x}\displaystyle\int_0^l u\mathrm{d}y\mathrm{d}x$，于是流出 23 的动量为 $\rho\dfrac{\mathrm{d}}{\mathrm{d}x}\displaystyle\int_0^l uu_\infty\mathrm{d}y\mathrm{d}x$。故

流入该小微元体的动量与流出之差为 $\rho\dfrac{\mathrm{d}}{\mathrm{d}x}\displaystyle\int_0^l (uu_\infty - u^2)\mathrm{d}y\mathrm{d}x$。这一动量的减小完全是由于边界层的存在引起的。从动量通过的角度看，它相当于在边壁上出现了一个速度为 0 的厚度，而超过这个厚度，速度即为 $u_\infty$。



图 7-3　边界层动量厚度

这个厚度即被定义为动量厚度 $\delta_i$。动量的减少是由于这个厚度引起的。因此，$\rho\dfrac{\mathrm{d}}{\mathrm{d}x}u_\infty^2\delta_i\mathrm{d}x = \rho\dfrac{\mathrm{d}}{\mathrm{d}x}\displaystyle\int_0^l (uu_\infty - u^2)\mathrm{d}y\mathrm{d}x$,化简后得：

$$\delta_i = \int_0^l \frac{u}{u_\infty}\left(1 - \frac{u}{u_\infty}\right)\mathrm{d}y \tag{7-2}$$

## 第二节　无穷大楔表面层流速度边界层的理论解

无穷大楔的示意如图 7-4 所示。

这里所说的“无穷大”是理论模型。在实际中不存在无穷大的楔，但当来流速度与平板不平行且平板又有一定长度时，由该理论模型所获得的边界层的解对平板上自端点开始相当一段距离还是准确的，图中 $\beta\pi$ 为楔固体侧的顶角。当 $\beta = 1$ 时，楔为迎风平壁。

按着边界层理论的思路，整个流场被分为两个部分：势流区与边界层。在势流区，不

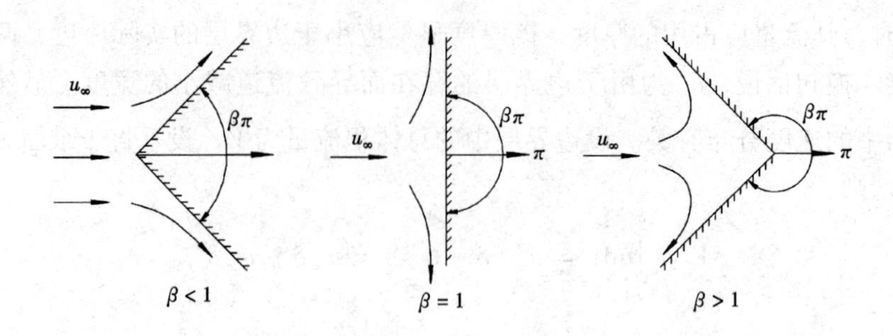


图 7-4　无穷大楔

计黏滞力，求解出壁面上的速度后，把它作为边界层的外缘速度。在边界层的分析中，常常把外缘速度记为 $u_\infty$。这里为避免与势流区无穷远处的来流速度 $u_\infty$ 符号重复，改记为 $u_s$。

## 一、势流解

先用势流理论求解壁面速度，设极坐标如图 7-5，势流速度为 $\boldsymbol{V}(r,\theta)$。根据势流理论，在无黏滞力时，速度场是有势无旋的。势函数与流函数均调和，即 $\nabla^2\phi=0$，$\nabla^2\psi=0$。根据势函数与流函数的定义：

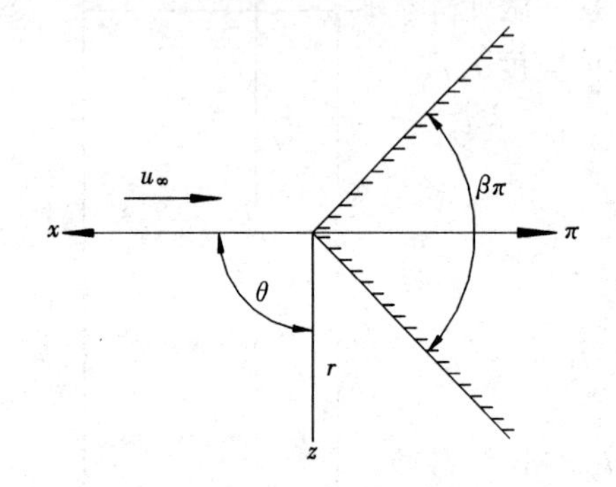


图 7-5　无穷大楔势流解

$$u=\frac{\partial\phi}{\partial x}=\frac{\partial\psi}{\partial y},\quad v=\frac{\partial\phi}{\partial y}=-\frac{\partial\psi}{\partial x}$$

定义一个解析函数

$$F(z)=\phi+i\psi \tag{7-3}$$

式中 $z=x+iy$，我们看到有一组确定的 $x$、$y$，则对应一个确定的 $z$，以及 $F(z)$，$\phi$ 与 $\psi$，最终有确定的 $u$ 与 $v$，故 $F(z)$ 为速度场 $\boldsymbol{V}(r,\theta)$ 在复数域的一种表达方式，被称为速度场的复势。

$$\frac{\partial F}{\partial x}=\frac{\mathrm{d}F}{\mathrm{d}z}\cdot\frac{\partial z}{\partial x}=\frac{\mathrm{d}F}{\mathrm{d}z}=\frac{\partial\phi}{\partial x}+i\frac{\partial\psi}{\partial x}=u-iv \tag{7-4}$$

被称为复速度。当 $F$ 已知，则 $u$、$v$ 就可求得了。

在极坐标下，$z=x+iy=re^{i\theta}=r(\cos\theta+i\sin\theta)$

做为试探，令：

$$F(z)=Az^n=Ar^ne^{in\theta}=Ar^n[\cos(n\theta)+i\sin(n\theta)] \tag{7-5}$$

故有 $\phi=Ar^n\cos(n\theta)$ 与 $\psi=Ar^n\sin(n\theta)$

$$u_r=\frac{\partial\phi}{\partial r}=Anr^{n-1}\cos(n\theta)\quad u_\theta=\frac{\partial\phi}{r\partial\theta}=-Anr^{n-1}\sin(n\theta) \tag{7-6}$$

$$\text{边界条件为}\begin{cases}\theta=0\text{ 时} & \dfrac{\partial\phi}{\partial\theta}=ru_\theta=0 \quad (a)\\ \theta=\pm\left(\pi-\dfrac{\beta\pi}{2}\right)\text{时} & \dfrac{\partial\phi}{\partial\theta}=ru_\theta=0(\text{壁面上})\quad (b)\\ 0<\theta<\dfrac{2-\beta}{2}\pi\text{ 时} & \dfrac{\partial\phi}{\partial\theta}\neq0(\text{处处不为零})\quad (c)\end{cases} \tag{7-7}$$

上述边界条件是根据物理概念判断得出的。

不难验证，$F(z)$ 及 $\phi$、$\psi$ 已自动满足边界条件（$a$）。

据边界条件（$b$）有 $\sin\left(n\cdot\frac{2-\beta}{2}\pi\right)=0$，得 $n\cdot\frac{2-\beta}{2}\pi=k\pi$ $(k=0,\pm1,\pm2,\cdots)$改写为

$n=\frac{2}{2-\beta}k$，并根据边界条件确定 $k$ 的取值。

当 $k=0$ 时 $n=0$，不是该问题的解，故 $k\neq0$。

当 $k<0$ 时 $n<0$，当 $r\to0$ 时，$r^n\to\infty$，$u_\theta\to\infty$，也不是问题的解。

故 $k$ 的取值范围被限定为 $k=1$，2，3……

据边界条件($b$)，若 $k>1$，$(k=2,3,4\cdots)$则在 $0<\theta<\frac{2-\beta}{2}\pi$ 区间内，在 $\theta=\frac{2-\beta}{2k}\pi$ 的射线上 $\sin(n\theta)=\sin\frac{2}{2-\beta}\cdot k\cdot\frac{2-\beta}{2k}\pi=\sin\pi=0$。这意味着在此区间有 $u_\theta=0$ 的地方，这是不符合物理意义的。边界条件（$c$）已注明“处处不为零”，就是这个意思。故最后判断：$k=1$。于是得出：

$$\phi=Ar^{\frac{2}{2-\beta}}\cos\frac{2}{2-\beta}\theta$$

式中的 $A$ 为待定系数。代入 $\theta=\frac{2-\beta}{2}\pi$，获得边界层的外缘速度 $u_s$ 为：

$$u_s=u_r=\left.\frac{\partial\phi}{\partial r}\right|_{\theta=\frac{2-\beta}{2}\pi}=-A\frac{2}{2-\beta}r^{\frac{\beta}{2-\beta}}$$

对 $\beta=0$，即流体横掠平板，此时 $u_s=-A=u_\infty$

故得

$$u_s=u_\infty\frac{2}{2-\beta}r^{\frac{\beta}{2-\beta}}$$

这里 $u_\infty$ 为无穷远处的来流速度，也即 $r=0$ 点的速度。而由于所讨论的区域为无穷大，绝对尺度已无意义，故式中的 $r$ 应视为无因次距离，即 $r=\frac{x}{l}$。$l$ 为所研究壁面上的特征长度，$x$ 为自顶点起沿壁面的新坐标。这样上式左右两端的因次才匹配。在实际中，无穷大楔是不存在的。例如研究对象是一个有限大的楔形物，顶角为 $\beta\pi$，边长为 $l$，远处的来流速度为 $u_\infty$，则用上式表达楔表面附近的主流速度还是相当准确的。

$$u_s=u_\infty\frac{2}{2-\beta}\left(\frac{x}{l}\right)^{\frac{\beta}{2-\beta}} \tag{7-8}$$

**二、边界层微分方程的求解**

下面我们来讨论边界层中的速度分布，边界层外缘速度 $u_s$ 是已知的。在讨论边界层问题时重新设定的坐标系为：$x$ 表示沿壁面方向的坐标，$y$ 表示垂直于壁面的坐标。

将 $u_s$ 写成：

$$u_s=c\left(\frac{x}{l}\right)^m \tag{7-9}$$

$c$ 与 $m$ 为：

$$c=\frac{2}{2-\beta}u_\infty\quad m=\frac{\beta}{2-\beta}\quad\left(\beta=\frac{2m}{m+1},0\leqslant\beta<2\right) \tag{7-10}$$

两个特殊情况为：

当 $\beta=0$，$m=0$，$u_s=u_\infty$，此为平板边界层的情况。

当 $\beta=1$，$m=1$，$u_s=2u_\infty\cdot\frac{x}{l}$，此为迎风垂直壁面的情况。

边界层中 $x$ 方向的动量方程经忽略高阶小项后为：

$$u\frac{\partial u}{\partial x}+v\frac{\partial u}{\partial y}=-\frac{1}{\rho}\frac{\mathrm{d}p}{\mathrm{d}x}+\nu\frac{\partial^2 u}{\partial y^2}$$

在本科传热学中已经通过对 $y$ 的动量方程各项的数量级分析说明，在平板边界层中，$p$ 沿 $y$ 向的变化可忽略不计，仅为 $x$ 的函数，其值应由主流区的势流解确定。对流体横掠平板边界层，$\frac{\mathrm{d}p}{\mathrm{d}x}=0$，但对楔形物，$p$ 沿 $x$ 方向是变化的。

在势流区，流线上的速度与压力是满足伯努利方程的，即

$$p+\frac{\rho}{2}u_s^2=\text{const}$$

故

$$\frac{\mathrm{d}p}{\mathrm{d}x}=-\rho u_s\frac{\mathrm{d}u_s}{\mathrm{d}x}$$

边界层方程变为

$$u\frac{\partial u}{\partial x}+v\frac{\partial u}{\partial y}=\nu\frac{\partial^2 u}{\partial y^2}+u_s\frac{\mathrm{d}u_s}{\mathrm{d}x} \tag{7-11}$$

边界条件为：

$$y=0\ \text{时}\ u=0,\ v=0$$
$$y\to\infty\ \text{时}\ u=u_s$$

该方程有两个未知函数 $u$ 与 $v$，首先引入流函数将两个未知函数合二为一。

代入 $u=\frac{\partial\psi}{\partial y}$， $v=-\frac{\partial\psi}{\partial x}$ 得：

$$\frac{\partial\psi}{\partial y}\frac{\partial^2\psi}{\partial y\partial x}-\frac{\partial\psi}{\partial x}\frac{\partial^2\psi}{\partial y^2}=\nu\frac{\partial^3\psi}{\partial y^3}+u_s\frac{\mathrm{d}u_s}{\mathrm{d}x}$$

边界条件为：

$$\begin{cases}y=0 & -\frac{\partial\psi}{\partial x}=0,\frac{\partial\psi}{\partial y}=0\\ y\to\infty & \frac{\partial\psi}{\partial y}=Cx^{\mathrm{m}}\end{cases}$$

这是一个非线性的偏微分方程，用通常的方法求解自然非常困难。1904 年普朗特（Prandtl）首先指出该方程有可能变换为常微分方程。1908 年，其研究生布拉修斯（Blasius）首先用这一方法求得了平板边界层的解。1930 年法尔克纳（Falkner）发现了其他一些可以求解的例题。到 1939 年戈尔德斯坦指出当边界层外缘速度为 $x$ 的幂函数时，就一定存在将上面的偏微分方程变换为常微分方程的方法。作为方法的演示，我们现在独立地来进行这个变换，具体过程与文献中的介绍有所不同。

变换的方法是用一个新的坐标系 $\eta$、$\xi$ 来代替 $x$、$y$ 坐标。变换关系为：令 $\xi=x$，而 $\eta$ 则为 $\eta(x,y)$ 且同样为幂函数，即 $\eta=Bx^n y^b$。同时令 $\psi(\eta,\xi)=f(\eta)\cdot g(\xi)$ 作为函数进行试探，由于这里对 $\psi$ 分离了变量，且坐标变换采用了幂函数，所以变换的运算过程与结果都只涉及幂函数，因此我们就有可能选择 $n$ 与 $b$ 使变换后的方程中不含 $\xi$ 与 $g(\xi)$，从而获得关于 $\eta$ 的常微分方程。

由于 $f(\eta)$ 是个待定的函数，$n$ 的数值也待定，所以可首先把 $b$ 的数值确定为 1，例如我们可以令 $\eta'=\eta^{\frac{1}{b}}=Bx^{\frac{n}{b}}\cdot y,\psi(\eta,\xi)=\psi(\eta',\xi)$。用 $\eta'$ 来代替 $\eta$ 进行变换没有改变问题

的实质。为简化符号，可将$\eta'$写成$\eta$，即$\eta = Bx^n y$（式中$B$为与$x$，$y$无关的参数）。

变换的运算如下：

$$\frac{\partial\psi}{\partial x} = \frac{\partial\psi}{\partial\eta}\frac{\partial\eta}{\partial x} + \frac{\partial\psi}{\partial\xi}\frac{\partial\xi}{\partial x} = Bf'gynx^{n-1} + fg'$$

$$\frac{\partial\psi}{\partial y} = \frac{\partial\psi}{\partial\eta}\frac{\partial\eta}{\partial y} + \frac{\partial\psi}{\partial\xi}\frac{\partial\xi}{\partial y} = f'gBx^n$$

$$\frac{\partial^2\psi}{\partial x\partial y} = B^2 f''gynx^{2n-1} + Bg'f'x^n + Bf'gnx^{n-1}$$

$$\frac{\partial^2\psi}{\partial y^2} = B^2 f''gx^{2n}$$

$$\frac{\partial^3\psi}{\partial y^3} = B^3 f'''gx^{3n}$$

将上述各项及$u_s = C\left(\frac{x}{l}\right)^m$代入方程

$$Bf'gx^n(B^2f''gynx^{2n-1} + Bg'f'x^n + Bf'gnx^{n-1}) - B^2f''x^{2n}g(Bf'gynx^{n-1} + fg')$$
$$= B^3\nu f'''x^{3n}g + \frac{C^2 m}{l^{2m}}x^{2m-1}$$

整理得：

$$f''' + \frac{C^2 mx^{2m-1}}{B^3\nu x^{3n}gl^{2m}} + \frac{ff''g'}{B\nu x^n} - \frac{f'^2(g' + gnx^{-1})}{B\nu x^n} = 0$$

设$g(\xi) = g(x)$也为幂函数，$g(x) = px^q$。$p$为与$x$无关的参数，我们即可通过选择$q$与$n$的数值使上式不含$x$与$g(x)$。首先观察上式中的第四项，知$q = n+1$时上式中不含$x$与$g(x)$项。再验证上式中的第三项，知当$q = n+1$时该项也不会含$x$与$g(x)$。

将$g(x) = px^{n+1}$代入方程得：

$$f''' + \frac{C^2 mx^{2m-1}}{B^3\nu x^{3n}px^{n+1}l^{2m}} + \frac{ff''p(n+1)}{B\nu} - \frac{f'^2[p(n+1) + pn]}{B\nu} = 0$$

为使式中第二项也不含$x$，需使$4n+1 = 2m-1$，即$n = \frac{m-1}{2}$。

方程变为
$$f''' + \frac{C^2 m}{B^3\nu pl^{2m}} + \frac{p(m+1)}{2\nu B}ff'' - \frac{pm}{\nu B}f'^2 = 0$$

至此，我们已成功的获得了一个关于$f(\eta)$的常微分方程。也就是说，只需把$f(\eta)$解出来，$\psi = f(\eta)\cdot g(\xi)$也就被解出来了。由于式中的$B$为自变量$\eta$的系数，故它可取任意数值。为了方程形式的简化，选取$B$值使方程中的第二项为$\beta$，第三项系数为1。即：

$$\begin{cases} \frac{p}{B} = \frac{2\nu}{m+1} \\ pB^3 = \frac{C^2 m}{\nu\beta l^{2m}} \end{cases}$$

解得：
$$B = \sqrt{\frac{2u_\infty}{\nu}\frac{1}{2-\beta}}\,l^{-\frac{m}{2}}$$

$$p = \sqrt{2\nu u_\infty}\,l^{-\frac{m}{2}}$$

于是 $$g(x) = px^q = \sqrt{2\nu u_\infty}\, x^{\frac{m+1}{2}} l^{-\frac{m}{2}}$$

将 $p$ 与 $B$ 代入方程得：

$$f''' + ff'' + \beta(1 - f'^2) = 0 \tag{7-12}$$

这是关于 $\eta$ 的常微分方程。

$$\begin{aligned}\eta &= Bx^n y = \sqrt{\frac{2u_\infty}{\nu}} \frac{1}{2-\beta} x^{\frac{m-1}{2}} y l^{-\frac{m}{2}} \\ &= \frac{\sqrt{2}}{2-\beta}\sqrt{\frac{lu_\infty}{\nu}}\left(\frac{x}{l}\right)^{\frac{m-1}{2}} \frac{y}{l} \\ &= \frac{m+1}{\sqrt{2}}\sqrt{\frac{lu_\infty}{\nu}}\left(\frac{x}{l}\right)^{\frac{m-1}{2}} \cdot \frac{y}{l}\end{aligned} \tag{7-13}$$

若令 $\mathrm{Re}_x = \frac{u_s x}{\nu}$，则： $$\eta = \sqrt{\frac{m+1}{2}}\sqrt{\mathrm{Re}_x}\,\frac{y}{x} \tag{7-14}$$

由 $\eta$ 的表达式知，$\eta$ 为无因次量，且与 $y$ 成正比，故可将 $\eta$ 理解为离开壁面的无因次距离。由 $f(\eta)$ 的定义：$\psi = f(\eta) \cdot g(\xi)$，故也可以把 $f(\eta)$ 看做是一个改造了的流函数。

$f'(\eta)$ 也有类似的物理意义，即

$$\frac{u}{u_s} = \frac{\frac{\partial\psi}{\partial y}}{C\left(\frac{x}{l}\right)^m} = \frac{Bf'gx^n}{u_\infty \frac{2}{2-\beta}\left(\frac{x}{l}\right)^m} = f'(\eta) \tag{7-15}$$

由此式我们还可以分析出，如同平板边界层一样，无穷大楔表面边界层内的速度场也是“相似”的。$\eta_\delta = \sqrt{\frac{m+1}{2}}\frac{\delta}{x}\sqrt{\mathrm{Re}_x}$ 为常数，$\frac{y}{\delta} = \frac{\eta}{\eta_\delta}$，故

$$\frac{u}{u_s} = f'(\eta) = f'\left(\eta_\delta \frac{y}{\delta}\right) = F\left(\frac{y}{\delta}\right) \tag{7-16}$$

此式表示 $\frac{u}{u_s}$ 是 $\frac{y}{\delta}$ 的单值函数，在边界层中不同的 $x$ 处，只要 $\frac{y}{\delta}$ 相同，$\frac{u}{u_s}$ 必相同。

根据 $\eta$ 与 $f(\eta)$ 的物理概念，三阶微分方程的三个边界条件为：

$$\begin{cases}\eta = 0 & f'(\eta) = 0 \\ \eta = 0 & f(\eta) = 0 \\ \eta \to \infty & f'(\eta) = 1\end{cases} \tag{7-17}$$

式（7-17）中第二个边界条件的确定后面有介绍。

对边界层动量微分方程的求解，本书以比较简单的流体横掠平板边界层的情况加以介绍。早在 1908 年，布拉修斯就已求解了平板边界层。当时是基于研究经验直接给出了无因次厚度和流函数：

$$\eta = \frac{y}{x}\sqrt{\frac{xu_\infty}{\nu}} \tag{7-18}$$

$$\psi = \sqrt{\nu x u_\infty}\, f(\eta) \tag{7-19}$$

据此两个定义式很容易写出

$$\frac{u}{u_\infty} = \frac{1}{u_\infty}\frac{\partial\psi}{\partial y} = f'(\eta)$$

$$\frac{v}{u_\infty}=\frac{-1}{u_\infty}\frac{\partial\psi}{\partial x}=-\frac{1}{2}\sqrt{\frac{\nu}{u_\infty x}}(f-\eta f')$$

$$\frac{\partial u}{\partial y}=u_\infty f''\sqrt{\frac{u_\infty}{\nu x}} \tag{7-20}$$

$$\frac{\partial^2 u}{\partial y^2}=f'''\frac{u_\infty^2}{\nu x}$$

$$\frac{\partial u}{\partial x}=-\frac{1}{2}\eta\frac{u_\infty}{x}f''$$

将这些计算结果代入平板速度层流边界层的微分方程：

$$u\frac{\partial u}{\partial x}+v\frac{\partial u}{\partial y}=\nu\frac{\partial^2 u}{\partial y^2}$$

整理后得：

$$f'''+\frac{1}{2}ff''=0 \tag{7-21}$$

细心的读者不难发现，该式与由无穷大楔边界层全微分方程得来的方式有所不同。由式（7-12），当$\beta=0$时，应化简为$f'''+ff''=0$。两个公式都是对的。差别的原因在于$\eta$的表达式不同，对无穷大楔$\eta=\sqrt{\frac{m+1}{2}}\frac{y}{x}\sqrt{\frac{xu_s}{\nu}}$；当$\beta=0$时$m=0$，$\eta=\frac{\sqrt{2}}{2}\frac{y}{x}\sqrt{\frac{xu_s}{\nu}}$，此式与（7-18）相比增大了$\sqrt{2}/2$倍。

由式（7-21）可获得一个积分形式的解，过程为：令$z=f''$，则$\frac{dz}{d\eta}+\frac{1}{2}f(\eta)z=0$，解得：$f''=z=e^{-\frac{1}{2}\int_0^\eta f(\eta)d\eta+C}$，继续积分得：$f'=C_1\int_0^\eta e^{-\frac{1}{2}\int_0^\eta f(\eta)d\eta}d\eta+C_2$

再求积分可获得$f(\eta)$的公式，并且又多了一个积分常数。式中的积分常数应由式（7-17）给出的三个边界条件获得。其中第二个边界条件可由式（7-20）中$\frac{v}{u_\infty}$的表达式获得。当$\eta=0$时，$u=0$，$v=0$，$f'(0)=0$；故$f(0)=0$。

经数值积分获得$f$, $f'$, $f''$的数值如表7-1所示。

**平板边界层动量微分方程解的数值** **表7-1**

| $\eta$ | $f(\eta)$ | $f'(\eta)$ | $f''(\eta)$ | $\eta$ | $f(\eta)$ | $f'(\eta)$ | $f''(\eta)$ |
|---|---|---|---|---|---|---|---|
| 0 | 0 | 0 | 0.332 | 4.0 | 2.306 | 0.956 | 0.064 |
| 0.8 | 0.106 | 0.265 | 0.327 | 5.0 | 3.283 | 0.992 | 0.0024 |
| 1.6 | 0.420 | 0.517 | 0.297 | 6.0 | 4.280 | 0.999 | 0.00022 |
| 2.0 | 0.650 | 0.630 | 0.267 | 7.0 | 5.279 | 0.9999 | 0.00001 |
| 3.0 | 1.397 | 0.846 | 0.161 | | | | |

由前面的公式知道，当$\eta=4.91$时，$f'(\eta)=0.99$，这说明不论何种流体（$\nu$为何值），不论$x$为何值，也不论$u_\infty$为多大，平板层流边界层的无因次厚度都近似为5，这是一个很重要的数据。$\frac{\partial u}{\partial y}$与$f''(\eta)$成正比，随$\eta$增大$f''(\eta)$迅速减小，到$\eta=5$左右，$f''(5)$仅为$f''(0)$的0.7%，说明边界层中的剪切应力主要发生在近壁处，当$\eta=0$时$f''(\eta)=0.332$，这个数值有特殊的意义。壁面的摩擦系数：

$$C_f = \frac{\tau_w}{\frac{\rho}{2}u_\infty^2} = \frac{\mu\frac{\partial u}{\partial y}}{\frac{\rho}{2}u_\infty^2}$$

$$= \frac{\mu u_\infty f''(0)\sqrt{\frac{u_\infty}{\nu x}}}{\frac{\rho}{2}u_\infty^2}$$

$$= 0.332 \times 2\mathrm{Re}_x^{-\frac{1}{2}} \quad (7\text{-}22)$$

若以$\frac{u_\delta}{u_\infty}=0.99$为边界层的外缘，则此时$\eta_\delta=4.91$，边界层的厚度公式为$\frac{\delta}{x}=4.91\mathrm{Re}_x^{-\frac{1}{2}}$。$\frac{u}{u_\infty}$与$\frac{v}{u_\infty}\sqrt{\mathrm{Re}_x}$的量的变化如图7-6所示。$\frac{v}{u_\infty}\sqrt{\mathrm{Re}_x}$的数值与$f$和$f'$值有关。$v$比$u$小$\sqrt{\mathrm{Re}_x}$倍。通常认为这是一个数量级。

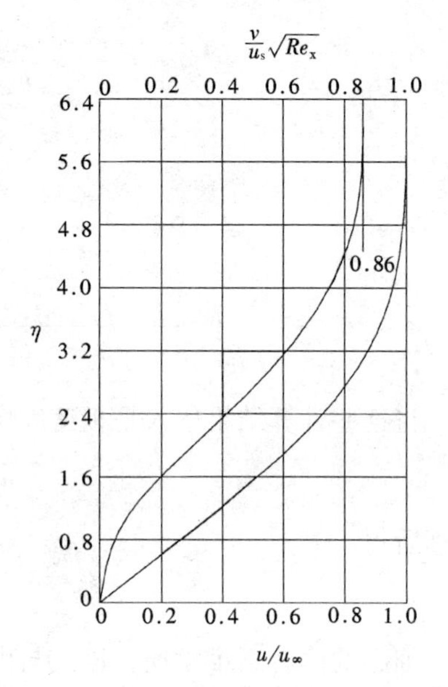


图7-6　平板边界层中的速度分布（微分方程解）

无穷大楔外边界层动量微分方程（7-12）解的结果如表7-2和图7-7所示。

无穷大楔边界层微分方程的解　　表7-2

| $\eta$（$\beta$从上至下为-0.1988，0，0.5，1.0，1.6） | $f$ | $f'$ | $f''$ | $f'''$ |
|---|---|---|---|---|
| 0 | 0 | 0 | 0 | 0.1988 |
| | 0 | 0 | 0.4696 | 0 |
| | 0 | 0 | 0.9276 | -0.5000 |
| | 0 | 0 | 1.2326 | -1.0000 |
| | 0 | 0 | 1.5210 | -1.6000 |
| 1.0 | 0.0331 | 0.0991 | 0.1971 | 0.1903 |
| | 0.2330 | 0.4606 | 0.4344 | -0.1012 |
| | 0.3811 | 0.6810 | 0.4442 | -0.4374 |
| | 0.4592 | 0.7779 | 0.3980 | -0.5777 |
| | 0.5206 | 0.8425 | 0.3395 | -0.6411 |
| 2.0 | 0.2600 | 0.3802 | 0.3470 | 0.0799 |
| | 0.8868 | 0.8167 | 0.2557 | -0.2267 |
| | 1.2199 | 0.9421 | 0.1184 | -0.2007 |
| | 1.3620 | 0.9732 | 0.0659 | -0.1425 |
| | 1.4586 | 0.9846 | 0.0336 | -0.0979 |
| 3.0 | 0.8173 | 0.7277 | 0.3070 | -0.1573 |
| | 1.7956 | 0.9691 | 0.0677 | -0.1216 |
| | 2.1967 | 0.9947 | 0.0142 | -0.0365 |
| | 2.3526 | 0.9985 | 0.0051 | -0.0151 |
| | 2.4499 | 0.9920 | -0.0055 | -0.0119 |

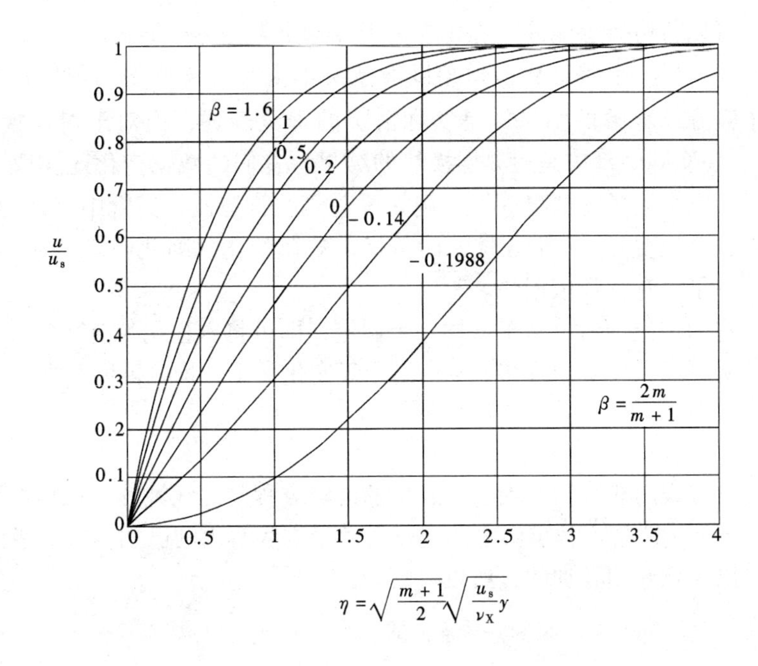


图 7-7　无穷大楔边界层中的速度分布（微分方程解）

## 第三节　无穷大楔表面温度边界层的理论解

在本章的讨论中，假定流体为常物性，边界层为二维并假定流速不大，密度不变，方程中的耗散项与膨胀功均可被忽略，方程被简化为：

$$u\frac{\partial t}{\partial x}+v\frac{\partial t}{\partial y}=a\frac{\partial^2 t}{\partial y^2}$$

本节只讨论壁温 $t_w$ 与主流温度 $t_s$ 均为常数的情况。在本科的传热学教材中已讨论过平板温度边界层与速度边界层的类似情况，当将动量与能量方程中的各变量全部无因次化以后，求解无因次速度与无因次温度的微分方程，边界条件均完全相同，因此所获得的解也完全相同，最后我们得到了 $\frac{\delta_t}{\delta}=\mathrm{Pr}^{-\frac{1}{3}}$ 和 $\mathrm{St}=\frac{C_f}{2}\mathrm{Pr}^{-\frac{2}{3}}$ 这样的类比关系。

对楔形流，这一类比关系同样存在。设无因次温度为：

$$\theta=\frac{t-t_s}{t_w-t_s} \tag{7-23}$$

同样引入无因次离壁距离 $\eta$ 与新的流函数 $f(\eta)$：

$$\eta=\sqrt{\frac{m+1}{2}}y\sqrt{\frac{u_s}{x\nu}}$$

$$f(\eta)=\frac{\psi}{g(x)}=\frac{\psi}{\sqrt{2u_s\nu}}x^{-\frac{m+1}{2}}=\psi\cdot\sqrt{\frac{m+1}{2u_s\nu x}}$$

当存在如下关系时：

$$t_w-t_s=C_t x^{v} \tag{7-24}$$

利用这些关系就可以将边界层能量方程化为关于 $\eta$ 的全微分方程形式。

应该注意到，这样一个假定从物理角度看意义不大。对楔形物的速度边界层，$u_s = Cx^m$ 是边界层外势流场求解的结果，是实际情况的理论表述，但对于对流换热的问题，$t_w$、$t_s$ 以及 $t_w - t_s$ 在实际中都应是边界层换热的结果。它们的数据变化还要取决于边壁上固体侧的条件以及整个流场的情况等等，例如等壁温的管道流，其管中流体的平均温度，即边界层的外缘过余温度 $t_s - t_w$ 沿程按 e 的负指数规律变化。因此假定 $t_w - t_s = C_t x^v$ 这样一个幂函数的关系是没有实际依据的。

但这样做有它的理论价值，基于这样一个假定，即可将方程化为全微分形式，便于求解和进行理论分析。而在实际中许多 $t_w - t_s$ 的沿程变化关系，均可被展开为一个幂级数

$$t_w - t_s = a_0 + a_1 x + a_2 x^2 + \cdots = \sum_{i=0}^{\infty} a_i x^i \tag{7-25}$$

与边界层动量方程的非线性不同，边界层的能量方程却是线性的，在物性为常数的情况下，式中的 $u$ 与 $v$ 是能量方程求解之前先行由动量方程解出的已知函数，线性微分方程的不同特解是可以任意互相叠加的，所以可写为：

$$\theta = \sum_{i=1}^{\infty} \theta_i \tag{7-26}$$

$\theta_i$ 为 $t_w - t_s = a_i x^i$ 边界条件下的温度场。与前面的假定对照，可知 $v = i(i = 0, 1, 2\cdots)$ 这就是为什么作出 $t_w - t_s = C_t x^v$ 这样一个假定，并据此开展理论分析的理由。

基于该假定，边界层能量方程可被化为如下关于 $\eta$ 的全微分方程形式：

$$\frac{d^2\theta}{d\eta^2} + \Pr f(\eta)\frac{d\theta}{d\eta} - (2 - \beta)\Pr v f'(\eta)\theta = 0 \tag{7-27}$$

式中 Pr，$f(\eta), \beta, v, f'(\eta)$ 均为已知。其边界条件为 $\eta = 0, \theta = 1; \eta \to \infty, \theta = 0$。

这是一个线性齐次的二阶微分方程，解析解目前尚没有，但数值解并不困难。

在文献中有关于这个方程解的大量讨论。总的来说，决定温度场的参数有 Pr、$\beta$ 和 $v$，即 $\theta(\eta) = \theta(\Pr, \beta, v)$。

Pr 与 $v$ 对温度场分布及对流换热量有较大影响，而 $\beta$ 的影响则不大，读者要研究或使用这个解的时候，可自己进行数值解计算或参阅参考文献［3］的相关章节。

## 第四节　边界层动量与能量方程的近似积分解法

在本科传热学中已经学过边界层动量积分方程与能量积分方程的建立与求解，本章在此基础上进一步讨论一些更复杂问题。

积分方程本是数学中的概念，读者从本科学习中已经了解到，求解过程中虽然列出了一个带有积分号的方程，但前提是式子可积，积分号很快就消失了。所以本书并不沿用“积分方程”的提法，而是将这个求解方法称为“边界层动量与能量方程的近似积分解法”。

该解法的要点为：

(1) 根据已知的边界层速度与温度分布相似的性质，将速度与温度沿 $y$ 方向的分布写成幂级数，即：

$$\frac{u}{u_s}=f\left(\frac{y}{\delta}\right)=a_0+a_1\frac{y}{\delta}+a_2\left(\frac{y}{\delta}\right)^2+\cdots\cdots$$

$$\frac{\theta}{\theta_s}=f\left(\frac{y}{\delta_t}\right)=b_0+b_1\frac{y}{\delta_t}+b_2\left(\frac{y}{\delta_t}\right)^2+\cdots\cdots \text{其中}\left(\theta=\frac{t-t_w}{t_s-t_w}\right) \tag{7-28}$$

根据边界条件确定级数中的系数，从而得到速度与温度沿 $y$ 方向分布的近似表达式。

（2）取 $dx$ 段边界层的整个厚度为控制体，分别建立控制体中质量、动量和能量的守恒关系式，关系式中的 $y$ 变量可通过积分消去，得到的式子将只含未知数函数 $\delta(x)$ 与 $\delta_t(x)$。求解关于 $\delta(x)$ 与 $\delta_t(x)$ 的微分方程，即获得完整的 $\frac{u}{u_s}$ 与 $\frac{\theta}{\theta_s}$ 的表达式。

（3）利用已求得的 $u$、$\theta$ 的表达式求 $C_f$ 与 Nu。

**一、边界层中的速度与温度在 y 方向分布的近似表达式**

可供确定该分布的边界条件总共有：

*a.* $y=0$ 时，$u=0$，$\theta=0$

*b.* $y=0$ 时，把 $u=0$，$v=0$ 代入边界层微分方程，得：

$$\frac{\partial^2 u}{\partial y^2}=-\frac{u_s}{\nu}\frac{du_s}{dx}(u_s \text{ 为已知函数}) \qquad \frac{\partial^2\theta}{\partial y^2}=0$$

*c.* $y=\delta$ 时，$u=u_s$；$y=\delta_t$ 时，$\theta=1$

*d.* $y=\delta$ 时，$\frac{\partial u}{\partial y}=0$；$y=\delta_t$ 时，$\frac{\partial\theta}{\partial y}=0$

*e.* $y=\delta$ 时，$\frac{\partial^2 u}{\partial y^2}=0$；$y=\delta_t$ 时，$\frac{\partial^2\theta}{\partial y^2}=0$ （7-29）

无疑，边界条件 $a$ 与 $b$ 是绝对精确的，而边界条件 $c$、$d$、$e$ 则均有一定程度的近似。这就出现一个边界条件的选择问题。选择几个边界条件，幂级数就取前几项。由于后三个边界条件均是近似的，所以也并非边界条件与幂级数的项数选择越多结果就越精确。

以液体横掠平板的速度边界层为例。选 $a$、$b$、$c$ 三个边界条件时：$\frac{u}{u_\infty}=\frac{y}{\delta}$，解得 $\frac{\delta}{x}=3.46\cdot Re_x^{-\frac{1}{2}}$；选 $a$、$b$、$c$、$d$ 四个边界条件时：$\frac{u}{u_\infty}=\frac{3}{2}\frac{y}{\delta}-\frac{1}{2}\left(\frac{y}{\delta}\right)^3$，解得 $\frac{\delta}{x}=4.64\cdot Re_x^{-\frac{1}{2}}$；选 $a$、$b$、$c$、$d$、$e$ 五个边界条件时：$\frac{u}{u_\infty}=2\frac{y}{\delta}-2\left(\frac{y}{\delta}\right)^3+\left(\frac{y}{\delta}\right)^4$，解得 $\frac{\delta}{x}=5.84\cdot Re_x^{-\frac{1}{2}}$。

与微分方程的理论解比较（系数为 4.91），可见取前四个边界条件是最接近理论解的。第五个边界条件要求边界层外缘速度曲线的曲率为零，故求得的边界层厚度偏大较多。而取前三个边界条件，则获得一个线性的速度分布，显然误差也较大。

下面我们来考察边界层的速度分布。为书写方便，令 $\eta=\frac{y}{\delta}$。当 $u_s$ 沿程变化时，速度边界层的边界条件 $b$ 与平板时是不同的，从而使边界层中的速度分布与平板也不相同。记：

$$\left.\frac{\partial^2(u/u_s)}{\partial(y/\delta)^2}\right|_{y=0}=-\lambda(x) \tag{7-30}$$

根据微分方程，当 $y=0$ 时，$u=0$，$v=0$，得

$$\lambda(x)=\frac{\delta^2}{\nu}\frac{\mathrm{d}u_s}{\mathrm{d}x} \tag{7-31}$$

其中 $\lambda(x)$ 为无因次量。

采用 5 项幂级数逼近时，令 $\frac{u}{u_s}=a+b\eta+c\eta^2+d\eta^3+e\eta^4$

由边界条件 $a$ 得：$a=0$；由边界条件 $b$ 得：$c=-\frac{\delta^2}{2\nu}\frac{\mathrm{d}u_s}{\mathrm{d}x}=-\frac{\lambda}{2}$；由边界条件 $c$ 得：$b+c+d+e=1$，$b+d+e=1+\frac{1}{2}\lambda$；由边界条件 $d$ 得：$b+2c+3d+4e=0$，$b+3d+4e=\lambda$；由边界条件 $e$ 得：$6d+12e=-2c=\lambda$。

联立解得：

$$\begin{aligned}\frac{u}{u_s}&=\left(2+\frac{\lambda}{6}\right)\eta-\frac{\lambda}{2}\eta^2+\left(-2+\frac{\lambda}{2}\right)\eta^3+\left(1-\frac{\lambda}{6}\right)\eta^4\\&=(2\eta-2\eta^3+\eta^4)+\frac{\lambda}{6}(\eta-3\eta^2+3\eta^3-\eta^4)\end{aligned} \tag{7-32}$$

采用 4 项的幂级数逼近时，令 $\frac{u}{u_s}=a+b\eta+c\eta^2+d\eta^3$

由边界条件 $a$ 得：$a=0$；由边界条件 $b$ 得：$c=-\frac{\delta^2}{2\nu}\frac{\mathrm{d}u_s}{\mathrm{d}x}=-\frac{1}{2}\lambda(x)$；由边界条件 $c$ 得：$b+c+d=1$；由边界条件 $d$ 得：$b+2c+3d=0$。

联立解得：

$$\begin{aligned}\frac{u}{u_s}&=\left(\frac{3}{2}+\frac{\lambda}{4}\right)\eta-\frac{\lambda}{2}\eta^2+\left(\frac{\lambda}{4}-\frac{1}{2}\right)\eta^3\\&=\left(\frac{3}{2}\eta-\frac{1}{2}\eta^3\right)+\frac{\lambda}{4}(\eta-2\eta^2+\eta^3)\end{aligned} \tag{7-33}$$

可见，$u_s$ 当沿程变化时，$\frac{u}{u_s}$ 不仅取决于 $\frac{y}{\delta}$，而且还与 $\lambda$，即壁面上速度对 $y$ 的二阶导数有关，而这个二阶导数也将是沿程变化的，即 $\lambda=\lambda(x)$。

**二、速度与温度边界层的近似积分解**

由于 $u_s$（对平板边缘层为 $u_\infty$）沿程变化，故积分形式的边界层动量方程与本科学习过的平板边界层动量方程有所不同。以下将介绍著名的“卡门动量积分方程”及其近似积分解法。

本科学习过，取 $\mathrm{d}x$ 段边界层整个厚度为控制体，可以建立在控制体中力与动量变化的平衡关系，此关系经整理记为卡门动量积分方程：

$$\frac{\mathrm{d}}{\mathrm{d}x}\int_0^\delta u(u_s-u)\mathrm{d}y+\frac{\mathrm{d}u_s}{\mathrm{d}x}\int_0^\delta(u_s-u)\mathrm{d}y=\nu\left.\frac{\partial u}{\partial y}\right|_{y=0} \tag{7-34}$$

该方程也可通过对边界层速度场微分方程的积分直接获得。描述速度场的微分方程为：

$$u\frac{\partial u}{\partial x}+v\frac{\partial u}{\partial y}=\nu\frac{\partial^2 u}{\partial y^2}+u_s\frac{\mathrm{d}u_s}{\mathrm{d}x}$$

将连续性方程 $\frac{\partial u}{\partial x}+\frac{\partial v}{\partial y}=0$ 各项对 $y$ 积分，并根据 $y=0$ 时，$v=0$ 确定此积分的上、下限，得 $v=-\int_0^y\frac{\partial u}{\partial x}\mathrm{d}y$。将微分方程各项均从 0 到 $l(l>\delta)$ 对 $y$ 积分得：

$$\int_0^l\left[u\frac{\partial u}{\partial x}-\frac{\partial u}{\partial y}\left(\int_0^y\frac{\partial u}{\partial x}\mathrm{d}y\right)-u_s\frac{\mathrm{d}u_s}{\mathrm{d}x}\right]\mathrm{d}y=\int_0^l\frac{\partial}{\partial y}\left(\nu\frac{\partial u}{\partial y}\right)\mathrm{d}y$$

式中左端第二项由分部积分为：

$$-\int_0^l\frac{\partial u}{\partial y}\left(\int_0^y\frac{\partial u}{\partial x}\mathrm{d}y\right)\mathrm{d}y=-\left(u\int_0^y\frac{\partial u}{\partial x}\mathrm{d}y\right)\Big|_0^l+\int_0^l u\mathrm{d}\left[\int_0^y\frac{\partial u}{\partial x}\mathrm{d}y\right]$$

$y=0$ 时，$u=0$；$y=l$ 时，$u=u_s$，故上式为

$$-u_s\int_0^l\frac{\partial u}{\partial x}\mathrm{d}y+\int_0^l u\frac{\partial u}{\partial x}\mathrm{d}y=-\int_0^l(u_s-u)\frac{\partial u}{\partial x}\mathrm{d}y$$

式中右端项积分后为：$\nu\frac{\partial u}{\partial y}\Big|_0^l=-\nu\frac{\partial u}{\partial y}\Big|_{y=0}$。整理为：

$$\int_0^l\left[-(u_s-u)\frac{\partial u}{\partial x}+u\frac{\partial u}{\partial x}-u_s\frac{\mathrm{d}u_s}{\mathrm{d}x}\right]\mathrm{d}y=-\nu\frac{\partial u}{\partial y}\Big|_{y=0}$$

全微分：$\int_0^l(u_s-u)\frac{\partial u}{\partial x}\mathrm{d}y=\frac{\mathrm{d}}{\mathrm{d}x}\int_0^l(u_s-u)u\mathrm{d}y-\frac{\mathrm{d}u_s}{\mathrm{d}x}\int_0^l u\mathrm{d}y+\int_0^l u\frac{\partial u}{\partial x}\mathrm{d}y$

代入上式即可获得卡门动量积分方程（7-34）。

用建立 d$x$ 段边界层整个厚度的控制体的能量平衡关系的办法或者用边界层能量微分方程各项同时积分的方法，都不难导出积分形式的边界层能量方程：

$$\frac{\mathrm{d}}{\mathrm{d}x}\int_0^{\delta_t}(\theta-\theta_s)u\mathrm{d}y=-a\frac{\partial\theta}{\partial y}\Big|_{y=0}\tag{7-35}$$

或者

$$\mathrm{St}_x=\frac{\mathrm{Nu}_x}{\mathrm{Re}_x\mathrm{Pr}}=\frac{\mathrm{d}}{\mathrm{d}x}\int_0^{\delta}\left(\frac{\theta}{\theta_s}-1\right)\frac{u}{u_s}\mathrm{d}y\tag{7-36}$$

式中 $\theta=t-t_w$。

引入排量厚度、动量厚度等概念，可将卡门动量方程写为更简单的形式：

$$\frac{d(u_s^2\delta_i)}{\mathrm{d}x}+u_s\delta^*\frac{\mathrm{d}u_s}{\mathrm{d}x}=\nu\frac{\partial u}{\partial y}\Big|_{y=0}$$

$$\delta^*=\int_0^{\delta}\left(1-\frac{u}{u_s}\right)\mathrm{d}y,\delta_i=\int_0^{\delta}\frac{u}{u_s}\left(1-\frac{u}{u_s}\right)\mathrm{d}y\tag{7-37}$$

对利用 4 个边界条件所得的$\frac{u}{u_s}$，可得：

$$\frac{\delta^*}{\delta}=\int_0^1\left[1-\left(\frac{3}{2}\eta-\frac{1}{2}\eta^3\right)-\frac{\lambda}{4}(\eta-2\eta^2+\eta^3)\right]\mathrm{d}\eta=\frac{3}{8}-\frac{\lambda}{48}$$

$$\begin{aligned}\frac{\delta_i}{\delta}&=\frac{1}{\delta}\int_0^{\delta}\frac{u}{u_s}\left(1-\frac{u}{u_s}\right)\mathrm{d}y\\&=\int_0^1\left[\frac{3}{2}\eta-\frac{1}{2}\eta^3+\frac{\lambda}{4}(\eta-2\eta^2+\eta^3)\right]\cdot\left[1-\frac{3}{2}\eta+\frac{1}{2}\eta^3-\frac{\lambda}{4}(\eta-2\eta^2+\eta^3)\right]\mathrm{d}\eta\\&=\frac{39}{280}-\frac{1}{560}\lambda-\frac{1}{1680}\lambda^2\end{aligned}$$

$$\nu\frac{\partial u}{\partial y}\Big|_{y=0}=\nu\frac{\partial(u/u_s)}{\partial(y/\delta)}\Big|_{y=0}\cdot\frac{u_s}{\delta}=\frac{u_s\nu}{\delta}\left(\frac{3}{2}+\frac{\lambda}{4}\right)$$

将卡门动量方程各项遍乘$\frac{\delta_i}{u_s\nu}$，并经整理得：

$$\frac{u_s}{2}\frac{\mathrm{d}(\delta_i^2/\nu)}{\mathrm{d}x}+\frac{\delta_i^2}{\nu}\frac{\mathrm{d}u_s}{\mathrm{d}x}\left(2+\frac{\delta^*}{\delta_i}\right)=\frac{\delta_i}{\delta}\left(\frac{3}{2}+\frac{\lambda}{4}\right)$$

令 $k(x) = k(\lambda) = \frac{\delta_i^2}{\nu} \cdot \frac{\mathrm{d}u_s}{\mathrm{d}x}$，则

$$k(\lambda) = \lambda\left(\frac{\delta_i}{\delta}\right)^2 = \lambda\left(\frac{39}{280} - \frac{1}{560}\lambda - \frac{1}{1680}\lambda^2\right)^2$$

$$u_s \frac{\mathrm{d}(\delta_i^2/\nu)}{\mathrm{d}x} = \frac{\delta_i}{\delta}\left(3 + \frac{\lambda}{2}\right) - 2k(\lambda)\left(2 + \frac{\delta^*}{\delta_i}\right)$$

该两式右侧均为 $\lambda$ 的函数。令 $F(k) = u_s \frac{\mathrm{d}(\delta_i^2/\nu)}{\mathrm{d}x}$，则任意给出一个 $\lambda$，即对应有一个 $k(\lambda)$和 $F(k)$，这样就建立了 $F(k)$与 $k$ 的数量对应关系。经曲线拟合用 $F(k) = 0.418 - 6.7k$ 来代替该关系式有很高的精确度。

全微分
$$\frac{\mathrm{d}\left(u_s \frac{\delta_i^2}{\nu}\right)}{\mathrm{d}x} = u_s \frac{\mathrm{d}\left(\frac{\delta_i^2}{\nu}\right)}{\mathrm{d}x} + \frac{\delta_i^2}{\nu}\frac{\mathrm{d}u_s}{\mathrm{d}x} = F(k) + k = 0.418 - 5.7k$$

$$= 0.418 - \frac{5.7}{u_s} u_s \frac{\delta_i^2}{\nu}\frac{\mathrm{d}u_s}{\mathrm{d}x}$$

式中 $u_s$ 以及$\frac{\mathrm{d}u_s}{\mathrm{d}x}$均为已知,这是一个关于 $u_s \frac{\delta_i^2}{\nu}$的一阶线性微分方程。其解为:

$$u_s \frac{\delta_i^2}{\nu} = 0.418 \frac{1}{u_s^{5.7}} \int_0^x u_s^{5.7} \mathrm{d}x \tag{7-38}$$

如此 $\delta_i$ 已可求,用 $\delta_i, \lambda, \delta$ 的关系联立,即可求得 $\delta(x)$。

对于平板边界层,$u_s$ = 常数,$u_s \frac{\delta_i^2}{\nu} = 0.418x, \lambda = 0, k = 0$

$$\frac{\delta^*}{\delta} = 0.375, \frac{\delta_i}{\delta} = \frac{39}{280} \approx 0.139$$

$$\delta = \frac{280}{39}\sqrt{\frac{0.418x\nu}{u_s}} = 4.64\sqrt{\frac{x\nu}{u_s}} \tag{7-39}$$

对利用 5 个边界条件所得的$\frac{u}{u_s}$,可得:

$$\frac{\delta^*}{\delta} = \frac{1}{\delta}\int_0^\delta \left(1 - \frac{u}{u_s}\right)\mathrm{d}y = \int_0^1 \left[(1 - 2\eta + 2\eta^3 - \eta^4) - \frac{\lambda}{6}(\eta - 3\eta^2 + 3\eta^3 - \eta^4)\right]\mathrm{d}\eta$$

$$= \frac{3}{10} - \frac{\lambda}{120}$$

$$\frac{\delta_i}{\delta} = \frac{1}{\delta}\int_0^\delta \frac{u}{u_s}\left(1 - \frac{u}{u_s}\right)\mathrm{d}y$$

$$= \int_0^1 \left[(2\eta - 2\eta^3 + \eta^4) + \frac{\lambda}{6}(\eta - 3\eta^2 + 3\eta^3 - \eta^4)\right] \cdot$$

$$\left[(1 - 2\eta + 2\eta^3 - \eta^4) - \frac{\lambda}{6}(\eta - 3\eta^2 + 3\eta^3 - \eta^4)\right]\mathrm{d}\eta$$

$$= \frac{37}{315} - \frac{1}{945}\lambda - \frac{1}{9072}\lambda^2$$

$$\nu \frac{\partial u}{\partial y}\bigg|_{y=0} = \nu \frac{\partial(u/u_s)}{\partial(y/\delta)}\bigg|_{y=0} \cdot \frac{u_s}{\delta} = \frac{u_s\nu}{\delta}\left(2 + \frac{\lambda}{6}\right)$$

将方程遍乘$\frac{\delta_i}{u_\infty \nu}$,并经整理得:

$$\frac{u_s}{2}\frac{\mathrm{d}(\delta^2/\nu)}{\mathrm{d}x}+\frac{\delta_i^2}{\nu}\frac{\mathrm{d}u_s}{\mathrm{d}x}\left(2+\frac{\delta^*}{\delta_i}\right)=\frac{\delta_i}{\delta}\left(2+\frac{\lambda}{6}\right)$$

同样令 $k(x)=k(\lambda)=\frac{\delta_i^2}{\nu}\cdot\frac{\mathrm{d}u_s}{\mathrm{d}x}$,则

$$k(\lambda)=\lambda\left(\frac{\delta_i}{\delta}\right)^2=\lambda\left(\frac{37}{315}-\frac{1}{945}\lambda-\frac{1}{9042}\lambda^2\right)^2$$

令 $F(k)=u_s\frac{\mathrm{d}(\delta_i^2/\nu)}{\mathrm{d}x}=\left(4+\frac{\lambda}{3}\right)\frac{\delta_i}{\delta}-2k(\lambda)\left(2+\frac{\delta^*}{\delta_i}\right)$,经曲线拟合,$F(k)$ 与 $k$ 的数量关系可近似写为:$F(k)=0.47-6k$

全微分

$$\frac{\mathrm{d}\left(u_s\frac{\delta_i^2}{\nu}\right)}{\mathrm{d}x}=u_s\frac{\mathrm{d}\left(\frac{\delta_i^2}{\nu}\right)}{\mathrm{d}x}+\frac{\delta_i^2}{\nu}\frac{\mathrm{d}u_s}{\mathrm{d}x}=F(k)+k=0.47-5k$$

$$=0.47-\left(\frac{5}{u_s}u_s\frac{\delta_i^2}{\nu}\frac{\mathrm{d}u_s}{\mathrm{d}x}\right)$$

$$u_s\frac{\delta_i^2}{\nu}=0.47\frac{1}{u_s^5}\int_0^x u_s^5\mathrm{d}x \tag{7-40}$$

例如对流体横掠平板边界层,$u_s=$ 常数,$u_s\frac{\delta_i^2}{\nu}=0.47x,\lambda=0,k=0$

$$\frac{\delta^*}{\delta}=0.3,\quad \frac{\delta_i}{\delta}=\frac{37}{315}$$

$$\delta=\frac{315}{37}\sqrt{\frac{0.47x\nu}{u_s}}=5.84\sqrt{\frac{x\nu}{u_s}}$$

读者回顾这个求解过程。已知 $u_s(x)$(势流解),涉及的未知函数有 $\delta(x)$,$\delta^*(x)$,$\delta_i(x)$,$\lambda,k,F(k)$ 共计 6 个;用到的方程式有 $\lambda=\lambda(\delta)$,$k=k(\lambda)$,$F=F(k)$,$\frac{\delta_i}{\delta}=g(\lambda)$,$\frac{\delta^*}{\delta}=g(\lambda)$ 以及卡门动量方程。用 6 个方程解出了 6 个未知数。

对无穷大楔的速度边界层,$u_s=u_\infty\frac{2}{2-\beta}\left(\frac{x}{L}\right)^{\frac{\beta}{2-\beta}}$ 代入(7-40)式有:

$$\delta_i^2=0.47\frac{\nu}{u_s^6}\int_0^x u_s^5\mathrm{d}x=\frac{0.47\nu L(2-\beta)^2}{4u_\infty(2\beta+1)}\left(\frac{x}{L}\right)^{\frac{2(1-\beta)}{2-\beta}}$$

$$\lambda=\frac{\delta^2}{\nu}\frac{\mathrm{d}u_s}{\mathrm{d}x}=\frac{2\delta^2u_\infty}{\nu L}\frac{\beta}{(2-\beta)^2}\left(\frac{x}{L}\right)^{\frac{2(\beta-1)}{2-\beta}}$$

再利用 $\frac{\delta_i}{\delta}=f(\lambda)$ 的表达式可联立求解 $\delta(x)$,但目前还难以写出简化的计算公式。

## 第五节　壁面温度沿程变化的平板温度边界层

壁面温度沿程变化比较符合实际情况。壁面温度沿 $x$ 方向变化也会影响到温度在 $y$ 方

向的分布，将平板边界层的能量方程各项对 $y$ 求导数并取壁面上的数值有

$$\left.\frac{\partial u}{\partial y}\right|_{w} \cdot \frac{\partial t_{w}}{\partial x} = a \left.\frac{\partial^{3} t}{\partial y^{3}}\right|_{w}$$

当物性参数为常数时，对温度场而言是 $\left.\frac{\partial u}{\partial y}\right|_{w}$ 已知的，该式表明壁面温度沿 $x$ 方向的变化与壁面上 $y$ 方向温度的三阶导数成正比，间接地，$t_{w}$ 沿 $x$ 方向的变化也会影响温度边界层的厚度及其变化。

本节介绍文献中求解这类问题的一个方法。

该方法的要点是利用边界层能量微分方程的线性，将变壁温条件下边界层内的温度场看作是一系列常壁温条件下的温度场的和。

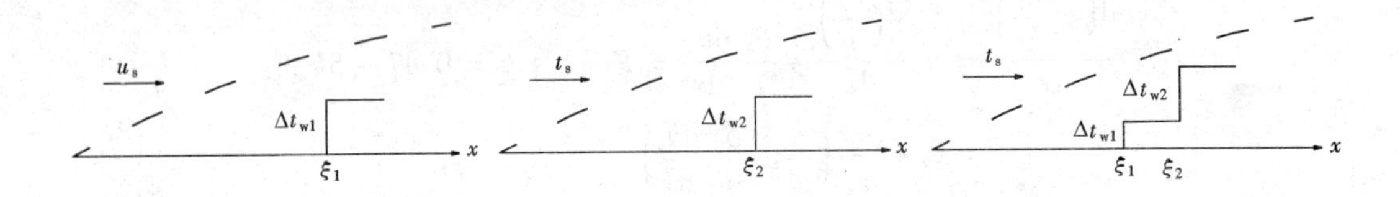


图 7-8　几个壁温条件下温度场的解

首先看下述壁温条件下的解。如图 7-8 所示，流体温度为 $t_{s}$ 不变，壁温为

$$\begin{cases} 0 \leqslant x \leqslant \xi_1 & t_{w} = t_{s} \\ x > \xi_1 & t_{w} = t_{s} + \Delta t_{w1} \end{cases}$$

该问题是可以用近似积分方法求解的，解的方法与结论下边将有介绍。假定该问题的解为 $t_1(y,x,\xi_1)$。

再看另一壁温条件下的解。流体温度为 $t_{s}$ 不变，壁温为

$$\begin{cases} 0 \leqslant x \leqslant \xi_2 & t_{w} = t_{s} \\ x > \xi_2 & t_{w} = t_{s} + \Delta t_{w2} \end{cases}$$

假定该问题的解为 $t_2(y,x,\xi_2)$。

若 $\xi_2 > \xi_1$，壁温条件为在 $\xi_1$ 处壁温在 $t_{s} + \Delta t_{w1}$ 基础上又升高了 $\Delta t_{w2}$，如图 7-8 所示，此时壁温条件应写为

$$\begin{cases} 0 \leqslant x < \xi_1 & t_{w} = t_{s} \\ \xi_1 < x < \xi_2 & t_{w} = t_{s} + \Delta t_{w1} \\ x > \xi_2 & t_{w} = t_{s} + \Delta t_{w1} + \Delta t_{w2} \end{cases}$$

设该壁温条件下的解为 $t$，则我们可以判断：

$$t - t_{s} = (t_1 - t_{s}) + (t_2 - t_{s})$$

证明如下：

$t_1$ 与 $t_2$ 均满足边界层能量微分方程，则 $t$ 也满足。

在 $0 \sim \xi_1$ 段，还没有发生温度边界层，故 $t_1 = t_{s}$，$t_2 = t_{s}$，上式正确；

在 $\xi_1 \sim \xi_2$ 段，$t_2 = t_{s}$，$t - t_{s} = t_1 - t_{s}$，$t = t_1$，上式也正确；

在 $\xi_2 \sim \infty$ 段，$t_1$ 的壁温条件为 $t_{s} + \Delta t_{w1}$，$t_2$ 的壁温条件为 $t_{s} + \Delta t_{w2}$，

$$(t - t_{s})_{w} = (t_{s} + \Delta t_{w1} - t_{s}) + (t_{s} + \Delta t_{w2} - t_{s})$$

则 $t_w = t_s + \Delta t_{w1} + \Delta t_{w2}$，正好为 $t$ 的壁温条件。

$t - t_s$ 的热力边界条件与（$t_1 - t_s$）+（$t_2 - t_s$）完全相同，故它们的解也相同。

依此类推，当 $\xi_3, \xi_4, \cdots, \xi_n$ 处存在 $\Delta t_{w3}$，$\Delta t_{w4}$，…，$\Delta t_{wn}$时，

$$t - t_s = \sum_{i=1}^{n} [t_i(x, y, \xi_i) - t_s] \tag{7-41}$$

对一个给定的 $t_w$（$x$），可以将所要研究的 $0 \sim x$ 区间分割成无穷多个 $\Delta\xi_i = \xi_{i+1} - \xi_i$，如图 7-9 所示，则上式即为任意变壁温条件下，边界层中温度场的解。式（7-41）中的壁温条件为：

$$\begin{cases} 0 < x < \xi_i & t_w = t_s \\ x > \xi_i & t_w = t_s + \Delta t_{wi} \end{cases}$$

现在我们用近似积分的方法来求解 $t_i(x, y, \xi_i)$。假设温度为 $t_s$，速度为 $u_s$ 的流体横掠平板，在 $0 < x < \xi_i$ 一段 $t_w = t_s$，速度边界层已经发生，但没有温度边界层。从 $\xi_i$ 开始，壁温突然变至 $t_w = t_s + \Delta t_{wi}$。边界条件的数学描述为：

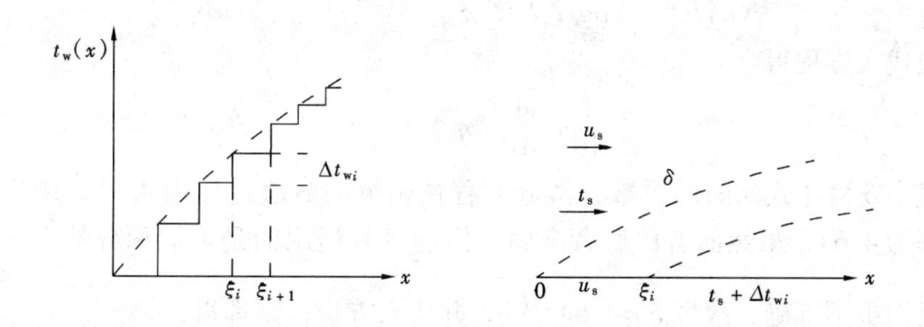


图 7-9　变壁温边界条件下边界层近似积分解示意

对速度场：

$$y = 0 \quad u = 0, \quad y = 0 \quad \frac{\partial^2 u}{\partial y^2} = 0, \quad y \to \infty \quad u = u_s, \quad y \to \infty \quad \frac{\partial u}{\partial y} = 0$$

对温度场：

$$y = 0 \quad \begin{cases} 0 < x \leqslant \xi_i & t = t_s \\ x > \xi_i & t = t_s + \Delta t_{wi} \end{cases}, \quad y = 0 \quad \frac{\partial^2 t}{\partial y^2} = 0$$

$$y \to \infty \quad t = t_s, \quad y \to \infty \quad \frac{\partial t}{\partial y} = 0$$

速度型为：

$$\frac{u}{u_s} = \frac{3}{2}\left(\frac{y}{\delta}\right) - \frac{1}{2}\left(\frac{y}{\delta}\right)^3$$

温度型为：

$$\theta = \frac{t - t_w}{t_s - t_w} = \frac{3}{2}\left(\frac{y}{\delta_t}\right) - \frac{1}{2}\left(\frac{y}{\delta_t}\right)^3$$

以 d$x$ 段整个厚度为微元体的能量平衡关系为：

$$\frac{\mathrm{d}}{\mathrm{d}x}\int_0^l (t_s - t) u \mathrm{d}y = a \frac{\partial t}{\partial y}\bigg|_w$$

式中对 $\Pr>1$ 的流体，$l>\delta>\delta_t$；对 $\Pr<1$ 的流体 $l>\delta_t>\delta$。此式又可称为积分形式的边界层能量方程。

本书重点讨论 $\Pr>1$ 的情况，即对流态金属除外的绝大多数流体。

$$\int_0^l (t_s - t)u\mathrm{d}y = u_s(t_s - t_w)\int_0^{\delta_t}\frac{u}{u_s}(1-\theta)\mathrm{d}y$$

$$= u_s(t_s - t_w)\delta\int_0^{\frac{\delta_t}{\delta}}\left[\frac{3}{2}\left(\frac{y}{\delta}\right)-\frac{1}{2}\left(\frac{y}{\delta}\right)^3\right]\left[1-\frac{3}{2}\left(\frac{y}{\delta_t}\right)+\frac{1}{2}\left(\frac{y}{\delta_t}\right)^3\right]\mathrm{d}\left(\frac{y}{\delta}\right)$$

令 $\eta=\dfrac{\delta_t(x)}{\delta(x)}$，积分得：

$$\int_0^l (t_s - t)u\mathrm{d}y = u_s(t_s - t_w)\delta\left(\frac{3}{20}\eta^2-\frac{3}{280}\eta^4\right)$$

由于 $\eta<1$，将上式右侧$\dfrac{3}{280}\eta^4$ 忽略。

$$\left(\frac{\partial t}{\partial y}\right)_w = \left(\frac{\partial\theta}{\partial y/\delta_t}\right)_w\frac{t_s - t_w}{\delta_t} = \frac{3}{2}(t_s - t_w)\frac{1}{\delta\eta}$$

将上述各项代入方程得

$$\frac{1}{10}u_s\frac{\mathrm{d}}{\mathrm{d}x}(\delta\eta^2) = \frac{a}{\eta\delta}$$

关于式中 $\delta$ 表达式前面的系数，微分方程精确解的数值近似为 4.91，用近似积分方式获得的解为 4.64，虽然前者比后者准确，但能量方程用的是近似积分的方法，使用方法不一致反而更不准确，故取 $\delta=4.64\sqrt{\dfrac{\nu x}{u_s}}$，并代入方程，整理得：

$$\frac{\mathrm{d}}{\mathrm{d}x}\sqrt{x}\eta^2 = \frac{1}{0.929\Pr}\frac{1}{\sqrt{x}\eta}$$

这是一个以 $\eta$ 为变量的常微分方程。$\eta=\dfrac{\delta_t}{\delta}$，$\delta$ 是已知的，故该方程也是关于 $\delta_t$ 的微分方程。解得：

$$\eta = \sqrt[3]{\frac{0.929}{\Pr}-\left(\frac{x}{c}\right)^{-\frac{3}{4}}}$$

式中 $c$ 为积分常数。

当 $x=\xi_i$ 时，$\eta=0$，解得：$c=\xi_i\left(\dfrac{0.929}{\Pr}\right)^{\frac{4}{3}}$，故

$$\eta = \sqrt[3]{\frac{0.929}{\Pr}\left(1-\frac{x}{\xi_i}\right)^{-\frac{3}{4}}} = \frac{1}{1.025\Pr^{1/3}}\sqrt[3]{1-\left(\frac{\xi_i}{x}\right)^{\frac{3}{4}}} \tag{7-42}$$

显然，该式仅对 $x>\xi_i$ 适用。

接着可以利用 $\eta=\dfrac{\delta_t}{\delta}$ 求得 $\delta_t$ 的表达式，再利用温度型写出 $t_i$。

引入公式

$$-\lambda\left.\frac{\partial t}{\partial y}\right|_w = h(t_w - t_s)$$

可推得

$$Nu_x = \frac{hx}{\lambda} = 0.332 \sqrt[3]{Pr}\sqrt{Re_x}\frac{1}{\sqrt[3]{1-\left(\frac{\xi_i}{x}\right)^{\frac{3}{4}}}} \tag{7-43}$$

对于液态金属，$Pr \ll 1$，$\delta \ll \delta_t$，在做能量方程的积分时，对 $\delta < y < \delta_t$ 段取，$\frac{u}{u_s}=1$，获得

$$\eta = \frac{\delta}{\delta_t} = \frac{1}{1.64}Pr^{-\frac{1}{2}}\sqrt{1-\left(\frac{32}{x}\right)^{\frac{3}{4}}} \tag{7-44}$$

过程请读者练习做出。

# 第八章　管道中的流动阻力与换热

管道中的流动阻力与换热问题无论在学术上还是在工程实际中都是非常重要的问题。管道的应用是如此普及，无论在工厂中还是在家庭生活中都无处不见。

管道的基本功能是输运流体。有的仅以输运流体为目的，有的是为了输运热能而输运流体，还有的管道在流体输运的同时自己兼作换热面，例如锅炉中的水冷壁就是用管道做成的。

最常见的管道是圆管，这是由于当周长一定时，圆断面的面积最大，另外若是输送高压流体，同样壁厚的圆管承压能力最高。在工业通风与空调工程中输运空气时，有时根据建筑结构的需要，使用方管或其他形状的管道更适合一些。在飞机、飞船、核反应堆等特殊场合，因外部空间的需要或因内部阻力与换热方面的需要，有时也使用非圆断面的管道输送流体。

通常管道内是无附加物的，但为了增强流体的扰动以获得更高的内表面换热系数，则有些场合使用内部有附加物的管道，如内肋与内涡旋管道等。

管道的设计与使用有一个永恒的课题：将一定量的流体输运一定的距离，可以使用较小的管径，用较高的压力获得较高的流速达到目的，也可以使用较大的管径，这时只需消耗较小的输运能耗。管径与流速的选择实际上是个经济性问题。管材的投入属于初投资，而流体输运消耗的能量（主要为水泵或风机消耗的电能）属于运行费用。管径与流速需根据材料费、电费等经济性参数确定。

读者在本科阶段已经学过了管内平均流速、断面平均温度、管段平均温度、入口区与成熟发展区等有关管道流动阻力与换热的概念，这些都是十分重要的基本概念。本章将在本科内容的基础上，讨论本科不曾讲过的内容。

## 第一节　管内流动与换热的守恒方程组

守恒是物理过程必须遵循的法则。管内流动阻力与换热问题主要涉及质量、动量与能量守恒。管内的守恒方程可以由第六章所述任意空间的相应守恒方程经过简化得到，也可以在管内建立控制体，根据管道空间与流动的特点直接建立。

通常意义下的管道，是流通横断面积沿程不变的通道。如果把管道的含义扩充一下，几何形状复杂的管道，例如肋片管簇管肋间流体的流动空间也可以称为管道。本章主要讨论通常意义下的管道，即流通横断面积沿程不变而且不转弯的通道。这类管道中与流体阻力及换热有关的主要参数及函数为：（1）几何参数；主要为流道断面的形状、尺寸与管长等；（2）物性参数；如$\rho$、$\nu$、$a$、$\lambda$ 等；（3）管道中流体的速度场、温度场与压力场；如果为可压缩流体则还包括密度场；（4）管壁上及进口的热力条件。

管道内的流动阻力与换热过程通常是长时间连续进行的，因此本章只研究管道内稳态的流动与换热。

对非圆断面管道或热力边界条件不对称的情况，由于壁面温度、摩擦系数、放热系数均不再是单一数值的量，而是与位置有关，故需定义一些平均量来描述阻力与换热过程的总体效果。

首先，壁面平均切应力与壁面平均摩擦系数被定义为：

$$\bar{\tau}_{\mathrm{w}} = \bar{C}_{\mathrm{f}} \cdot \frac{\rho}{2} \cdot u_{\mathrm{m}}^{2} \quad \bar{C}_{\mathrm{f}} = \frac{\int_{U} C_{\mathrm{f}} \cdot \mathrm{d}U}{U} \tag{8-1}$$

其中 $U$ 为湿周，单位为“m”。该式表明壁面平均摩擦系数为局部摩擦系数在整个湿周上的算术平均。

至于换热系数，情况要复杂得多。壁面上某点的局部换热系数为：$h = \frac{-\lambda}{\bar{t} - t_{\mathrm{w}}} \partial t / \partial n$。

于是在管程某处（坐标为 $z$）沿湿周的平均换热系数为：

$$\bar{h} = \frac{-\lambda}{U} \int \frac{\partial t / \partial n}{\bar{t} - t_{\mathrm{w}}} \mathrm{d}U \tag{8-2}$$

式中 $t_{\mathrm{w}}$，$\partial t/\partial n$ 均与位置有关，且都由温度场 $t(x,y,z)$ 确定。

**一、以管段为控制体的集总参数守恒关系**

取一管段的流体空间为控制体，则同样存在质量、力与热量的平衡关系，这些关系在管道流动阻力与换热的计算中经常被用到。

1. 连续性

在稳态流动时，各断面流量相等。设在管长方向上的流速为 $w$，则在管段上 1、2 两个截面处，$\rho_1 A_1 \overline{w_1} = \rho_2 A_2 \overline{w_2}$；当截面面积 $A$ 沿程不变时，$\rho_1 \overline{w_1} = \rho_2 \overline{w_2}$；当流体为不可压缩时，$A_1 \overline{w_1} = A_2 \overline{w_2}$；断面平均速度的表达式为 $\frac{1}{A}\int_A w \mathrm{d}A$。

2. 力平衡

在稳态流动时，力的平衡关系为

$$\bar{\tau}_{\mathrm{w}} \cdot Ul = \Delta p \cdot A \tag{8-3}$$

代入 $\tau_{\mathrm{w}}$ 与 $\Delta p$ 的表达式 $\bar{\tau}_{\mathrm{w}} = \bar{C}_{\mathrm{f}} \frac{\rho}{2} \bar{w}^2$，$\Delta p = f \frac{l}{d_{\mathrm{h}}} \cdot \frac{\rho}{2} \bar{w}^2$ 及水力直径 $d_{\mathrm{h}}$ 的表达式 $d_{\mathrm{h}} = \frac{4A}{U}$ 推得：

$$\bar{C}_{\mathrm{f}} = \frac{f}{4} \tag{8-4}$$

即管道流动的壁面平均摩擦系数为沿程阻力系数的 $\frac{1}{4}$。该式与管道断面的形状无关。

3. 热平衡

以 $\Delta z$ 管段为研究对象的热量平衡关系为：$\bar{h} \cdot U \cdot \Delta z(\bar{t}_{\mathrm{f}} - t_{\mathrm{w}}) = -c\rho \bar{w} A \Delta \bar{t}_{\mathrm{f}}$，故

$$\frac{\mathrm{d}\bar{t}_{\mathrm{f}}}{\mathrm{d}z} = -\frac{\bar{h}}{c\rho\bar{w}} \frac{U}{A}(\bar{t}_{\mathrm{f}} - t_{\mathrm{w}}) = -St \frac{4}{d_{\mathrm{h}}}(\bar{t}_{\mathrm{f}} - t_{\mathrm{w}}) \tag{8-5}$$

式中流体的断面平均温度 $\bar{t}_{\mathrm{f}}$，壁面放热系数 $\bar{h}$ 及管壁温度 $t_{\mathrm{w}}$ 都是 $z$ 的函数。$\bar{t}_{\mathrm{f}} = \frac{1}{A}\int_A \frac{w}{\bar{w}} t \mathrm{d}A$ 该式表达了控制体在横向得到（失去）的热量与纵向流体内能变化率之间的平衡

关系。

由上述几式知：要寻求流体流过管道时压力、内能在纵向有什么变化，必须先知道流体从横向获得（或失去）了什么。而求解横向得失，即求解 $\overline{C}_{\mathrm{f}}$ 与 $\overline{h}$（或 St）就需要知道速度与温度在断面上的分布，这就要依赖于对动量与能量微分方程的求解。当 $u(x,y)$ 与 $t(x,y)$ 被解出后，$\overline{C}_{\mathrm{f}}$ 与 $\overline{h}$ 就可求了。

$$\overline{C}_{\mathrm{f}} = \frac{\overline{\tau}_{\mathrm{w}}}{\frac{\rho}{2}\overline{w}^2} = \frac{\int_U \mu \left.\frac{\partial w}{\partial n}\right|_w \partial U}{U\frac{\rho}{2}\overline{w}^2} \tag{8-6}$$

$$\overline{h} = \frac{1}{U}\int_U \lambda \left.\frac{\partial t}{\partial n}\right|_w \mathrm{d}U/(\overline{t}_{\mathrm{f}} - t_{\mathrm{w}}) \tag{8-7}$$

式中 $\overline{t}_{\mathrm{f}}$ 为热力学平均温度，$\overline{t}_{\mathrm{f}} = \frac{1}{A}\int_A t_{\mathrm{f}}\frac{w}{\overline{w}}\mathrm{d}A$

## 二、动量微分方程

设沿管程方向坐标为 $z$，则在直角坐标系下，管道横截面上的两个坐标为 $x$，$y$。若使用极坐标，则横截面上的两个坐标为 $r$，$\theta$。对管道这一几何形状的速度场，在进行流动阻力与换热的计算时，只有 $z$ 方向的动量方程才起作用。在 $z$ 方向的纳维埃—斯托克斯方程中 $\frac{\partial^2 w}{\partial z^2}$ 远小于$\frac{\partial^2 w}{\partial x^2}+\frac{\partial^2 w}{\partial y^2}$，对稳态流动，不计质量力，动量方程被简化为：

$$\frac{\partial^2 w}{\partial x^2}+\frac{\partial^2 w}{\partial y^2} = \frac{1}{\mu}\frac{\mathrm{d}p}{\mathrm{d}z} \tag{8-8}$$

该式表明了控制体侧面切应力与主流方向压力之间平衡。该式也可以通过对管空间中的一小控制体建立力平衡关系直接获取。力平衡关系为小控制体四个侧面上所受的摩擦力等于管长方向上两个面的压力差。该式与流体是否可压缩无关。

在速度场的成熟发展段，方程的右端项为常数。对任意断面形状的管道，根据力平衡关系与有关参数的定义，式（8-8）变为：

$$\frac{\partial^2 w}{\partial x^2}+\frac{\partial^2 w}{\partial y^2} = \frac{-2\overline{C}_{\mathrm{f}}\overline{w}\mathrm{Re}_{d_{\mathrm{h}}}}{d_{\mathrm{h}}^2} \tag{8-9}$$

## 三、能量微分方程

在流体非高速流动的管道中，能量方程的耗散项与压缩项可以忽略。

在速度场的成熟发展段，$u=v=0$。对管道内的流场，$u$、$v$ 为横向坐标。$\frac{\partial^2 t}{\partial z^2}$ 代表纵向导热，远小于其他两项，设流体不可压缩，$c\rho$ 为常数，$\lambda$ 为常数，则能量方程为：

$$\frac{\partial^2 t}{\partial x^2}+\frac{\partial^2 t}{\partial y^2} = \frac{w}{a}\frac{\partial t}{\partial z} \tag{8-10}$$

该式表明控制体两侧导入（出）的热量等于以流体沿程温度升高（降低）所引起的内能变化。

在温度场的成熟发展段，管内温度场充分发展的标志为：

$$\frac{\partial}{\partial z}\left(\frac{t(r,z)-\overline{t}_{\mathrm{w}}(z)}{\overline{t}(z)-\overline{t}_{\mathrm{w}}(z)}\right) = 0 \tag{8-11}$$

对非圆断面管道，在等壁热流边界条件下通常 $t_w$ 为湿周上位置的函数，现规定：

$$\bar{t}_w = \frac{1}{U}\int_U t_w \mathrm{d}U \tag{8-12}$$

将式（8-11）积分得：$t(r,z) - \bar{t}_w(z) = c(x,y)[\bar{t}(z) - \bar{t}_w(z)]$，$c(x,y)$ 为与 $z$ 无关的参数。

对等壁热流边界条件（相关的物理量用角标 $q$ 标明），引入 $q = -h[\bar{t}(z) - \bar{t}_w(z)]$，则 $t(r,z) - \bar{t}_w(z) = -c(x,y)\dfrac{q}{h}$

将此两式分别对 $z$ 求导得：

$$\frac{\mathrm{d}\bar{t}(z)}{\mathrm{d}z} - \frac{\mathrm{d}\bar{t}_w(z)}{\mathrm{d}z} = 0, \frac{\mathrm{d}t(r,z)}{\mathrm{d}z} - \frac{\mathrm{d}\bar{t}_w(z)}{\mathrm{d}z} = 0$$

故：

$$\frac{\mathrm{d}t(x,y,z)}{\mathrm{d}z} = \frac{\mathrm{d}\bar{t}_w(z)}{\mathrm{d}z} = \frac{\mathrm{d}\bar{t}(z)}{\mathrm{d}z} \tag{8-13}$$

式（8-13）表明在常热流边界条件下，包括壁面在内任意一点的温度及流体的断面平均温度均以同样的速率沿 $z$ 方向线性提高。将式（8-5）及（8-13）代入式（8-10）即获得等壁面热流边界条件下，能量微分方程的具体形式：

$$\frac{\partial^2 t}{\partial x^2} + \frac{\partial^2 t}{\partial y^2} = \frac{4q}{\lambda d_h}\frac{w}{\bar{w}} \tag{8-14}$$

湿周上的平均放热系数为：

$$\bar{h} = \frac{\lambda \dfrac{1}{U}\displaystyle\int_U \frac{\partial t}{\partial n}\mathrm{d}U}{\bar{t} - \dfrac{1}{U}\displaystyle\int_U t_w \mathrm{d}U} \tag{8-15}$$

对等壁温边界条件（相关的物理量用角标 $t$ 标明），可令 $\theta = \dfrac{t - t_w}{\bar{t} - t_w}$。对方程（8-10）进行变量代换，边界条件为在壁面上 $\theta = 0$。在温度场的充分发展段，$\bar{t} - t_w$ 是沿程变化的，但 $\bar{h}$ 沿程不变，$\dfrac{\partial\theta}{\partial z} = 0, \dfrac{\partial t}{\partial z} = \dfrac{\partial\ (\theta\cdot(\bar{t} - t_w))}{\partial\ z} = \theta\dfrac{\partial\ (\bar{t} - t_w)}{\partial\ z}$，代入（8-5）可将（8-10）式简化为：

$$\frac{\partial^2\theta}{\partial x^2} + \frac{\partial^2\theta}{\partial y^2} = \frac{-4h}{\lambda d_h}\frac{w}{\bar{w}}\theta = \frac{-4\mathrm{St}}{a d_h}w\theta = \frac{-4\mathrm{Nu}_t}{d_h^2}\frac{w}{\bar{w}}\theta \tag{8-16}$$

我们注意到原方程右端为未知函数的导数项，在等壁温边界条件下的成熟发展段它变成了一次项。

文献中还介绍了一种理想化了的边界条件，即沿管长方向等壁热流，而沿湿周方向等壁温（相关的物理量用角标 $tq$ 标明）。任何理想化、典型化了的边界条件与实际都会有一定的差距，但这一理想化了的边界条件离实际似乎更远一些。然而在对边界条件的这一假定下，诸多非圆断面管道中的对流换热问题可以得到很方便的求解。这应该是这一假定存在的理由。在这一假定下，可令 $\theta = \dfrac{t - t_w}{\bar{t} - t_w}$，使方程得到大大的化简。由于 $t_w$ 与 $x$、$y$ 等横向坐标无关，式（8-10）变为：

$$\frac{\partial^2\theta}{\partial x^2}+\frac{\partial^2\theta}{\partial y^2}=\frac{-4\bar{h}}{\lambda d_h}\frac{w}{\bar{w}}=\frac{-4\mathrm{St}}{ad_h}w=\frac{-4\mathrm{Nu}_{tq}}{d_h^2}\frac{w}{\bar{w}} \tag{8-17}$$

应用中根据需要可利用此式中的任意一段。

**四、关于微分方程的求解**

上面总共给出了成熟发展段管内层流阻力与换热的四个方程：一个动量方程（8-9），三个能量方程。其中（8-14）针对等壁面热流边界条件，（8-16）针对等壁温，而（8-17）针对横向等壁温、纵向等壁面热流边界条件。如果研究的是非圆断面管道，则其热力边界条件即使在上述基本的边界条件范围内也可以演变出许多复杂的情况。例如平板狭缝管道或者圆环形管道，它们都有两个互不接触的壁面，每个壁面上都可能有自己的边界条件，例如两个壁面一个是定壁面热流，一个是定壁温；或者两个都是定壁面热流，但各自的热流密度并不一定相等；两个壁面都是定壁温边界条件时，其各自的壁面温度也可能不相等。对各种给定的边界条件都需要个别求解，不可能找出统一的公式。

这些方程中（8-9）与（8-17）是比较容易求解的。它们是常系数的非齐次方程。对许多形状规则的非圆断面管道，往往都可通过设定满足边界条件的试探函数的方法把解写出来。

方程（8-14）虽然也是常系数方程，但问题的复杂性体现在另一方面。第二类边界条件是非齐次边界条件，由于 $t_w$ 不是常数，故无法像 $tq$ 情况那样将边界条件化为齐次，加上计算 $\bar{t}_w$ 的工作，因此即使对形状很简单的非圆断面管道，用解析方法进行上述过程也是非常复杂的，大量不同形状的非圆断面定壁面热流问题的解析解至今仍是空白。

方程（8-16）是变系数方程，此类方程通常都没有能用初等函数表示的解。此时可考虑求取幂级数形式的解，即设解为一幂级数，然后根据方程与边界条件利用恒等关系确定幂级数的各个系数。

方程（8-17）与（8-16）的不同在于式右端少一个 $\theta$，使求解变得容易许多。

对数理方程内容不很熟悉的读者对这一段关于不同类型方程求解的概述可能印象不深，但它们在本章后面的各节中都将被具体地演示。希望读者对照此段内容阅读后面的各节，以加深对非圆断面管道中流动阻力与换热问题求解方法的理解。

## 第二节　圆管内的层流换热

圆管是最常用，断面形状最简单的管道。设物性参数为常数，流动为稳态，忽略质量力，并设管壁上的热力边界条件均匀，因此速度场与温度场关于断面圆心轴对称。

**一、常热流边界条件下成熟发展段的层流换热**

关于流动阻力，本科已学过，$C_f=\dfrac{16}{\mathrm{Re}}$，即 $f=\dfrac{64}{\mathrm{Re}}$。

圆管中的速度场为抛物线形

$$\frac{w}{w_{\max}}=\left[1-\left(\frac{r}{R}\right)^2\right] \tag{8-18}$$

式中　$w_{\max}=-\dfrac{1}{4\mu}\dfrac{\Delta p}{\Delta l}r_0^2$，　$\dfrac{\bar{w}}{w_{\max}}=\dfrac{1}{2}$

其中 $w_{max}$ 为管中心的流速。

描述管内温度场的微分方程在柱坐标系下据式（8-14）为：

$$\frac{1}{r}\left(\frac{\partial\left(r\frac{\partial t}{\partial r}\right)}{\partial r}\right)=\frac{4qw}{dc\rho\bar{w}a}=\frac{4qw}{\lambda d\bar{w}}$$

取无因次径向坐标 $r'=\frac{r}{R}$，并代入 $d=2R$，上式被整理为：$\frac{1}{r'}\frac{\partial\left(r'\frac{\partial t}{\partial r'}\right)}{\partial r'}=\frac{2qR}{\lambda}\frac{w}{\bar{w}}$ 边界条件为

$$r'=0,\frac{\partial t}{\partial r'}=0$$

$$r'=1,t=t_w$$

代入 $\frac{w}{\bar{w}}=2\left(1-r'^2\right)$，将该式积分并代入边界条件得：

$$t-t_w=\frac{qR}{\lambda}\left(r'^2-\frac{r'^4}{4}-\frac{3}{4}\right) \tag{8-19}$$

$t-t_w$ 在断面上的热力学平均值为：

$$\bar{t}-t_w=\frac{\int_0^R(t-t_w)\cdot w\cdot 2\pi r\mathrm{d}r}{\int_0^R w\cdot 2\pi r\mathrm{d}r}=\frac{1}{\pi R^2}\int_0^R(t-t_w)\frac{w}{\bar{w}}2\pi r\mathrm{d}r$$

$$=2\int_0^1\frac{qR}{\lambda}\left(r'^2-\frac{r'^4}{4}-\frac{3}{4}\right)(1-r'^2)\mathrm{d}r'^2=-\frac{qR}{\lambda}\frac{11}{24}$$

放热系数 $h=-\frac{q}{\bar{t}-t_w}=\frac{\lambda}{R}\frac{24}{11}$，故得：

$$\mathrm{Nu}_q=\frac{h\cdot 2R}{\lambda}=\frac{48}{11}\approx 4.36 \tag{8-20}$$

即在成熟发展段常热流边界条件下，努谢尔特数为 $\frac{48}{11}$。

**二、等壁温边界条件下带有入口区的层流换热**

上一节曾提到等壁温边界条件下微分方程为变系数方程。由于圆管边界形状简单，本节将入口区问题一并考虑在内，目的在于演示这两个方面问题的求解思路。

在管道入口处，流体会有一个速度分布与温度分布，该速度分布与温度分布与流体进入管道之前的状况关系很大。例如，若流体为来自一个大水箱的水，则在入口处温度分布可视为均匀，而速度分布就不是。在入口处，由于进入管道时要“收口”，入口处的速度分布不可能是均匀的平行流。

流体进入管道后，在壁面上开始形成边界层并出现“排挤”现象，假如流体是以均匀的速度分布进入管道的，那么在入口区的一段距离内，最高速度并不在管中心。速度分布的示意如图 8-1。该速度分布的求解可参阅有关流体力学的文献。

管内速度与温度场成熟发展的形成过程是壁面上的边界层沿程逐渐增厚，在一定管程处，与对面壁面的边界层在管中心汇合，然后又经过一段距离，速度与温度曲线才趋于稳定。速度分布趋近于抛物线，等壁热流条件下的温度曲线趋近于一个四次曲线。因此对一

定管径的管道，入口区的长度与边界层厚度的增长速度有关。边界层厚度沿管程增长得越快，则入口区就越短。

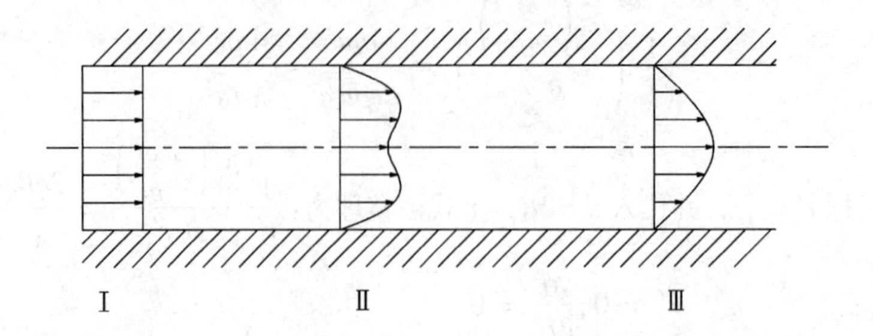


图 8-1　速度分布示意图

Ⅰ：入口的速度分布（均匀分布）；

Ⅱ：入口一段距离内的速度分布；

Ⅲ：成熟发展区的速度分布（抛物线）

本科已讲过，温度边界层与速度边界层的厚度之比与 Pr 数有关$\left(\frac{\delta_t}{\delta}\sim \mathrm{Pr}^{-\frac{1}{3}}\right)$。当$\mathrm{Pr}=1$时，$\delta=\delta_t$；当$\mathrm{Pr}>1$时，$\delta>\delta_t$；当$\mathrm{Pr}<1$时，$\delta<\delta_t$。因此对$\mathrm{Pr}\neq 1$的流体，管内速度场与温度场的入口长度也是不同的。对$\mathrm{Pr}\gg 1$的流体，速度场的入口区比温度场的入口区短很多。为了减小求解的难度，此时可假定在入口处速度场已经成熟发展，只考虑温度场的入口区问题。反之对$\mathrm{Pr}\ll 1$的流体，则可假设在入口处温度场已成熟发展，而速度场存在入口区问题。

本节拟以$\mathrm{Pr}\gg 1$的流体为例，介绍此类问题的解法。读者将看到，在求解的结论公式中，令$z\to\infty$时得到的$\overline{\mathrm{Nu}_t}=3.66$，即为本科已介绍过的成熟发展区等壁温边界条件下的平均 Nu 数值。

问题的数学描述为：已知圆管管径 $d$，流动在入口处已成熟发展，其平均流速为 $\overline{w}$，来流为均匀分布的温度 $t_0$，壁温为 $t_w=$常数。求解 $\mathrm{Nu}_x$。在入口区管内的能量方程为：

$$w\frac{\partial t}{\partial z}=a\left(\frac{\partial^2 t}{\partial r^2}+\frac{1}{r}\frac{\partial t}{\partial r}\right)$$

令
$$\begin{cases}\theta=\dfrac{t-t_w}{t_0-t_w}\\ \eta=\dfrac{r}{r_0}\\ \xi=\dfrac{z/r_0}{Pe}=\dfrac{az}{2r_0^2\overline{w}},\text{其中}\left(Pe=\dfrac{d\overline{w}}{a}\right)\end{cases}\tag{8-21}$$

建立无因次温度 $\theta$，并将其写为两个无因次坐标的函数，即 $\theta=\theta(\eta,\xi)$，这在传热学中是很通用的解题方法。引入 $w=2\overline{w}(1-\eta^2)$ 获得

$$(1-\eta^2)\frac{\partial\theta}{\partial\xi}=\frac{1}{\eta}\frac{\partial\left(\eta\dfrac{\partial\theta}{\partial\eta}\right)}{\partial\eta}\tag{8-22}$$

边界条件为：

$$\begin{cases}\theta(\eta,0)=1 & (入口处,t=t_0)\\ \dfrac{\partial\ \theta(0,\xi)}{\partial\ \eta}=0 & (管中心温度梯度为0)\\ \theta(1,\xi)=0 & (壁面上,t=t_w)\\ \theta(\eta,\infty)=0 & (在很长的管程处,t=t_w)\end{cases} \tag{8-23}$$

分离变量，令 $\theta(\eta,\xi)=R(\eta)\cdot Z(\xi)$,获得：

$$\frac{Z'}{Z}=\frac{1}{R(1-\eta^2)\eta}\frac{\mathrm{d}(\eta R')}{\mathrm{d}\eta}=-\lambda^2$$

对 $Z$ 解得:$Z=Ae^{-\lambda^2\xi}$,之所以 $\lambda^2$ 前取负号是由于 $\theta(\eta,\infty)=0$ 这个条件。

关于 $R$ 整理为

$$\begin{cases}\eta R''+R'+\lambda^2\eta(1-\eta^2)R=0\\ R(1)=0\\ R'(0)=0\end{cases} \tag{8-24}$$

这是一个特征值与特征函数问题,$\lambda$ 为特征值,$R$ 为特征函数。首先我们来讨论特征值的确定与特征函数的求解。

式(8-24)是没有解析解的,但有级数解。令 $R$ 为一幂级数,则

$$R=a_0+a_1\eta+a_2\eta^2+\cdots\cdots=\sum_{i=0}^{\infty}a_i\eta^i$$

由边界条件 $R(1)=0$,得 $\sum\limits_{i=0}^{\infty}a_i=0$ 。

现在讨论关于 $R(0)$的取值。由于管中心的温度沿程变化，故并不存在一些文献中所述 $\eta=0$ 时，$\theta=0$ 这个边界条件。但在将 $\theta$ 分离为 $\theta(\eta,\xi)=R(\eta)\cdot Z(\xi)$ 后,$R(\eta)$ 就已经与 $\xi$ 无关了,因此 $R(0)$ 是个常数。考虑到 $\theta$ 解的公式将来还要乘以系数,故在求解 $R(\eta)$ 时,取 $R(0)=1$ 以简化计算。据此得 $a_0=1$ 。

根据物理概念，边界条件是关于中心轴对称的，在管中心，$\eta=0$，因此 $R(\eta)$应为偶函数。作为函数写出 $R(\eta)$与 $R(-\eta)$的幂级数表达式，并令两者相等，即可判断 $a_{2i-1}=0$ ($i=1, 2, 3\cdots$)，即级数不存在奇指数项。归纳上述条件，问题被整理为：

$$R=1+\sum_{i=1}^{\infty}a_{2i}\eta^{2i}\quad(i=1,2,3\cdots)$$

将该式代入方程有

$$\lambda^2\eta(1-\eta^2)+\sum_{i=1}^{\infty}(4i^2a_{2i}\eta^{2i-1}+\lambda^2a_{2i}\eta^{2i+1}-\lambda^2a_{2i}\eta^{2i+3})=0$$

该式为恒等式。$\eta$ 为自变量，$\eta$ 的各幂次项互相线性无关，该式为零表明同方次的项系数全部为零。为便于观察按 $\eta$ 的方次整理上式为：

$$\begin{array}{llllllll}
 & \lambda^2\eta & -\lambda^2\eta^3 & & & & & \\
i=1 & +4a_2\eta & +a_2\lambda^2\eta^3 & -a_2\lambda^2\eta^5 & & & & \\
i=2 & & +16a_4\eta^3 & +a_4\lambda^2\eta^5 & -a_4\lambda^2\eta^7 & & & \\
i=3 & & & +36a_6\eta^5 & +a_6\lambda^2\eta^7 & -a_6\lambda^2\eta^9 & & \\
i=4 & & & & +64a_8\eta^7 & +a_8\lambda^2\eta^9 & -a_8\lambda^2\eta^{11} & \\
 & & & & +\cdots\cdots & & =0 &
\end{array}$$

……

令各幂次项的系数等于 0 得：$\begin{cases}\lambda^2+4a_2=0\\ \lambda^2(a_2-a_0)+4\times2^2a_4=0 \quad (i=1)\\ \lambda^2(a_4-a_2)+4\times3^2a_6=0 \quad (i=2)\\ \lambda^2(a_6-a_4)+4\times4^2a_8=0 \quad (i=3)\\ \quad\quad\cdots\cdots\end{cases}$

写成通式为：

$$\lambda^2(a_{2i-2}-a_{2i-4})+(2i)^2a_{2i}=0 \qquad (i=1,2,3\cdots)$$

代入 $a_0=1$ 得：

$$\begin{cases}a_0=1\\ a_2=\dfrac{-\lambda^2}{4}\\ a_4=\dfrac{-\lambda^2}{(2\times2)^2}(a_2-a_0)\\ \cdots\cdots\\ a_{2i}=\dfrac{-\lambda^2}{(2i)^2}(a_{2i-2}-a_{2i-4})\\ \cdots\cdots\end{cases}$$

可见级数的系数是 $\lambda$ 的函数，联合求解 $\lambda$ 与各系数的过程为：假设一 $\lambda$，用上式即可推得所有系数，该递推过程是收敛的。然后求出 $\sum_{i=0}^{\infty}a_{2i}$ 并检验其是否为 0。此后用牛顿法或其他试算方法修正选定的 $\lambda$，使 $\sum_{i=0}^{\infty}a_{2i}=0$（误差小于给定的绝对值很小的数）。需指出式 $\sum_{i=0}^{\infty}a_{2i}=0$ 含有 $\lambda^2$ 的无限多次项，可解出 $\lambda^2$ 的无限多个根 $\lambda_0^2$，$\lambda_1^2$，…，$\lambda_n^2$，…，其中 $\lambda_0$ 是根中最小的正值。在此过程中 $R_n$（$n=1$，2，3，…）也都被解出来了。

由第二章分离变量法中介绍的内容知：$R_n$ 系列以 $\eta(1-\eta^2)$ 为权函数两两加权正交。以 $R_n$ 为基可将任意函数展开。于是

$$1=\theta(\eta,0)=\sum_{n=0}^{\infty}C_nR_n(\eta,\lambda_n)$$

$$C_n=\frac{\int_0^1\eta(1-\eta^2)R_n\mathrm{d}\eta}{\int_0^1\eta(1-\eta^2)R_n^2\mathrm{d}\eta}$$

建议读者利用特征函数正交的性质，将该级数系数的公式自行推导一遍，以巩固前面所学到的关于斯特姆—刘维尔问题的知识。

$C_n$ 式的分子为：

$$\int_0^1\eta(1-\eta^2)R_n\mathrm{d}\eta=\int_0^1\frac{-1}{\lambda_n^2}\frac{\partial\left(\eta\dfrac{\partial R_n}{\partial\eta}\right)}{\partial\eta}\mathrm{d}\eta=\frac{-1}{\lambda_n^2}\left(\eta\frac{\partial R_n}{\partial\eta}\right)\Bigg|_0^1=\frac{-1}{\lambda_n^2}\left(\eta\frac{\partial R_n}{\partial\eta}\right)_{\eta=1}$$

为求取 $C_n$ 式中的分母，将式（8-24）中各项对 $\lambda_n$ 求偏导，再乘以 $R_n$ 得：（作为特征值，$\lambda$ 并不是连续的变量，但既然 $R_n$ 是 $\lambda_n$ 的函数，并不妨碍 $R_n$ 可以对 $\lambda_n$ 求导数，在 $\lambda_n$ 处，$R_n$ 的变化率是存在的。）

$$\frac{\partial\left(\frac{\mathrm{d}(\eta R'_n)}{\mathrm{d}\eta}\right)}{\partial\ \lambda_n}\cdot R_n+2\lambda_n\eta(1-\eta^2)R_n^2+\lambda_n^2\eta(1-\eta^2)\frac{\partial R_n}{\partial\lambda_n}\cdot R_n=0$$

将原微分方程乘以$\frac{\partial R_n}{\partial\lambda_n}$得：

$$\frac{\mathrm{d}(\eta R'_n)}{\mathrm{d}\eta}\cdot\frac{\partial R_n}{\partial\lambda_n}+\lambda_n^2\eta(1-\eta^2)R_n\frac{\partial R_n}{\partial\lambda_n}=0$$

两式相减，再对 $\eta$ 从 0 到 1 积分得：

$$\begin{aligned}2\lambda_n\int_0^1\eta(1-\eta^2)R_n^2\mathrm{d}\eta&=\int_0^1\frac{\partial R_n}{\partial\lambda_n}\mathrm{d}(\eta R'_n)-\int_0^1 R_n\mathrm{d}\left(\eta\frac{\partial R'_n}{\partial\lambda_n}\right)\\&=\frac{\partial R_n}{\partial\lambda_n}\eta R'_n\Big|_0^1-\int_0^1\eta R'_n\mathrm{d}\left(\frac{\partial R_n}{\partial\lambda_n}\right)-\eta R_n\frac{\partial R'_n}{\partial\lambda_n}\Big|_0^1+\int_0^1\eta\frac{\partial R'_n}{\partial\lambda_n}\mathrm{d}R_n\end{aligned}$$

据边界条件该式中右边第三项为 0，第四项通过变换微分次序知：$\frac{\partial R'_n}{\partial\lambda_n}=\frac{\partial\left(\frac{\partial R_n}{\partial\lambda_n}\right)}{\partial\eta}$，与第二项绝对值相等。上式只剩下第一项，即：

$$2\lambda_n\int_0^1\eta(1-\eta^2)R_n^2\mathrm{d}\eta=\frac{\partial R_n}{\partial\lambda_n}\frac{\partial R_n}{\partial\eta}\Big|_{\eta=1}$$

故求得：$C_n=\dfrac{\frac{-1}{\lambda_n^2}\left(\frac{\partial R_n}{\partial\eta}\right)_{\eta=1}}{\frac{1}{2\lambda_n}\left(\frac{\partial R_n}{\partial\lambda_n}\frac{\partial R_n}{\partial\eta}\right)_{\eta=1}}=\dfrac{-2}{\lambda_n\left(\frac{\partial R_n}{\partial\lambda_n}\right)_{\eta=1}}$

$$\theta(\eta,\xi)=-2\sum_{n=0}^{\infty}\frac{\mathrm{e}^{-\lambda_n^2\xi}R_n(\eta)}{\lambda_n\left(\frac{\partial R_n}{\partial\lambda_n}\right)_{\eta=1}}\tag{8-25}$$

现在我们从（8-25）式出发来计算 $\mathrm{Nu}_x$ 数。

放热系数：$$h_x=\frac{-\lambda\left(\frac{\partial t}{\partial\eta}\right)\Big|_{\eta=1}}{(\bar{t}-t_w)r_0}$$

平均温差：$\bar{t}-t_w=\frac{1}{\pi R^2}\int_0^R(t-t_w)\frac{w}{\bar{w}}2\pi r\mathrm{d}r$

无因次放热温差：

$$\bar{\theta}=\frac{\bar{t}-t_w}{t_0-t_w}=\frac{1}{\pi R^2}\int_0^R\theta\frac{w}{\bar{w}}2\pi r\mathrm{d}r=\int_0^1\theta\frac{w}{\bar{w}}\mathrm{d}\eta^2=-2\sum_{n=0}^{\infty}\frac{\mathrm{e}^{-\lambda_n^2\xi}}{\lambda_n\left(\frac{\partial R_n}{\partial\lambda_n}\right)_{\eta=1}}\int_0^1R_n(\eta)\cdot2(1-\eta^2)\mathrm{d}\eta^2$$

代入 $C_n$ 分子的计算式为：$\bar{\theta}=8\sum\limits_{n=0}^{\infty}\dfrac{\left(\frac{\partial R_n}{\partial\eta}\right)_{\eta=1}}{\lambda_n^3\left(\frac{\partial R_n}{\partial\lambda_n}\right)_{\eta=1}}\mathrm{e}^{-\lambda_n^2\xi}$

令：
$$A_n = \frac{\left(\frac{\partial R_n}{\partial \eta}\right)_{\eta=1}}{\lambda_n\left(\frac{\partial R_n}{\partial \lambda_n}\right)_{\eta=1}} \tag{8-26}$$

则：
$$\bar{\theta} = 8\sum_{n=0}^{\infty}\frac{A_n}{\lambda_n^2}e^{-\lambda_n^2\xi}。$$

又$\left(\frac{\partial \theta}{\partial \eta}\right)_{\eta=1} = -2\sum_{n=0}^{\infty}\frac{\left(\frac{\partial R_n}{\partial \eta}\right)_{\eta=1}}{\lambda_n\left(\frac{\partial R_n}{\partial \lambda_n}\right)_{\eta=1}}e^{-\lambda_n^2\xi} = -2\sum_{n=0}^{\infty}A_n e^{-\lambda_n^2\xi}$，故整理为：

$$\mathrm{Nu}_{tz} = \frac{\sum_{n=0}^{\infty}A_n e^{-\lambda_n^2\xi}}{2\sum_{n=0}^{\infty}\frac{A_n}{\lambda_n^2}e^{-\lambda_n^2\xi}} \tag{8-27}$$

$\lambda_n$，$A_n$ 及 $C_n$ 的数值参见表 8-1。

**等壁温边界条件下圆管内层流入口区对流换热计算式中的各系数　　表 8-1**

| $n$ | $\lambda_n$ | $C_n$ | $A_n$ |
|---|---|---|---|
| 0 | 2.7043644 | 1.46622 | 0.74897 |
| 1 | 6.679032 | −0.802476 | 0.54424 |
| 2 | 10.67338 | 0.587094 | 0.46288 |
| 3 | 14.67108 | −0.474897 | 0.41518 |
| 4 | 18.66987 | 0.404402 | 0.38237 |

$\mathrm{Nu}_{tz}$这个级数的收敛速度与$\xi$值有关，只在$\xi$值很小，刚刚入口处，该级数才需要很多项，对$\xi = \frac{x/R}{Pe} > 0.1$的情况，（8-27）式中取第一项即已足够精确，此时，$\mathrm{Nu}_t = \frac{\lambda_0^2}{2} \approx 3.657$，这就是成熟发展区等壁温条件下的努谢尔特数。

对必须考虑入口区的情况，
$$\overline{\mathrm{Nu}} = \frac{1}{\xi}\int_0^{\xi}\mathrm{Nu}_x d\xi = 3.657 + \frac{0.06688(d/x)Pe}{1 + 0.04\left(\frac{d \cdot Pe}{x}\right)^{\frac{2}{3}}} \tag{8-28}$$

这是一个经数值计算及曲线拟合获得的近似公式。

这里介绍的内容被称为 Graetz 问题。Graetz 也给出了一个半经验公式：
$$\mathrm{Nu}_x = 1.16Gz^{\frac{1}{3}} \qquad \mathrm{Gz} = \frac{\pi}{4}\mathrm{Re}_d \cdot \mathrm{Pr}\frac{d}{x} \tag{8-29}$$
该式适用于等壁温边界条件下 $\mathrm{Pr} \gg 1$ 时的入口区对流换热计算。

入口区的壁面换热情况可从表 8-2 中看出，该表的数据是用计算机进行计算得出的。

**等壁温边界条件下圆管内层流入口区的对流换热　　表 8-2**

| $\xi$ | $\mathrm{Nu}_{tx}$ | $\overline{\mathrm{Nu}}_{tx}$ | $\bar{\theta}$ |
|---|---|---|---|
| 0 | ∞ | ∞ | 1.000 |
| 0.001 | 12.80 | 19.29 | 0.962 |
| 0.01 | 6.00 | 8.92 | 0.837 |
| 0.1 | 3.71 | 4.64 | 0.396 |
| 0.2 | 3.66 | 4.15 | 0.190 |
| ∞ | 3.657 | 3.657 | 0.000 |

## 第三节　非圆断面管道流动阻力与换热表达中的定性尺寸与当量直径

非圆断面管道中流动的摩擦阻力和换热与圆管中的同类问题相比有两大不同。一是壁面上各点局部的温度、摩擦系数与放热系数均为横向位置的函数，这将大大增加求解的复杂程度；二是流动阻力与换热与断面形状有关，因此在归纳的准则关联式中需有描述断面形状尺寸的参数。非圆断面管道中流动的摩擦阻力和换热也包含有入口区问题，鉴于问题的复杂性，本教材只讨论成熟发展区。

### 一、关于几何不相似系统中流动阻力与换热的无因次表达

传热问题中的阻力与换热通常用准则关联式表达。但根据相似理论，只有当物理场相似时，Re、Nu、Pr 等这些相似准则才有确切的物理意义。而我们这节所要讨论的非圆断面，与圆断面几何不相似；同类非圆断面，例如两个矩形断面，当长宽比不同时，它们在几何上也互不相似。几何不相似的两个系统，物理方面的相似无从谈起。在这种情况下，无因次形式的准则关联式还有没有应用价值？如果有，这些准则关联式的特征尺寸如何确定，这是研究几何不相似系统摩擦阻力与换热表达式之前必须说清楚的。

当我们用一个准则关联式来表达几何不相似的一类换热表面的阻力与换热通用关系时，这种做法已经超出了相似理论原来的含义。因此我们必须对表达式中的各物理量赋予新的含义。

20 世纪初，努谢尔特（Nusselt）首先提出用水力直径

$$d_h = \frac{4A}{U} \tag{8-30}$$

作为当量直径可以把许多非圆管道中的紊流阻力与换热计算化为圆管问题，而圆管中的流动阻力与换热计算是已知的。对无绕流许多非圆断面管道中的通道流，该方法获得了成功。但用水力直径做当量直径来计算流动阻力与换热是有条件的。文献［8］较详细地论述了水力直径作为当量直径的适用范围、缺欠与修正。文章说明了用水力直径作为当量直径对层流完全不可行，有时会带来成倍的误差，对带角断面流道中的紊流则有一定的误差，只有在较高 Re 数下对无狭窄旁路平滑断面流道中的紊流，该方法才有较高的精度。对带有狭窄旁路的流道，即使是紊流也完全不可行。这里举一个极端的例子来说明后一点。

如图 8-2 所示，假如右侧断面主体圆面积与左图圆相等，带有一个非常狭窄的旁路。由于该旁路中流速与流量都非常小，可视为对流动阻力与换热不发生作用，因此两个断面流道中的阻力与换热量是近似相等的。但由于右断面的湿周增大了，$U_{右} \gg U_{左}$，在阻力损失相同时，在整个湿周上，$\overline{C}_{f右} \ll \overline{C}_{f左}$。但当我们用水力直径作为当量直径来计算右断面流道的壁面平均摩擦系数时，例如是在紊流的水力光滑区，有 $d_{h右} < d_{h左}$，得到 $\overline{C}_{f右} > \overline{C}_{f左}$，这是一个与事实相反的结论。看来水力直径的缺欠不是数量上的问题，用水力直径作当量直径来计算此类形状流道壁面

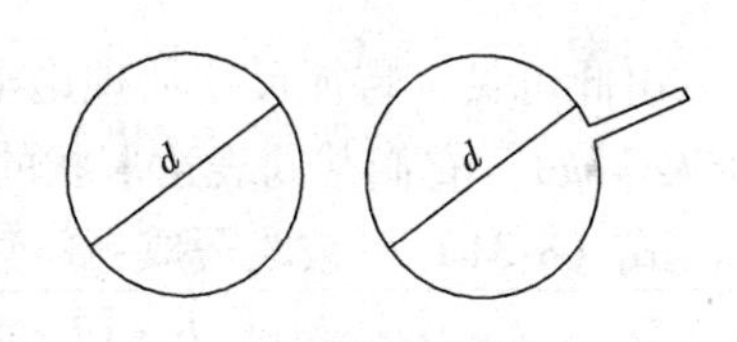

图 8-2　水力直径的缺欠图示

的平均摩擦系数是犯了方向性的错误。边壁形状越曲折，不能被主流速度有效冲刷的壁面部位越多，水力直径的这个缺欠就越明显。

对大量非怪异形状平滑壁面流道中的紊流，水力直径作为当量直径是很成功的。包括对矩形等带角断面，这样做带来的误差都不大（对带角断面流道中紊流的摩擦阻力问题第九章中还有更详细的论述）。受水力直径成功的鼓舞，在20世纪中叶学术界兴起了一股研究当量直径的高潮。人们希望对一个复杂形状的流道，定义一个由尺寸量构成的当量直径，然后用具有该直径的圆管阻力与换热计算来代替复杂流道的相应计算。例如，对内壁装有不同大小与间隔人工粗糙的圆管（又称内肋管），特征尺寸的定义方法有：管径 $d$、管内流道最小直径 $d_i$、平均直径 $(d+d_i)/2$ 和水力直径等。对流体流过叉排或顺排光管管簇，特征尺寸被不同的论文定义成管径 $d$，水力直径 =4 × 最窄流通断面面积/最窄断面湿周，体积直径 $d_{v净}=4V_{净}/A$ 或体积直径 $d_{v毛}=4V_{毛}/A$，等等。这些定义方法都是经验性的尝试，许多定义本身算起来就很复杂，采用者各说各的好，没有定论。对部分表面换热、部分表面不换热的流道，例如圆环形断面，外圆换热，内圆不换热，有人建议将水力直径定义为四周的换热面积除以有换热的湿周，并作为当量直径来计算换热。本书作者在文献［12］中详细论证了这些做法的盲目性。通过与实验数据的比较证明这些计算方法对计算精度并没有带来好处。这说明企图避开复杂的速度场与温度场分析而找出一个当量直径的定义方法来准确地计算流动阻力与换热是不能成功的。

那么怎样来表达复杂的几何形状流动阻力与换热规律呢？

## 二、无因次通用关联式的形式

以换热问题为例，观察最常用的指数表达式：

$$\frac{h\cdot l}{\lambda}=c\left(\frac{wl}{\nu}\right)^{m}\psi f(\mathrm{Pr}) \tag{8-31}$$

在一般情况下式中

$$l=l(l_1,l_2,l_3,\cdots)$$

$$\psi=\psi(l_1,l_2,l_3,\cdots)$$

$l$ 是被定义的特征尺寸，$\psi$ 是形状修正项，他们都是形状的函数。如果在式（8-31）中定义另外一个特征尺寸 $l'=l'(l_1,l_2,l_3,\cdots)$ 来代替 $l$，则：

$$\frac{h\cdot l'}{\lambda}=c\left(\frac{wl'}{\nu}\right)^{m}\cdot\left[\psi\cdot\left(\frac{l'}{l}\right)^{1-m}\right]\cdot f(\mathrm{Pr})$$

由此可见，特征尺寸从理论上说可以任意定义，因为式中还有某些其他与形状有关的项（$c$，$\psi$），它们共同表达形状的影响。

式（8-31）可被改写成：

$$\frac{h\cdot(l\cdot\psi^{\frac{1}{m-1}})}{\lambda}=c\left[\frac{w(l\cdot\psi^{\frac{1}{m-1}})}{\nu}\right]^{m}\cdot f(\mathrm{Pr})$$

这里看到，只要定义一个新的特征尺寸 $l\cdot\psi^{\frac{1}{m-1}}$，形状修正系数即可从式中消去。这说明，反映形状变化对流动阻力与换热的影响确实可以通过对特征尺寸的某种定义来实现。

特征尺寸甚至可以对任何形状定义成 $l$（$m$），这时式（8-31）变成：

$$\frac{h \cdot l(m)}{\lambda} = c\left(\frac{w \cdot l(m)}{\nu}\right)^{m} \cdot [\psi \cdot l^{m-1}] \cdot f(\mathrm{Pr})$$

由这些讨论知，表达几何形状变化对通用换热关系的影响可以有两种比较简单的方法：

（1）用形状修正系数表达

$$\frac{hd_{\mathrm{h}}}{\lambda} = c_0\left(\frac{u_{\mathrm{m}}d_{\mathrm{h}}}{\nu}\right)^{m} \cdot f(\mathrm{Pr}) \cdot \psi \tag{8-32}$$

式中 $d_{\mathrm{h}}$ 为水力直径，它通常都有明确的定义，$c_0$ 为圆管公式的系数。这个公式实际上就是用圆管公式计算换热，再乘以一个形状修正系数 $\psi$，$\psi$ 是形状尺寸的函数。

（2）用当量直径表达

$$\frac{hd_{\mathrm{e}}}{\lambda} = c_0\left(\frac{u_{\mathrm{m}}d_{\mathrm{e}}}{\nu}\right)^{m} \cdot f(\mathrm{Pr}) \tag{8-33}$$

将复杂形状的影响均归于 $d_{\mathrm{e}}$ 的定义式中。$d_{\mathrm{e}} = d_{\mathrm{e}}$（$l_1$，$l_2\cdots$），此时要求$d_{\mathrm{e}} \sim h^{\frac{1}{m-1}}$，从这个关系看，决定 $d_{\mathrm{e}}$ 能否表达形状影响的不仅仅是它的大小，还要求它随形状变化的趋势与物理过程中的 $h^{\frac{1}{m-1}}$一致。

实际上上述两种表达方式并无本质的不同。例如假定我们已经成功的定义了 $d_{\mathrm{e}} = d_{\mathrm{e}}$（$l_1$，$l_2$，$\cdots$），从而式（8-33）在规定的形状变化范围内成立，我们完全可将它改写成用 $d_{\mathrm{h}}$ 作定性尺寸的无因次表达式：

$$\frac{hd_{\mathrm{h}}}{\lambda} = c_0\left(\frac{u_{\mathrm{m}}d_{\mathrm{h}}}{\nu}\right)^{m} \cdot \left(\frac{d_{\mathrm{e}}}{d_{\mathrm{h}}}\right)^{m-1} \cdot f(\mathrm{Pr}) \tag{8-34}$$

式中的$\left(\frac{d_{\mathrm{e}}}{d_{\mathrm{h}}}\right)^{m-1}$即为式（8-31）中的形状修正系数 $\psi$：

$$\psi = \left(\frac{d_{\mathrm{e}}}{d_{\mathrm{h}}}\right)^{m-1} \tag{8-35}$$

总之，在对几何形状变化的一类表面总结通用的无因次表达式时，必须有反映形状变化影响的项参与。该项既可以是形状修正系数 $\psi$，也可以是当量直径 $d_{\mathrm{e}}$，两种表达方式没有本质的区别。而想绕过对物理机理的分析，通过简单的定义当量直径的方法来写通用关系式是行不通的。因此，无因次关联式中的特征尺寸还不如规定得简单些好。例如内肋管道中阻力与换热关联式中的特征尺寸可用管径 $d$，管簇阻力与换热的特征尺寸也用管径 $d$，各种非圆断面管道流的特征尺寸用 $d_{\mathrm{h}}$。

**三、当量直径的概念**

水力直径与当量直径是两个不同的概念。水力直径本是个与物理过程没有关系的纯几何参数，而当量直径是有物理含义的。

所谓当量直径，是指某一圆管的直径，该圆管阻力或换热与所研究的非圆管道相同。

因此定义当量直径，理应指明在什么条件下与什么物理量相当，这一点往往被人们所忽视。由于在某一流动或换热问题中扮演重要角色的物理量通常有平均流速 $\overline{w}$，流量 $\dot{V}$，单位长度的压降 $\Delta p/\Delta l$，壁面平均摩擦系数 $\overline{C}_{\mathrm{f}}$，单位管长度温升（或温降）$\Delta t/\Delta l$ 和壁面平均放热系数 $\overline{h}$ 等，因此即使把问题局限于这些常用物理量中也可随手定义出十来种物理含义不同的当量直径，如表 8-3 所示。

**各种可能当量直径的定义** **表 8-3**

| 序号 | 相等的物理量 | 当量直径的名称 | 简　称 |
|---|---|---|---|
| 1 | $\overline{w}$ 与 $\dot{V}$ | 面积当量直径 | |
| 2 | $\overline{w}$ 与 $\Delta p/\Delta l$ | 速度与压降当量直径 $d_{\mathrm{p}}$ | 压降当量直径 $d_{\mathrm{p}}$ |
| 3 | $\overline{w}$ 与 $\overline{C}_{\mathrm{f}}$ | 速度与摩擦系数当量直径 $d_{\mathrm{C_f}}$ | 摩擦当量直径 $d_{\mathrm{C_f}}$ |
| 4 | $\overline{w}$，$\Delta t/\Delta l$ | 速度与温度变化当量直径 $d_{\mathrm{t}}$ | 温变当量直径 $d_{\mathrm{t}}$ |
| 5 | $\overline{w}$，$\overline{h}$ | 速度与放热系数当量直径 $d_{\alpha}$ | 放热系数当量直径 $d_{\alpha}$ |
| 6 | $\dot{V}$ 与 $\Delta p/\Delta l$ | 流量与压降当量直径 | |
| 7 | $\dot{V}$ 与 $\overline{C}_{\mathrm{f}}$ | 流量与摩擦系数当量直径 | |
| 8 | $\dot{V}$，$\Delta t/\Delta l$ | 流量与温度变化当量直径 | |
| 9 | $\dot{V}$，$\overline{h}$ | 流量与放热系数当量直径 | |

(为区别于水力直径，这里将放热系数记为 $\alpha$)

表 8-3 中例如 1 为当平均流速相等时，$d_{\mathrm{e}}$ 圆的流量与非圆管道中的流量相等，显然这表明两个断面的面积相等。又如 3 为当平均流速相等时，$d_{\mathrm{e}}$ 圆的壁面摩擦系数与所研究非圆管道的壁面平均摩擦系数相等，而同为阻力问题，摩擦当量直径与序号 2 的压降当量直径有着不同的数值。

由于一个阻力与换热过程可被除了物性参数外的两个物理量唯一确定，因此定义一个当量直径必须指明哪两个物理量相当。表中所述当量直径都可被看作在实际应用中有重要意义的。以前的文献虽然没有明确讨论过当量直径的物理意义与定义问题，但长期的应用中实际上大家经常使用的是摩擦当量直径 3 与放热当量直径 5。

根据不同物理意义定义的各种当量直径之间有确定的关系。

根据力平衡，对所研究的非圆管道，$\Delta p \cdot A = \overline{\tau} \cdot \Delta l \cdot U$。对直径为 $d_{\mathrm{p}}$ 的圆管 $\Delta p_{d_{\mathrm{p}}} \frac{\pi}{4} d_{\mathrm{p}}^2 = \tau_{d_{\mathrm{p}}} \cdot \Delta l \cdot \pi \cdot d_{\mathrm{p}}$。根据定义 $\Delta p_{d_{\mathrm{p}}} = \Delta p$，于是对相同的断面平均流速经两式相比得：$\frac{d_{\mathrm{p}}}{d_{\mathrm{h}}} = \frac{\tau_{d_{\mathrm{p}}}}{\overline{\tau}} = \frac{C_{\mathrm{fd_p}}}{\overline{C}_{\mathrm{f}}}$。将该式写成：$\frac{d_{\mathrm{p}}}{d_{\mathrm{h}}} = \frac{C_{\mathrm{fd_p}}}{C_{\mathrm{fd_h}}} \cdot \frac{C_{\mathrm{fd_h}}}{\overline{C}_{\mathrm{f}}}$（式中 $\frac{C_{\mathrm{fd_p}}}{C_{\mathrm{fd_h}}}$ 涉及两个圆管的摩擦系数，总是已知的），对圆管层流摩擦系数为 $C_{\mathrm{f}} = \frac{16}{\mathrm{Re}}$，故：$\frac{d_{\mathrm{h}}}{d_{\mathrm{p}}} = \frac{C_{\mathrm{fd_p}}}{C_{\mathrm{fd_h}}}$，因此 $\frac{d_{\mathrm{p}}}{d_{\mathrm{h}}} = \sqrt{\frac{C_{\mathrm{fd_h}}}{\overline{C}_{\mathrm{f}}}}$。

对直径为 $d_{\mathrm{C_f}}$ 的圆管，$\Delta p_{d_{\mathrm{cf}}} \frac{\pi}{4} d_{\mathrm{C_f}}^2 = \tau_{d_{\mathrm{Cf}}} \cdot \Delta l \cdot \pi \cdot d_{\mathrm{Cf}}$。

根据定义 $\tau_{d_{\mathrm{Cf}}} = \overline{\tau}$，对相同的断面平均流速有：$\frac{d_{\mathrm{C_f}}}{d_{\mathrm{h}}} = \frac{\Delta p}{\Delta p_{d_{\mathrm{Cf}}}} = \frac{\Delta p_{d_{\mathrm{p}}}}{\Delta p_{d_{\mathrm{Cf}}}}$

对圆管中的层流，压降与管径的平方成反比，$\frac{\Delta P_{d_{\mathrm{p}}}}{\Delta P_{d_{\mathrm{Cf}}}} = \left(\frac{d_{\mathrm{C_f}}}{d_{\mathrm{p}}}\right)^2$，故得：

$$\frac{d_{\mathrm{C_f}}}{d_{\mathrm{h}}} = \left(\frac{d_{\mathrm{p}}}{d_{\mathrm{h}}}\right)^2 = \frac{C_{\mathrm{fd_h}}}{\overline{C}_{\mathrm{f}}} \tag{8-36}$$

亦得：

$$\psi_{\mathrm{C_f}} = \frac{\overline{C}_{\mathrm{f}}}{C_{\mathrm{fd_h}}} = \frac{d_{\mathrm{h}}}{d_{\mathrm{C_f}}} \tag{8-37}$$

式（8-36）与（8-37）给出了对非圆通道层流当量直径 $d_p$，$d_{C_f}$与平均摩擦系数 $\overline{C}_f$ 的函数关系。

假如是对紊流，对圆管紊流采用 Blasius 阻力公式，经类似推导有：

$$\frac{d_p}{d_h}=\left(\frac{C_{fd_h}}{\overline{C}_f}\right)^{\frac{4}{5}}\quad,\quad \frac{d_{C_f}}{d_h}=\left(\frac{C_{fd_h}}{\overline{C}_f}\right)^{4} \tag{8-38}$$

我们看到对同一断面形状（其 $\overline{C}_f$ 与 $C_{fd_h}$值对一定的风速有确定值），摩擦当量直径与压降当量直径是不同的，由式（8-37）知，它们的差别可以达到很大的数值。例如对某一形状若 $\overline{C}_f/C_{fd_h}=0.8$，则：

$$\frac{d_p}{d_h}\approx 1.2,\quad 而\frac{d_{C_f}}{d_h}\approx 2.4$$

温变当量直径及放热系数当量直径与异型管道的平均放热系数也有确定的关系。列出一系列热平衡关系式，再根据当量直径的定义可以得到：

对层流

$$\frac{d_t}{d_h}=\sqrt{\frac{\alpha_{d_h}}{\overline{\alpha}}}\quad \frac{d_\alpha}{d_h}=\left(\frac{d_t}{d_h}\right)^2=\frac{\alpha_{d_h}}{\overline{\alpha}} \tag{8-39}$$

对紊流：对圆管若运用 $\mathrm{Nu}=c\cdot R_e^{0.8}$ 的放热关系，则有

$$\frac{d_t}{d_h}=\left(\frac{\alpha_{d_h}}{\overline{\alpha}}\right)^{\frac{1}{1.2}},\quad \frac{d_\alpha}{d_h}=\left(\frac{\alpha_{d_h}}{\overline{\alpha}}\right)^{5} \tag{8-40}$$

我们看到 $d_\alpha$ 与 $d_t$ 间存在着很大的不同，特别是对紊流更是如此。

由当量直径与平均摩擦系数 $\overline{C}_f$ 和平均放热系数 $\overline{h}$ 间存在的固定关系表明，使用 $C_f$ 与 $\overline{h}$ 表达阻力与放热过程与使用当量直径表达是等价的。他们之间知道了一个，便知道了另一个。不过，用当量直径表达有一个特殊的优点，这是一个从形状反映形状影响的方法。指出各种不同的断面形状当量直径分别为多大，有助于进一步探讨形状对阻力与放热影响的更一般的规律。

## 第四节　狭缝与圆环形断面流道中成熟发展层流的阻力与换热

这是壁面分离的一类流道，两个壁面上可以有不同的边界条件。

### 一、狭缝断面流道

狭缝断面流道是最简单的非圆断面流道。设狭缝宽度为 $b$，则 $d_h=2b$。

1. 流动阻力

如图 8-3 所示，将坐标 $y$ 的原点定于中心位置，则容易求得速度场为：

$$\frac{w}{w_{max}}=1-\left(\frac{y}{b/2}\right)^2$$

$$\frac{\overline{w}}{w_{max}}=\frac{2}{3} \tag{8-41}$$

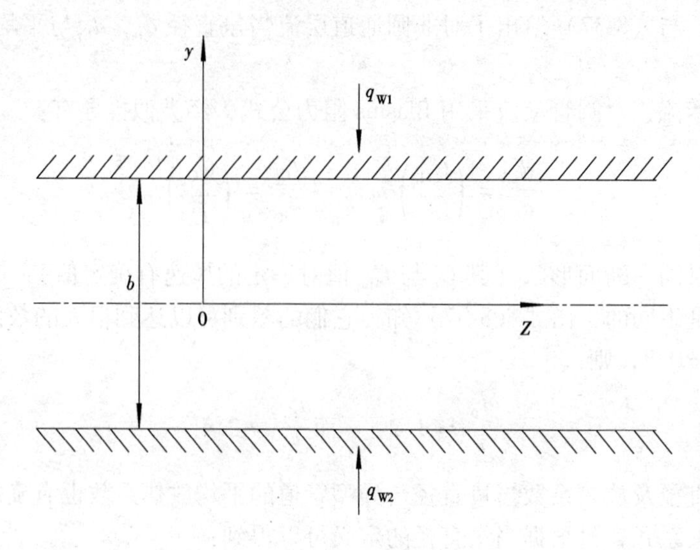


图 8-3　狭缝断面流道

壁面摩擦系数为：

$$C_f = \frac{-\mu \left.\frac{\partial w}{\partial y}\right|_w}{\frac{\rho}{2}\bar{w}^2} = -\mu \frac{\bar{w}}{b/2} \cdot \left.\frac{\partial \left(\frac{w}{\bar{w}}\right)}{\partial \left(\frac{y}{b/2}\right)}\right|_w \cdot \frac{1}{\frac{\rho}{2}\bar{w}^2} = \frac{24}{Re_{d_h}} \tag{8-42}$$

比较圆管的公式：$C_{fd_h} = \frac{16}{Re_{d_h}}$，知有：$\psi_{C_f} = 1.5$。　(8-43)

即实际摩擦系数为用 $d_h$ 算得摩擦系数的 1.5 倍。

2. 两壁面定壁面热流边界条件下的对流换热

定壁面热流最一般的情况是上、下两面加入不同的定常热流。设上表面加入 $q_{w1}$，下表面加入 $q_{w2}$，如图 8-3 所示。描述温度场的微分方程与边界条件为：

$$a\frac{\partial^2 t}{\partial y^2} = w\frac{\partial t}{\partial z} = \frac{3}{2}\bar{w}\left[1-\left(\frac{y}{b/2}\right)^2\right]\cdot\frac{q_{w1}+q_{w2}}{bc\rho\bar{w}}$$

令 $y' = \frac{y}{b/2}$，方程被整理为：

$$\frac{\partial^2 t}{\partial y'^2} = \frac{3b(q_{w1}+q_{w2})}{8\lambda}\cdot(1-y'^2)$$

边界条件为：$y' = -1$ 时，$\frac{\partial t}{\partial y'} = \frac{-b}{2\lambda}q_{w2}$，$y' = 1$ 时 $\frac{\partial t}{\partial y'} = \frac{b}{2\lambda}q_{w1}$。

此式可直接地积分求解。经一次积分并带入边界条件获得：

$$\frac{\partial t}{\partial y'} = \frac{3b(q_{w1}+q_{w2})}{8\lambda}\cdot\left(y'-\frac{y'^3}{3}\right)+\frac{b}{4\lambda}(q_{w1}-q_{w2}) \tag{8-44}$$

对这种边界位置不同，热力边界条件也不同的情况，最好用不同的放热系数与 Nu 数来表达放热关系。这里定义 $h_1$ 与 $h_2$ 分别代表上、下表面的放热系数，则：

$$\mathrm{Nu}_1=\frac{h_1 d_h}{\lambda},\quad \mathrm{Nu}_2=\frac{h_2 d_h}{\lambda} \tag{8-45}$$

$\mathrm{Nu}_1$，$\mathrm{Nu}_2$ 分别表达上下表面的努谢尔特数。根据放热系数的定义，

$$h_1(t_{w1}-\bar{t})=q_{w1},\quad h_2(t_{w2}-\bar{t})=q_{w2} \tag{8-46}$$

$\bar{t}$ 为断面平均温度。将式（8-44）继续积分得：

$$t=\frac{3b}{8\lambda}(q_{w1}+q_{w2})\left(\frac{y'^2}{2}-\frac{y'^4}{12}\right)+\frac{b}{4\lambda}(q_{w1}-q_{w2})y'+c \tag{8-47}$$

式中的 $c$ 为积分常数。从物理概念上讲，在定壁热流边界条件下，管内温度沿管长是线性提高的，因此 $c$ 应为与管程有关。根据式（8-47），上、下壁面的温度可表达为：

$$t_{w1}=\frac{5b}{32\lambda}(q_{w1}+q_{w2})+\frac{b}{4\lambda}(q_{w1}-q_{w2})+c$$

$$t_{w2}=\frac{5b}{32\lambda}(q_{w1}+q_{w2})-\frac{b}{4\lambda}(q_{w1}-q_{w2})+c$$

两个壁面与流体的热力学平均温差为：

$$t_{w1}-\bar{t}=\frac{1}{2}\int_{-1}^{1}(t_{w1}-t)\frac{w}{\bar{w}}\mathrm{d}y'$$

$$=\frac{3}{4}\int_{-1}^{1}(1-y'^2)\left[\frac{1}{64}\cdot\frac{b}{\lambda}(q_{w1}+q_{w2})(10-12y'^2+2y'^4)+\frac{b}{4\lambda}(q_{w1}-q_{w2})(1-y')\right]\mathrm{d}y'$$

$$t_{w2}-\bar{t}=\frac{3}{4}\int_{-1}^{1}(1-y'^2)\left[\frac{1}{64}\cdot\frac{b}{\lambda}(q_{w1}+q_{w2})(10-12y'^2+2y'^4)-\frac{b}{4\lambda}(q_{w1}-q_{w2})(1+y')\right]\mathrm{d}y'$$

积分后得：

$$t_{w1}-\bar{t}=\frac{b}{\lambda}\left[\frac{17}{140}(q_{w1}+q_{w2})+\frac{1}{4}(q_{w1}-q_{w2})\right]$$

$$t_{w2}-\bar{t}=\frac{b}{\lambda}\left[\frac{17}{140}(q_{w1}+q_{w2})-\frac{1}{4}(q_{w1}-q_{w2})\right]$$

如此获得：

$$\mathrm{Nu}_{1q}=\frac{h_1 d_h}{\lambda}=\frac{2b}{\lambda}\cdot\frac{q_{w1}}{t_{w1}-\bar{t}}=\frac{1}{\dfrac{13}{70}-\dfrac{9q_{w2}}{140q_{w1}}}$$

$$\mathrm{Nu}_{2q}=\frac{h_2 d_h}{\lambda}=\frac{2b}{\lambda}\cdot\frac{q_{w2}}{t_{w2}-\bar{t}}=\frac{1}{\dfrac{13}{70}-\dfrac{9q_{w1}}{140q_{w2}}} \tag{8-48}$$

若某一个壁面绝热，例如 $q_{w2}=0$，则

$$\mathrm{Nu}_{1q}=\frac{70}{13},\quad \mathrm{Nu}_{2q}=0 \tag{8-49}$$

若 $q_{w1}=q_{w2}$，即上、下壁均匀加热，则：$Nu_{1q}=Nu_{2q}=Nu_q=\frac{140}{17}$ (8-50)

圆管定壁面热流时的 Nu 数为：$Nu_{d_h}=\frac{48}{11}$。若用水力直径作定性尺寸，则形状修正系数为：

$$\psi_q=\frac{140}{17}\cdot\frac{11}{48}=\frac{385}{204}\approx 1.887 \tag{8-51}$$

可见对于层流，用水力直径做当量直径计算定壁面热流时的对流换热问题时，误差很大，根本不可行。

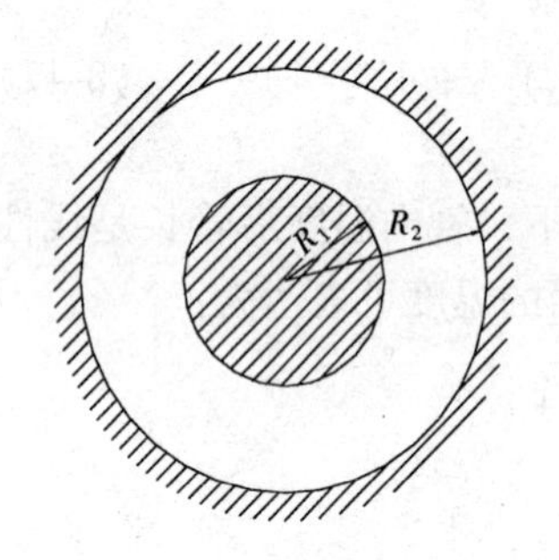


图 8-4 圆环形断面流道

当流体失去热量，$q_{w1}$ 和 $q_{w2}$ 一个或两个为负值时，式（8-48）也是适用的。

## 二、圆环形断面流道

设有内外壁同心的圆环形断面流道，内外管壁的半径分别为 $R_1$ 与 $R_2$，流道的水力直径为：$d_h=2(R_2-R_1)$。

1. 流动阻力

动量方程为：

$$\frac{1}{r}\frac{d}{dr}\left(r\frac{dw}{dr}\right)=\frac{1}{\mu}\frac{dp}{dz}$$

边界条件为：壁面上速度为零。该方程可很方便地积分求解，解得速度场为：

$$w=\frac{\overline{C_f}\,\overline{w}^2R_2}{4\nu(1-\varepsilon)}\left[1-\left(\frac{r}{R_2}\right)^2+B\ln\left(\frac{r}{R_2}\right)\right]$$

式中

$$\varepsilon=\frac{R_1}{R_2},\quad B=\frac{\varepsilon^2-1}{\ln\varepsilon} \tag{8-52}$$

通过积分得到断面的平均流速为：

$$\overline{w}=\frac{\overline{C_f}\,\overline{w}^2R_2M}{8\nu(1-\varepsilon)}$$

式中 $M=1+\varepsilon^2-B$

由此求得：

$$\overline{C_f}\cdot Re_{d_h}=\frac{16(1-\varepsilon)^2}{M} \tag{8-53}$$

对圆管：$\overline{C_f}\cdot Re_{d_h}=16$

可知形状修正系数为 $\psi_{C_f}=\frac{(1-\varepsilon)^2}{M}$ (8-54)

$\psi_{C_f}$ 与内外壁面半径之比的关系如下表：

圆环形断面层流摩擦系数的形状修正系数 表 8-4

| ε | 0 | 0.01 | 0.1 | 0.3 | 0.5 | 0.7 | 1 |
|---|---|---|---|---|---|---|---|
| $\psi_{C_f}$ | 1 | 1.252 | 1.396 | 1.466 | 1.488 | 1.497 | 1.5 |

由表 8-4 中的数据可知，当与外圆直径相比内圆直径无穷小时，内圆的表面积近似为零，壁面的摩擦力主要在外壁面上。其摩擦系数即等于 $d_h$ 圆的摩擦系数，而此时 $d_h=2(R_2-R_1)=d_2$。

粗看起来这有些令人费解，尽管内圆直径充分小，但在其壁面上毕竟速度为零，这与

圆管中的速度场应该是不同的（圆管中心速度最大）。但进一步的分析表明，当 $R_1$ 为无穷小时，管中心部位对整个速度场的影响也为无穷小。观察式（8-52），当 $\varepsilon\to0$ 时 $w$ 的表达式与圆管公式完全一样。虽然当 $r=R_1$ 时 $w=0$，但 $\left.\frac{\partial w}{\partial r}\right|_{\substack{r=R_1\\ \varepsilon\to0}}\to\infty$。在很小区间内该壁面对速度场的影响即已消失。

这是 $\varepsilon\to0$ 时的极限情况。如表 8-4 中数据所示，只要 $\varepsilon=\frac{R_1}{R_2}=0.01$ 对壁面的摩擦系数的影响即已达到 1.252，已是比较显著的了。

当内外圆直径之比接近于 1 时，$\psi_{C_f}$ 接近于 1.5。此时的摩擦系数与平板狭缝相同，狭缝的宽度为 $R_2-R_1$。

2. 等壁面热流边界条件下的层流换热

设在内、外两壁面上分别向流体加入定常热流 $q_{l1}$ 与 $q_{l2}$。则描述温度场的微分方程与边界条件为：

$$a\frac{\partial\left(r\frac{\partial t}{\partial r}\right)}{r\partial r}=w\frac{\partial t}{\partial z}=\frac{q_{l1}+q_{l2}}{\pi c\rho(R^2-R_1^2)}\frac{w}{\overline{w}}$$

$$r=R_1\text{ 时},\frac{\partial t}{\partial r}=\frac{q_{l1}}{2\pi R_1\lambda};\quad r=R_2\text{ 时},\frac{\partial t}{\partial r}=\frac{-q_{l2}}{2\pi R_2\lambda}\tag{8-55}$$

代入 $w$ 的表达式，此微分方程可直接积分求解。获得温度分布函数 $t(r)$ 后再求取 $\bar{t}(r)$，过程与平板狭缝的求解类似。为了用一个公式同时表达内圆与外圆表面的放热系数，这里引入一个新的管径比参数：

$$\varepsilon'=\frac{R_1}{R_2}\tag{8-56}$$

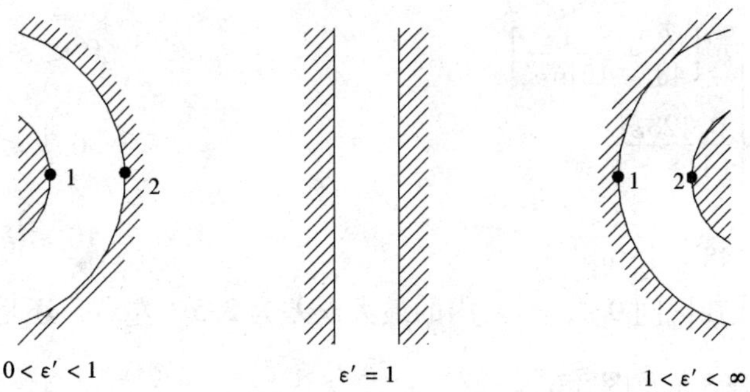

0 < ε′ < 1　　ε′ = 1　　1 < ε′ < ∞

图 8-5　圆环形断面流道管径比参数 $\varepsilon'$ 的定义

如图 8-5 所示，与此同时定义 $B'=\frac{\varepsilon'^2-1}{\ln\varepsilon'},M'=1+\varepsilon'^2-B'$　　(8-57)

我们获得：$\mathrm{Nu}_{1q}=\frac{h_1\,|R_2-R_1|}{\lambda}=\frac{1}{f(\varepsilon')-\frac{q_{l2}}{q_{l1}}g(\varepsilon')}$

式中

$$f(\varepsilon') = \frac{\varepsilon'}{M'^2(1+\varepsilon')(1-\varepsilon')^2}\cdot$$

$$\left[\frac{1}{2B'} - \frac{73}{48} + \frac{31}{18}B' - \frac{1}{16}B'^2 + \varepsilon'^2\left(\frac{-25}{48} + \frac{2}{9}B' + \frac{5}{16}B'^2\right) + \varepsilon'^4\left(\frac{11}{48} - \frac{19}{36}B'\right) + \frac{11}{48}\varepsilon'^6\right]$$

$$g(\varepsilon') = \frac{\varepsilon'}{M'^2(1+\varepsilon')(1-\varepsilon')^2}\cdot$$

$$\left[\frac{7}{48} - \frac{25}{72}B' + \frac{3}{16}B'^2 + \varepsilon'^2\left(\frac{31}{48} - \frac{13}{48}B' + \frac{3}{16}B'^2\right) + \varepsilon'^4\left(\frac{-1}{2B'} + \frac{31}{48} - \frac{25}{72}B'\right) + \frac{7}{48}\varepsilon'^6\right] \tag{8-58}$$

对 $\varepsilon'=0$，即内圆半径充分小，则 $f(\varepsilon')=0$，$g(\varepsilon')=0$，$Nu_1\to\infty$。在无穷小的面积上需放出有限的热量 $q_{l1}$，放热系数为无穷大这完全符合物理意义。

对 $\varepsilon'=1$，则 $B'=2$，$M'=0$，$f(\varepsilon')$ 与 $g(\varepsilon')$ 式中第一项为无穷大，但括号中各项之和为0，运用罗比塔法则可求得 $f(\varepsilon')$ 与 $g(\varepsilon')$ 在 $\varepsilon'\to 1$ 时的极限，我们最终将获得与平板狭缝相同的 Nu 表达式。

上述计算虽很繁琐，但建议读者在学习时，仔细演算一次。

$f(\varepsilon')$ 与 $g(\varepsilon')$ 式虽为精确式，但它们计算起来太繁琐，经忽略高阶小项及曲线拟合等处理，它们可被近似地简化为：

$$f(\varepsilon') = \begin{cases} -\dfrac{1}{2}\varepsilon'\left[1 + \ln\varepsilon' + \dfrac{4/9}{1+\ln\varepsilon'}\right] & 0 \leqslant \varepsilon' \leqslant 0.1 \\ 0.208 - \dfrac{0.037}{(0.37+\varepsilon')^{1.6}} & 0.1 \leqslant \varepsilon' \leqslant 10 \\ \dfrac{11}{48} - \dfrac{1}{7(4+\ln\varepsilon')} & 10 \leqslant \varepsilon' \leqslant \infty \end{cases}$$

$$g(\varepsilon') = \begin{cases} \varepsilon'\left[\dfrac{7}{48} + \dfrac{1}{15\ln\varepsilon'}\right] & 0 \leqslant \varepsilon' \leqslant 0.1 \\ \dfrac{0.128\varepsilon'}{(1+\varepsilon')} & 0.1 \leqslant \varepsilon' \leqslant 10 \\ \dfrac{7}{48} - \dfrac{1}{15\ln\varepsilon'} & 10 \leqslant \varepsilon' \leqslant \infty \end{cases} \tag{8-59}$$

这两个近似公式在区间 $0\leqslant\varepsilon'\leqslant\infty$ 内的最大误差为2.5%左右，还是相当精确的。$Nu_1$ 随 $\dfrac{q_{l1}}{q_{l2}}$ 及 $\varepsilon'$ 的变化见表8-5及图8-6。

**圆环形断面在定壁热流边界条件下的一个表面上 $Nu_1$ 数** **表8-5**

| $q_{l2}/q_{l1}$ \ $\varepsilon'$ | 0 | 0.2 | 0.4 | 0.6 | 0.8 | 1.0 | 1/0.8 | 1/0.6 | 1/0.4 | 1/0.2 | ∞ |
|---|---|---|---|---|---|---|---|---|---|---|---|
| 0 | ∞ | 8.543 | 6.588 | 5.912 | 5.580 | 5.387 | 5.238 | 5.098 | 4.971 | 4.866 | 4.364 |
| 0.25 | ∞ | 8.951 | 7.010 | 6.363 | 6.061 | 5.895 | 5.776 | 5.677 | 5.609 | 5.592 | 5.189 |
| 0.5 | ∞ | 9.400 | 7.490 | 6.889 | 6.632 | 6.509 | 6.437 | 6.404 | 6.433 | 6.572 | 6.400 |
| 0.75 | ∞ | 9.896 | 8.041 | 7.510 | 7.323 | 7.265 | 7.269 | 7.345 | 7.543 | 7.969 | 8.348 |
| 1 | ∞ | 10.447 | 8.679 | 8.254 | 8.175 | 8.235 | 8.348 | 8.610 | 9.114 | 10.119 | 12.000 |

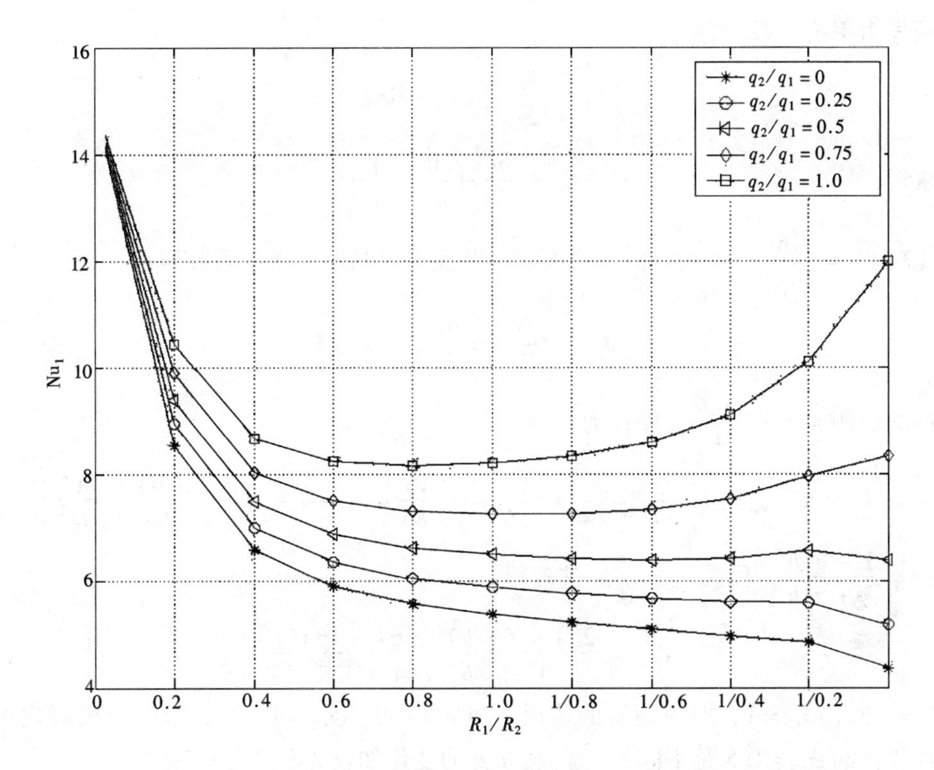


图 8-6　圆环形断面流道层流在定壁面热流边界条件下的一个壁面上的 $Nu_1$ 数

验证：$q_{l2}/q_{l1}=0$，$\varepsilon'=\infty$ 时，$Nu_1$ 与圆管定壁面热流时的值一样；$\varepsilon'=1$ 时，$Nu_1$ 与狭缝定壁面热流时的值一样。

## 第五节　椭圆与矩形断面流道中成熟发展层流的阻力与换热

### 一、椭圆形断面流道

1. 流动阻力

容易验证，椭圆形断面中成熟发展层流的速度场为：

$$w=\frac{\frac{1}{\mu}\frac{\Delta p}{\Delta l}}{8\left(\frac{1}{a^2}+\frac{1}{b^2}\right)}\left[\left(\frac{x}{a/2}\right)^2+\left(\frac{y}{b/2}\right)^2-1\right] \tag{8-60}$$

式中 $a$ 与 $b$ 分别为椭圆断面在 $x$ 与 $y$ 方向上的直径。

断面的平均流速为：

$$\overline{w}=\frac{-\frac{1}{\mu}\frac{\Delta p}{\Delta l}}{16\left(\frac{1}{a^2}+\frac{1}{b^2}\right)} \tag{8-61}$$

根据力平衡关系，有：

$$-\frac{1}{\mu}\frac{\Delta p}{\Delta l}=2\overline{C}_{\mathrm{f}}\cdot \mathrm{Re}_{d_{\mathrm{h}}}\frac{\overline{w}}{d_{\mathrm{h}}^2}$$

求得：

$$\overline{C}_{\mathrm{f}}=\frac{8d_{\mathrm{h}}^2}{\mathrm{Re}_{d_{\mathrm{h}}}}\left(\frac{1}{a^2}+\frac{1}{b^2}\right) \tag{8-62}$$

比较 $\overline{C}_{\mathrm{f}}=\dfrac{16}{\mathrm{Re}_{d_{\mathrm{h}}}}$，可获得椭圆断面层流摩擦阻力的形状修正系数为：

$$\psi_{C_{\mathrm{f}}}=\frac{\overline{C}_{\mathrm{f}}}{C_{\mathrm{f}d_{\mathrm{h}}}}=\frac{d_{\mathrm{h}}^2}{2}\left(\frac{1}{a^2}+\frac{1}{b^2}\right) \tag{8-63}$$

椭圆面积为 $A=\dfrac{\pi ab}{4}$，周长为：

$$U=\pi\frac{a+b}{2}\left(1+\frac{\lambda^2}{4}+\frac{\lambda^4}{64}+\frac{\lambda^6}{256}+\frac{25\lambda^8}{16384}+\cdots\cdots\right)\approx\pi\frac{a+b}{2}\frac{64-3\lambda^4}{64-16\lambda^2}$$

式中 $\lambda=\dfrac{1-a/b}{1+a/b}$，代入 $d_{\mathrm{h}}=\dfrac{4A}{U}$后整理得：

$$\psi_{C_{\mathrm{f}}}=\frac{2[1+(a/b)^2](64-16\lambda^2)^2}{(1+a/b)^2(64-3\lambda^4)^2} \tag{8-64}$$

当 $a/b=1$ 时，$\psi_{C_{\mathrm{f}}}=1$，即为圆管的情况。当 $a/b\rightarrow 0$，$\psi_{C_{\mathrm{f}}}=1.239$，是一个极限情况，但与平板狭缝的 $\psi_{C_{\mathrm{f}}}=1.5$ 是不同的。$\psi_{C_{\mathrm{f}}}$随 $a/b$ 的变化如表 8-6 和图 8-7。

2. 横向等壁温、纵向等壁面热流边界条件下的对流换热

将速度场代入式（8-17）得：

$$\frac{\partial^2\theta}{\partial x^2}+\frac{\partial^2\theta}{\partial y^2}=\frac{-8\mathrm{Nu}_{d_{\mathrm{h}}}}{d_{\mathrm{h}}^2}\left[1-\left(\frac{x}{a/2}\right)^2-\left(\frac{y}{b/2}\right)^2\right]$$

边界条件为，当 $1-\left(\dfrac{x}{a/2}\right)^2-\left(\dfrac{y}{b/2}\right)^2=0$ 时，$\theta=0$。

观察方程可以判断 $\theta$ 应为关于 $x$ 与 $y$ 均不带奇次项的幂函数，故令：

$$\theta=\frac{8\mathrm{Nu}_{d_{\mathrm{h}}}}{d_{\mathrm{h}}^2}\left[1-\left(\frac{x}{a/2}\right)^2-\left(\frac{y}{b/2}\right)^2\right]\cdot(C-Ax^2-By^2)$$

进行试探。式中 $A$、$B$、$C$ 为待定系数。将该式代入微分方程并利用恒等关系解得 $A$、$B$、$C$ 后即获得温度分布 $\theta$（$x$，$y$）。$\overline{\theta}$ 的表达式为：

$$\overline{\theta}=\frac{1}{\pi}\iint_A\theta(x,y)\frac{w}{\overline{w}}\mathrm{d}\left(\frac{x}{a/2}\right)\mathrm{d}\left(\frac{y}{b/2}\right)$$

积分此式宜化为极坐标。根据 $\theta$ 的定义知 $\overline{\theta}=1$，如此获得：

$$\mathrm{Nu}_{\mathrm{tq}}=\frac{36(d_{\mathrm{h}}/a)^2[6+(a/b)^2+(b/a)^2][1+(a/b)^2]}{98+17(a/b)^2+17(b/a)^2} \tag{8-65}$$

形状修正系数为：

$$\psi_{\mathrm{tq}}=\frac{11}{48}\mathrm{Nu}_{\mathrm{tq}} \tag{8-66}$$

$\psi_{\mathrm{tq}}$随 $a/b$ 的变化也见表 8-6 及图 8-7。上述求解过程请读者自己实施一次。

**椭圆层流摩擦阻力与换热的形状修正系数** **表 8-6**

| $a/b$ | 0 | 0.1 | 0.2 | 0.3 | 0.4 | 0.5 | 0.6 | 0.7 | 0.8 | 0.9 | 1.0 |
|---|---|---|---|---|---|---|---|---|---|---|---|
| $\psi_{C_f}$ | 1.239 | 1.208 | 1.163 | 1.119 | 1.081 | 1.051 | 1.030 | 1.015 | 1.006 | 1.001 | 1.000 |
| $\psi_{tq}$ | 1.202 | 1.175 | 1.137 | 1.101 | 1.069 | 1.045 | 1.026 | 1.013 | 1.005 | 1.001 | 1.000 |

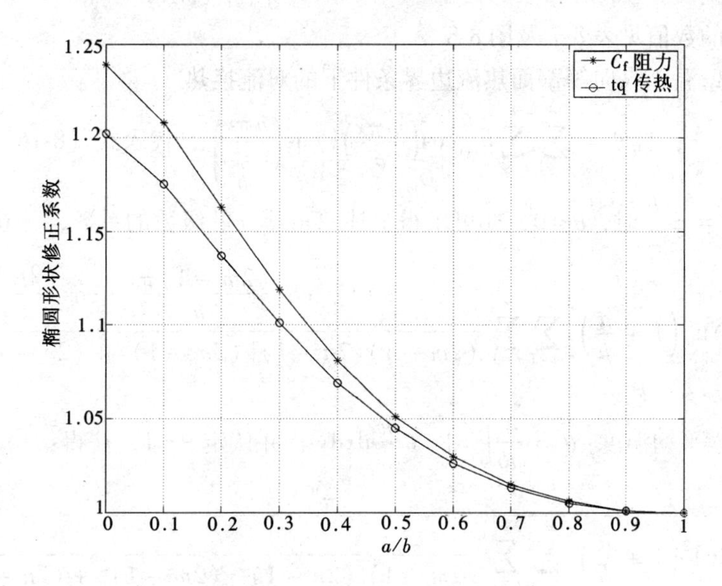


图 8-7　椭圆层流摩擦阻力与换热的形状修正系数

如图、表中的数据所示，对只要不是太扁的椭圆断面，用水力直径计算层流摩擦阻力与换热误差就不大。

**二、矩形断面流道**

设矩形断面边长为 $a$ 与 $b$，其水力直径为 $d_h=\dfrac{2ab}{a+b}=\dfrac{2a}{1+a/b}$，由于对称性，将坐标原点置于断面中心。

1. 流动阻力

根据速度场的特点，令 $w(x,y)=\sum\limits_{m=0}^{\infty}\sum\limits_{n=0}^{\infty}a_{mn}\cos\left(\dfrac{m\pi x}{a}\right)\cdot\cos\left(\dfrac{n\pi y}{b}\right)$，代入式（8-9）并利用边界条件 $x=\pm\dfrac{a}{2}$ 及 $y=\pm\dfrac{b}{2}$ 时，$w=0$，不难求得上述双重傅立叶级数的系数 $a_{mn}$，从而求得：

$$w(x,y)=\overline{w}\frac{8}{\pi^4}\overline{C}_f\mathrm{Re}_{d_h}\left(1+\frac{a}{b}\right)^2\sum_{m=1}^{\infty}\sum_{n=1}^{\infty}\frac{(-1)^{m+n}\cos\dfrac{(2m-1)\pi x}{a}\cdot\cos\dfrac{(2n-1)\pi y}{b}}{(2m-1)(2n-1)\left[(2m-1)^2+(2n-1)^2(a/b)^2\right]} \tag{8-67}$$

对式（8-67）积分求 $\overline{w}$ 后获得：

$$\overline{C}_f\cdot\mathrm{Re}_{d_h}=\frac{\pi^6}{32}\cdot\frac{1}{(1+a/b)^2}\cdot\frac{1}{\sum\limits_{m=1}^{\infty}\sum\limits_{n=1}^{\infty}\dfrac{1}{(MN)}}$$

式中 $$MN=(2m-1)^2(2n-1)^2\left[(2m-1)^2+(2n-1)^2(a/b)^2\right] \tag{8-68}$$

比较$\overline{C}_{\mathrm{fd_h}}=\dfrac{16}{\mathrm{Re}}$后获得：

$$\psi_{\mathrm{C_f}}=\frac{\pi^6}{2^9}\cdot\frac{1}{(1+a/b)^2}\cdot\frac{1}{\sum\limits_{m=1}^{\infty}\sum\limits_{n=1}^{\infty}\frac{1}{(MN)}}\tag{8-69}$$

$\psi_{\mathrm{C_f}}$随 $a/b$ 变化的数值见表 8-7 及图 8-8 。

2. 横向等壁温、纵向等壁面热流边界条件下的对流换热

令 $\theta=\dfrac{t-t_{\mathrm{w}}}{\overline{t}-t_{\mathrm{w}}}$，且 $\theta=\sum\limits_{m=1}^{\infty}\sum\limits_{n=1}^{\infty}a_{\mathrm{mn}}\cos\left(\dfrac{m\pi x}{a}\right)\cdot\cos\left(\dfrac{n\pi y}{b}\right)$，代入式（8-16）。利用边界条件 $x=\pm\dfrac{a}{2}$及 $y=\pm\dfrac{b}{2}$时，$\theta=0$，亦可求得上述双重傅立叶级数的系数，并获得：

$$\theta=\frac{8}{\pi^6}\overline{C}_{\mathrm{f}}\mathrm{ReNu_{tq}}\left(1+\frac{a}{b}\right)^4\sum_{m=1}^{\infty}\sum_{n=1}^{\infty}\frac{(-1)^{m+n}\cos\dfrac{(2m-1)\pi x}{a}\cdot\cos\dfrac{(2n-1)\pi y}{b}}{(2m-1)(2n-1)\left[(2m-1)^2+(2n-1)^2(a/b)^2\right]^2}\tag{8-70}$$

积分计算热力学平均温度：$\overline{\theta}=\dfrac{4}{ab}\displaystyle\int_0^{a/2}\int_0^{b/2}\theta\frac{w}{\overline{w}}\mathrm{d}x\mathrm{d}y$，并认定 $\overline{\theta}=1$，获得：

$$\mathrm{Nu_{tq}}=\frac{\pi^{10}}{16(\overline{C}_{\mathrm{f}}\mathrm{Re})^2\left(1+\dfrac{a}{b}\right)^6\sum\limits_{m=1}^{\infty}\sum\limits_{n=1}^{\infty}\dfrac{1}{(2m-1)^2(2n-1)^2\left[(2m-1)^2+(2n-1)^2(a/b)^2\right]^3}}\tag{8-71}$$

$\overline{C}_{\mathrm{f}}\cdot\mathrm{Re}$ 已由式（8-68）给出，将其代入 $\mathrm{Nu_{tq}}$并与圆管相应的 $\mathrm{Nu}=\dfrac{48}{11}$比较，可得：

$$\psi_{\mathrm{tq}}=\frac{44}{3\pi^2}\frac{1}{(1+a/b)^2}\frac{\left[\sum\limits_{m=1}^{\infty}\sum\limits_{n=1}^{\infty}\dfrac{1}{MN}\right]^2}{\sum\limits_{m=1}^{\infty}\sum\limits_{n=1}^{\infty}\dfrac{1}{[MN]\left[(2m-1)^2+(2n-1)^2(a/b)^2\right]^2}}\tag{8-72}$$

式中参变量 $MN$ 见式（8-68）。$\psi_{\mathrm{tq}}$随 $a/b$ 的变化也给出在表 8-7 和图 8-8 中。椭圆及矩形断

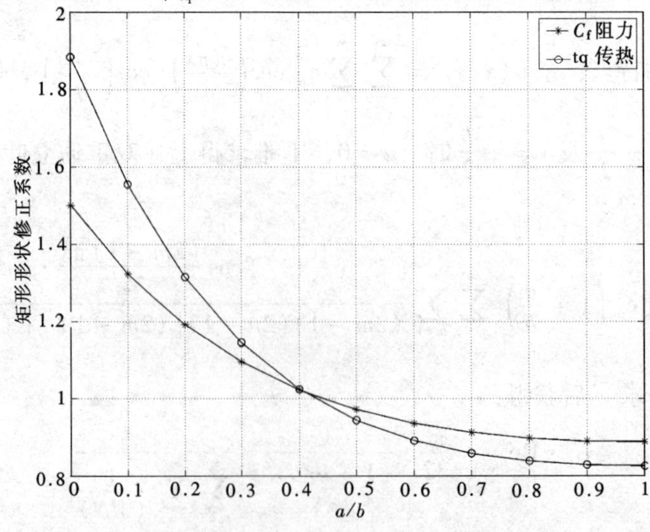


图 8-8　矩形断面流道的形状修正系数（成熟发展层流）

面中成熟发展层流的 $Nu_{tq}$ 数见图 8-9。

**矩形断面流道的形状修正系数（成熟发展层流）** **表 8-7**

| $a/b$ | 0.00 | 0.1 | 0.2 | 0.3 | 0.4 | 0.5 | 0.6 | 0.7 | 0.8 | 0.9 | 1 |
|---|---|---|---|---|---|---|---|---|---|---|---|
| $\psi_{C_f}$ | 1.500 | 1.323 | 1.192 | 1.095 | 1.023 | 0.972 | 0.936 | 0.913 | 0.899 | 0.891 | 0.889 |
| $\psi_{tq}$ | 1.885 | 1.555 | 1.315 | 1.144 | 1.025 | 0.945 | 0.892 | 0.859 | 0.840 | 0.830 | 0.827 |

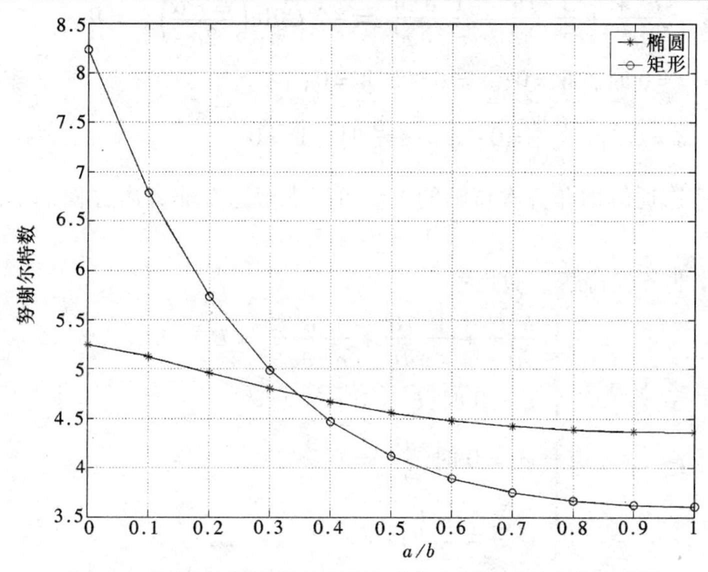


图 8-9 椭圆及矩形断面流道中成熟发展层流的努谢尔特数

## 第六节 圆扇形与任意三角形断面中成熟发展层流的摩擦阻力与换热

圆扇形断面中成熟发展层流在等壁热流或等壁温边界条件下的换热问题，目前没有解析解，任意三角形断面就更没有了。本节给出作者开发出的几个情况下的解析解。

### 一、圆扇形断面

断面形状如图 8-10 所示，扇形的顶角为 $0 \leqslant \alpha \leqslant 2\pi$，半径为 $\rho_0$。

水力直径为：
$$d_h = \frac{2\alpha}{2+\alpha} \cdot \rho_0 \tag{8-73}$$

1. 流动阻力

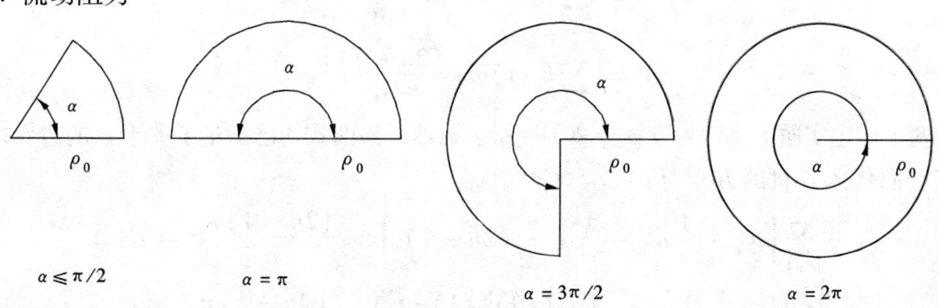


图 8-10 圆扇形断面

求解速度场的微分方程在极坐标下为：

$$\frac{\partial^2 w}{\partial \rho^2}+\frac{1}{\rho}\frac{\partial w}{\partial \rho}+\frac{1}{\rho^2}\frac{\partial^2 w}{\partial \varphi^2}=\frac{-2\overline{C}_f \mathrm{Re}\overline{w}}{d_h^2}$$

令 $W=\frac{w}{\overline{w}}, r=\frac{\rho}{\rho_0}$，方程变为：

$$\frac{\partial^2 W}{\partial r^2}+\frac{1}{r}\frac{\partial W}{\partial r}+\frac{1}{r^2}\frac{\partial^2 W}{\partial \varphi^2}=-2\overline{C}_f \mathrm{Re}\left(\frac{2+\alpha}{2\alpha}\right)^2=B \tag{8-74}$$

边界条件为：$r=0$ 时，$W=0$；$r=1$ 时，$W=0$；

$$\varphi=0\text{ 时，}\frac{\partial W}{\partial \varphi}=0\text{；}\varphi=\pm\frac{\alpha}{2}\text{时，}W=0\text{；} \tag{8-75}$$

采用惯用的齐次通解加非齐次特解的方法可以求解这个非齐次方程，令：

$$W=U+V$$

$U(r,\varphi)$ 为一个非齐次特解，满足：

$$\begin{cases}\frac{\partial^2 U}{\partial r^2}+\frac{1}{r}\frac{\partial U}{\partial r}+\frac{1}{r^2}\frac{\partial^2 U}{\partial \varphi^2}=B\\ r=0\text{ 时},U=0\\ \varphi=0\text{ 时},\frac{\partial U}{\partial \varphi}=0\\ \varphi=\pm\frac{\alpha}{2}\text{ 时},U=0\end{cases}$$

$V(r,\varphi)$ 为相应齐次方程的通解，满足：

$$\begin{cases}\frac{\partial^2 V}{\partial r^2}+\frac{1}{r}\frac{\partial V}{\partial r}+\frac{1}{r^2}\frac{\partial^2 V}{\partial \varphi^2}=0\\ r=0\text{ 时},V=0\\ r=1\text{ 时},V=-U\\ \varphi=0\text{ 时},\frac{\partial V}{\partial \varphi}=0\\ \varphi=\pm\frac{\alpha}{2}\text{ 时},V=0\end{cases} \tag{8-76}$$

显然 $W=U+V$ 已满足关于 $W$ 的微分方程与边界条件。根据 $U$ 与 $V$ 在 $\varphi$ 坐标上的边界条件，令：

$$U=\sum_{n=1}^{\infty}a_n(r)\cos\frac{(2n-1)\pi}{\alpha}\varphi$$

$$V=\sum_{n=1}^{\infty}b_n(r)\cos\frac{(2n-1)\pi}{\alpha}\varphi$$

这两个假定实质上是对 $r$ 与 $\varphi$ 分离了变量。显然，该两式均已满足了关于 $\varphi$ 的边界条件。将它们代入各自的方程有：

$$\sum_{n=1}^{\infty}\left[a''_n+\frac{1}{r}a'_n-\frac{1}{r^2}a_n\frac{\pi^2}{\alpha^2}(2n-1)^2\right]\cos\frac{(2n-1)\pi}{\alpha}\varphi=B$$

$$\sum_{n=1}^{\infty}\left\{b''_n+\frac{1}{r}b'_n-\frac{1}{r^2}b_n\left[\frac{(2n-1)\pi}{\alpha}\right]^2\right\}\cos\frac{(2n-1)\pi}{\alpha}\varphi=0$$

由于余弦函数两两线性无关，第二个级数为零要求项项为零，解得：

$$b_n = C_1 r^{\frac{(2n-1)\pi}{\alpha}} + C_2 r^{\frac{-(2n-1)\pi}{\alpha}}$$

据 $r=0$ 时 $V=0$ 的边界条件判断 $C_2=0$，故：

$$V = \sum_{n=1}^{\infty} C_1(n) r^{\frac{(2n-1)\pi}{\alpha}} \cos \frac{(2n-1)\pi}{\alpha}\varphi \tag{8-77}$$

第一个级数的傅立叶系数为：

$$a''_n + \frac{1}{r}a'_n - \frac{1}{r^2}a_n\left[\frac{(2n-1)\pi}{\alpha}\right]^2 = \frac{-4(-1)^n B}{(2n-1)\pi}$$

取一个满足此方程的特解

$$a_n(r) = p_n \cdot r^2$$

代入上式解得待定系数 $p_n$ 为：

$$p_n = \frac{(-1)^n B}{\pi(2n-1)\left[\frac{\pi^2}{4\alpha^2}(2n-1)^2 - 1\right]}$$

得：

$$U = \frac{B}{\pi} r^2 \sum_{n=1}^{\infty} \frac{(-1)^n \cos \frac{(2n-1)\pi}{\alpha}\varphi}{(2n-1)\left[\frac{\pi^2}{4\alpha^2}(2n-1)^2 - 1\right]} \quad \left(\alpha \neq \frac{\pi}{2}\right) \tag{8-78}$$

当 $r=1$ 时，$W=U+V=0$，联立式（8-77）与（8-78）解得：

$$C_1(n) = \frac{-(-1)^n B}{\pi(2n-1)\left[\frac{\pi^2}{4\alpha^2}(2n-1)^2 - 1\right]}$$

最后写出：

$$\frac{w}{\overline{w}} = \frac{2}{\pi}\overline{C}_f \mathrm{Re}\left(\frac{2+\alpha}{2\alpha}\right)^2 \left(\frac{\rho}{\rho_0}\right)^2 \sum_{n=1}^{\infty} \left[1 - \left(\frac{\rho}{\rho_0}\right)^{\left[\frac{(2n-1)\pi}{\alpha}-2\right]}\right] \cdot \frac{-(-1)^n \cos \frac{(2n-1)\pi}{\alpha}\varphi}{(2n-1)\left[\frac{\pi^2}{4\alpha^2}(2n-1)^2 - 1\right]} \quad \left(\alpha \neq \frac{\pi}{2}\right) \tag{8-79}$$

值得一提的是，上式中当 $\alpha = \frac{\pi}{2}$ 时级数中 $n=1$ 项分母为零。此时可运用罗必达法则将该项单独解出来写。由于

$$\lim_{\alpha \to \frac{\pi}{2}} \frac{1 - \left(\frac{\rho}{\rho_0}\right)^{\left(\frac{\pi}{\alpha}-2\right)}}{\frac{\pi^2}{4\alpha^2} - 1} = -\ln \frac{\rho}{\rho_0} \cos 2\varphi$$

故：

$$\frac{w}{\overline{w}}=\frac{2}{\pi}\overline{C}_{\mathrm{f}}\mathrm{Re}\left(\frac{2+\alpha}{2\alpha}\right)^{2}\left(\frac{\rho}{\rho_0}\right)^{2}\left\{-\ln\frac{\rho}{\rho_0}\cos 2\varphi+\sum_{n=2}^{\infty}\left[1-\left(\frac{\rho}{\rho_0}\right)^{(4n-4)}\right]\right.$$

$$\left.\times\frac{-(-1)^{n}\cos(4n-2)\varphi}{(2n-1)[(2n-1)^{2}-1]}\right\}\quad\left(\alpha=\frac{\pi}{2}\right)\tag{8-80}$$

式（8-79）及（8-80）的断面平均值为1，即：$\frac{2}{\alpha\rho_0^2}\int_0^{\rho_0}\rho\mathrm{d}\rho\int_{-\frac{\alpha}{2}}^{\frac{\alpha}{2}}\frac{w}{\overline{w}}\mathrm{d}\varphi=1$

解得：

$$\overline{C}_{\mathrm{f}}\cdot\mathrm{Re}_{\mathrm{d_h}}=\frac{\alpha^{2}}{2\left(\frac{2+\alpha}{\alpha}\right)^{2}\sum\limits_{n=1}^{\infty}\frac{1}{m^{2}(m+2)^{2}}}$$

其中 $$m=\frac{(2n-1)\pi}{\alpha}\tag{8-81}$$

与 $C_{\mathrm{fd_h}}\mathrm{Re}_{\mathrm{d_h}}=16$ 相比较，获得形状修正系数为：

$$\psi_{\mathrm{C_f}}=\frac{\overline{C}_{\mathrm{f}}}{C_{\mathrm{fd_h}}}=\frac{\alpha^{2}}{32\left(\frac{2+\alpha}{\alpha}\right)^{2}\sum\limits_{n=1}^{\infty}\frac{1}{m^{2}(m+2)^{2}}}\tag{8-82}$$

$\psi_{\mathrm{C_f}}$的数值及随$\alpha$的变化情况见表8-8与图8-11。

2. 横向等壁温、纵向等壁面热流边界条件下的对流换热

这又是一个可获得解析解的情况。式（8-16）在极坐标下为：

$$\frac{\partial^{2}\theta}{\partial r^{2}}+\frac{1}{r}\frac{\partial\theta}{\partial r}+\frac{1}{r^{2}}\frac{\partial^{2}\theta}{\partial\varphi^{2}}=\frac{-4\mathrm{Nu_{tq}}}{d_{\mathrm{h}}^{2}}\frac{w}{\overline{w}}$$

这是一个常系数的非齐次方程，式中$\theta=\frac{t-t_{\mathrm{w}}}{\overline{t}-t_{\mathrm{w}}}$。令$r=\frac{\rho}{\rho_0}$，代入速度场公式，并采用与速度场求解类似的方法可求得温度场为：

$$\theta=\frac{\mathrm{Nu_{tq}}\,\overline{C}_{\mathrm{f}}\mathrm{Re}}{2\pi}\left(\frac{2+\alpha}{\alpha}\right)^{4}\sum_{n=1}^{\infty}\left[\frac{\left(\frac{\rho}{\rho_0}\right)^{4}}{m^{2}-16}-\frac{(m+6)(m-2)\left(\frac{\rho}{\rho_0}\right)^{m}}{4(m^{2}-16)(m+1)}+\frac{\left(\frac{\rho}{\rho_0}\right)^{m+2}}{4(m+1)}\right]\cdot\frac{-(-1)^{n}\cos m\varphi}{(2n-1)\left[\left(\frac{m}{2}\right)^{2}-1\right]}$$

$$\left(\alpha\neq\frac{\pi}{4},\frac{\pi}{2},\frac{3\pi}{4}\right)\tag{8-83}$$

对$\alpha=\frac{\pi}{4},\frac{\pi}{2},\frac{3\pi}{4}$三种情况，上式中出现分母为零的项，可以运用罗必达法则将这些项从级数中解出来单写（略）。通过求解：

$$\overline{\theta}=\frac{2}{\alpha}\int_0^1\left(\frac{\rho}{\rho_0}\right)d\left(\frac{\rho}{\rho_0}\right)\int_{-\frac{\alpha}{2}}^{\frac{\alpha}{2}}\theta\frac{w}{\overline{w}}\mathrm{d}\varphi=1$$

可以得出：

$$\mathrm{Nu}_{\mathrm{tq}}=\frac{8\left(\sum\limits_{n=1}^{\infty}\frac{1}{m^2(m+2)^2}\right)^2}{(2+\alpha)^2\sum\limits_{n=1}^{\infty}\frac{m^2+7m+11}{m^2(m+1)^2(m+2)^3(m+4)^2(m+6)}} \tag{8-84}$$

断面形状修正系数为：

$$\psi_{\mathrm{tq}}=\frac{11}{48}\mathrm{Nu}_{\mathrm{tq}} \tag{8-85}$$

$\psi_{\mathrm{tq}}$的数值及随 $\alpha$ 的变化见表 8-8 与图 8-11。

圆扇形断面层流摩擦阻力与对流换热的形状修正系数　　表 8-8

| $\alpha$ | 0 | $\frac{\pi}{6}$ | $\frac{\pi}{3}$ | $\frac{2\pi}{3}$ | $\pi$ | $\frac{4\pi}{3}$ | $\frac{5\pi}{3}$ | $2\pi$ |
|---|---|---|---|---|---|---|---|---|
| $\psi_{C_f}$ | 0.7500 | 0.8319 | 0.8857 | 0.9500 | 0.9854 | 1.0067 | 1.0203 | 1.0293 |
| $\psi_{\mathrm{tq}}$ | 0.4718 | 0.6887 | 0.7973 | 0.8952 | 0.9368 | 0.9590 | 0.9727 | 0.9820 |

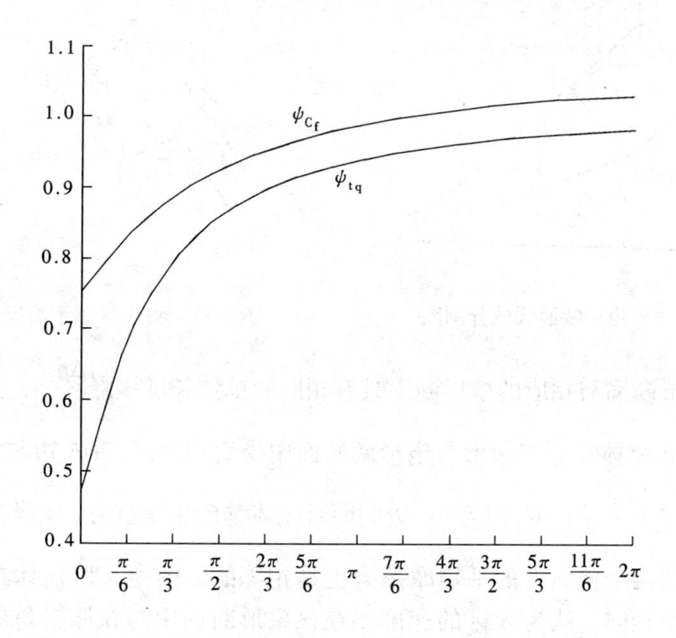


图 8-11　圆扇形断面层流摩擦阻力与对流换热的形状修正系数

### 二、任意三角形断面流道中成熟发展层流的摩擦阻力

等边三角形断面中的层流速度场已有了理论解[13、14]，但对任意三角形至今没有解析解，兴许根本就不存在。T. Yilmaz 和 E. Cihan[15、16]利用形状因子的概念推导出了任意断面通道层流的流动阻力与换热的通用公式，但其精度不高，分别为 -4.0% ~7.3%、-8.7% ~8.0%，且其适用范围是否真正“任意”，文中并没有检验。检验只针对了一些特殊形状。本书给出的是作者自己开发出的一个近似解析解。

理论解是允许假定一些条件的，只要这些假定只是忽略极次要的因素，从而只引起极小的计算误差。经典的边界层理论实际上就包含着一系列假定，边界层微分方程忽略了部分次要因素，积分方程解法对速度分布函数的假定也是近似的。本节所做出的下述假定十分符合物理实际，用数值解的结论来对比检验可知，这个解法的结果非常精确。

设有任意三角形断面 $ABC$，三个顶角为 $\alpha$，$\beta$，$\gamma$，如图 8-12 所示，对该断面中成熟发展层流流动的速度场设定如下：

（1）断面的最高速度点位于该三角形的内切圆圆心 $O$；

（2）整个速度场被由内切圆圆心 $O$ 分别向三条边作的垂线 $OD$、$OE$、$OF$ 分割为三个区域，分别为 $A$ 区、$B$ 区与 $C$ 区；

（3）$OD$、$OE$ 与 $OF$ 线上相邻两区流体之间的平均切应力为 0，因而在进行力学计算时，这三个区无相互作用，各自独立；

（4）三个区中的速度场分别与三个扇形断面中的层流速度场一致。扇形断面速度场有精确解（公式（8-79））；

以 $A$ 区为例，如图 8-13 所示，扇形 $AHG$ 中包含有原样大小的 $A$ 区。半径 $\rho_A$ 的大小如此取值，使得该断面中 $OF$、$OE$ 线两侧流体之间的平均切应力为 0，即速度分布在该两条线法线方向上方向导数的平均值为 0。

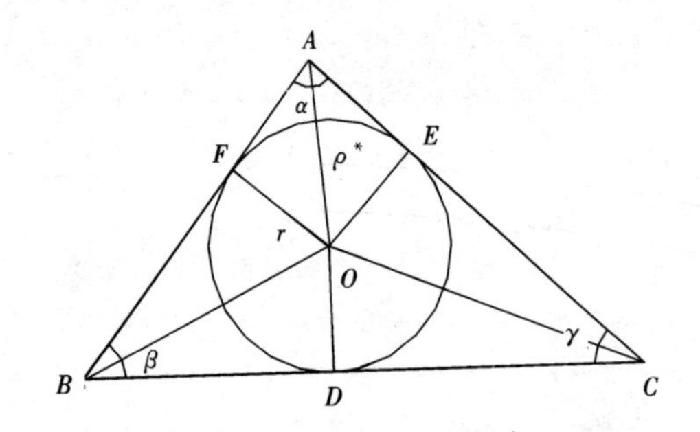

图 8-12　任意三角形断面区域分割图

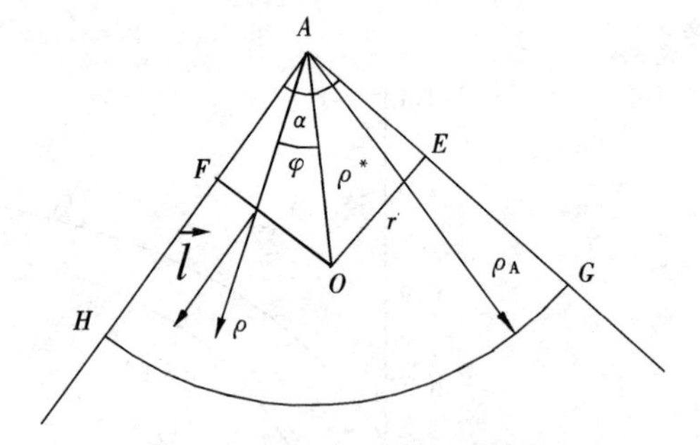

图 8-13　将 $A$ 区置于圆扇形断面中

（5）原三角形断面与相应的扇形断面具有相同的单位长度压降$\dfrac{\Delta p}{\Delta l}$。

下面比较 $A$ 区流体在原三角形与扇形两断面中受力的情况。$OE$ 边与 $OF$ 边受到的摩擦力在两个断面中全为零，$AF$ 边与 $AE$ 边壁面对流体都产生摩擦力，压降为$\dfrac{\Delta p}{\Delta l}$相同时，则在两个断面中，这两个壁面上的平均摩擦力也是相等的。因为 $A$ 区流体在两个断面中的受力情况几乎完全相同，认为 $A$ 区的速度场在该扇形断面中与在原三角形断面中相同是足够精确的。

上述对速度场的假定并非数学精确。例如数值解[17]的结论已表明任意三角形断面中通道层流的最高速度点并不精确地位于内切圆的圆心上，$AE$ 与 $AF$ 边上的平均切应力虽然在两个断面上完全相等，但在上述两个边上的分配也会有小的差别，但仅从物理概念上分析，这些假定引起对平均摩擦阻力系数计算的误差也将微不足道。

在这个以 $\alpha$ 为顶角、$\rho_A$ 为半径的扇形断面中，速度梯度在 $OF$ 法线方向上方向导数的平均值定为 0，根据这个关系，我们可以利用已知的速度场式（8-79）来反算该式中的 $\rho_A$，即：

$$\int_{OF} \frac{\partial w}{\partial \boldsymbol{l}} \mathrm{d}(OF) = 0 \qquad (a)$$

推导过程的两个几何关系为：

$$\boldsymbol{l} = \cos\left(\frac{\alpha}{2} - \varphi\right) \cdot \boldsymbol{i}_\rho + \sin\left(\frac{\alpha}{2} - \varphi\right) \cdot \boldsymbol{i}_\varphi$$

$$\frac{\rho}{\rho_A} = \frac{\rho^*}{\rho_A} \cdot \frac{\cos\frac{\alpha}{2}}{\cos\left(\frac{\alpha}{2} - \varphi\right)}$$

其中 $\rho^* = OA$ 是已知的，于是：

$$\frac{\partial w}{\partial \boldsymbol{l}} = \boldsymbol{l} \cdot \mathbf{grad}w = \frac{\partial w}{\partial \rho}\cos\left(\frac{\alpha}{2} - \varphi\right) + \frac{1}{\rho} \cdot \frac{\partial w}{\partial \varphi}\sin\left(\frac{\alpha}{2} - \varphi\right) =$$

$$\frac{-4\frac{\Delta p}{\Delta l}\rho_A}{\alpha \cdot \mu}\left\{\cos\left(\frac{\alpha}{2} - \varphi\right) \cdot \sum_{n=1}^{\infty}\left[2\frac{\rho}{\rho_A} - m\left(\frac{\rho}{\rho_A}\right)^{m-1}\right]\frac{-(-1)^n \cos m\varphi}{m(m^2-4)}\right.$$
$$\left. - \sin\left(\frac{\alpha}{2} - \varphi\right) \cdot \sum_{n=1}^{\infty}\left[\frac{\rho}{\rho_A} - \left(\frac{\rho}{\rho_A}\right)^{m-1}\right]\frac{-(-1)^n \sin m\varphi}{m^2-4}\right\}$$

将该式代入（$a$）式即可计算$\frac{\rho^*}{\rho_A}$。

*AFOE* 断面上的平均流速为

$$\bar{w} = \frac{1}{A_{qA}}\iint_{A_{qA}} w\mathrm{d}A_{qA}$$

代入 $w$ 积分后化简为

$$\bar{w}_A A_{qA} = \frac{-8 \cdot \frac{\Delta p}{\Delta l}r^4}{\mu}f(\alpha)$$

这里

$$f(\alpha) = \frac{1}{\alpha\left(\frac{\rho^*}{\rho_A} \cdot \sin\frac{\alpha}{2}\right)^4} \cdot \sum_{n=1}^{\infty}\frac{-(-1)^n}{m(m^2-4)} \cdot \int_0^{\frac{\alpha}{2}}\left\{\frac{1}{4}\left[\frac{\rho^*\cos\frac{\alpha}{2}}{\rho_A\cos\left(\frac{\alpha}{2} - \varphi\right)}\right]^4\right.$$
$$\left. - \frac{1}{m+2}\left[\frac{\rho^*\cos\frac{\alpha}{2}}{\rho_A\cos\left(\frac{\alpha}{2} - \varphi\right)}\right]^{m+2}\right\}\cos m\varphi \cdot \mathrm{d}\varphi$$

经计算机数值计算得到的 $f$（$\alpha$）与$\frac{\rho^*}{\rho_A}$值示于表 8-9 与图 8-14 中。

**数值计算的 $f$（$\alpha$）·tg $\frac{\alpha}{2}$与$\frac{\rho^*}{\rho_A}$值** **表 8-9**

| $\alpha$ | 0 | $\frac{\pi}{24}$ | $\frac{\pi}{12}$ | $\frac{\pi}{6}$ | $\frac{\pi}{3}$ | $\frac{\pi}{2}$ | $\frac{2\pi}{3}$ | $\frac{5\pi}{6}$ | $\frac{11\pi}{12}$ | $\pi$ |
|---|---|---|---|---|---|---|---|---|---|---|
| $\frac{\rho^*}{\rho_A}$ | 1 | 0.8841 | 0.8210 | 0.7395 | 0.6450 | 0.6214 | 0.6259 | 0.6730 | 0.7242 | — |
| $f(\alpha)\cdot \mathrm{tg}\left(\frac{\alpha}{2}\right)$ | 0.02083 | 0.02076 | 0.02059 | 0.02006 | 0.01876 | 0.01745 | 0.01619 | 0.0471 | 0.01350 | — |

经曲线拟合将$f(\alpha)$近似写为

$$f(\alpha)\cdot \mathrm{tg}\left(\frac{\alpha}{2}\right)=\frac{1}{48}(1-0.0954\alpha^{1.02}) \tag{8-86}$$

同样道理，对$B$、$C$区也有相似的$f(\beta)$与$f(\gamma)$。$f(\beta)$、$f(\gamma)$与$f(\alpha)$函数形式完全相同。整个断面$\bar{u}\cdot A_q=\bar{u}_A A_{qA}+\bar{u}_B A_{qB}+\bar{u}_C A_{qC}$，利用关系式

$$\frac{-\Delta p}{\mu\Delta l}=\frac{2\bar{c}_f\mathrm{Re}\cdot\bar{w}}{d_h^2},\quad d_h=2r,$$

$$\frac{r^2}{A_q}=\mathrm{tg}\frac{\alpha}{2}\mathrm{tg}\frac{\beta}{2}\mathrm{tg}\frac{\gamma}{2}$$

导出

$$\bar{C}_f\mathrm{Re}=\frac{\mathrm{ctg}\frac{\alpha}{2}\mathrm{ctg}\frac{\beta}{2}\mathrm{ctg}\frac{\gamma}{2}}{4[f(\alpha)+f(\beta)+f(\gamma)]} \tag{8-87}$$

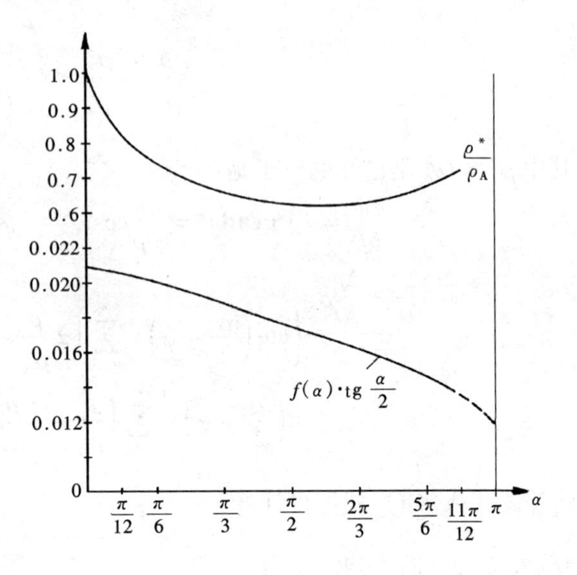


图 8-14　$\alpha$与$f(\alpha)\cdot\mathrm{tg}\frac{\alpha}{2}$、$\frac{\rho^*}{\rho_A}$的函数关系

式（8-87）可用来计算任意三角形（三个顶角为$\alpha$，$\beta$，$\gamma$）断面通道成熟发展层流的摩擦阻力系数，其精度极高。下面是它同文献中的一些理论解与数值解结论的比较。

文献[17]给出了等边三角形与等腰直角三角形的理论解，式（8-87）计算出的$\bar{C}_f\mathrm{Re}$值对等边三角形为13.333，对直角等腰三角形为13.154，在5位有效数字内与数学精确解的结论相等。对其他等腰三角形与直角三角形，文献[4]给出了数值解的结论，作为比较，这里将它的结论与公式（8-78）的计算结果一并列入表8-10。

**等腰三角形与直角三角形断面通道中成熟发展层流的$\bar{C}_f\mathrm{Re}$值**　　**表 8-10**

| 形状 / 角度 | 等腰三角形 | | | 直角三角形 | | |
|---|---|---|---|---|---|---|
| $\alpha$ | 文献［18］ | 式（8-87） | 误差 | 文献［18］ | 式（8-87） | 误差 |
| 0° | 12 | 12 | 0 | 12 | 12 | 0 |
| 10° | 12.474 | 12.453 | -0.17% | 12.49 | 12.452 | -0.30% |
| 20° | 12.822 | 12.802 | -0.16% | 12.83 | 12.795 | -0.27% |
| 30° | 13.065 | 13.053 | -0.09% | 13.034 | 13.024 | -0.08% |
| 40° | 13.222 | 13.217 | -0.04% | 13.13 | 13.139 | 0.07% |
| 45° | | | | 13.154 | 13.154 | 0 |
| 50° | 13.307 | 13.306 | -0.01% | | | |
| 60° | 13.333 | 13.333 | 0 | | | |
| 70° | 13.311 | 13.310 | -0.01% | | | |

续表

| 角度 \ 形状 | 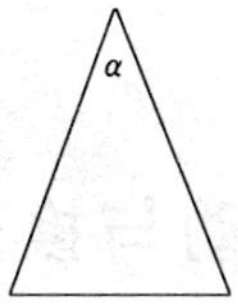 等腰三角形 | | | 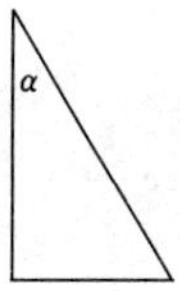 直角三角形 | | |
|---|---|---|---|---|---|---|
| α | 文献［18］ | 式（8-87） | 误差 | 文献［18］ | 式（8-87） | 误差 |
| 80° | 13.248 | 13.247 | -0.01% | | | |
| 90° | 13.153 | 13.154 | 0.01% | | | |
| 120° | 12.744 | 12.770 | 0.20% | | | |
| 150° | 12.226 | 12.350 | 1.0% | | | |
| 180° | 12 | 12 | 0% | | | |

由表 8-10 可见，如果把数值解的计算结果看成是正确的，式（8-87）的计算结果只引起微不足道的误差，说明将公式（8-87）称为理论解并不过分，而公式（8-87）形式简练，变量之间的关系明晰，为从物理概念角度认识任意三角形通道内层流阻力的规律性提供了可靠的依据。

# 第九章　紊流流动与换热

紊流是自然界最复杂的运动之一。科学技术发展到今天，人们可谓上知天文，下晓地理，大到宇宙，小到粒子，都有了相当程度的把握，但对紊流这一司空见惯的物理现象，至今仍不能说已经有了透彻的了解。一百多年来，不断有大量科学家从事紊流机理的研究，也不断地取得进展，但对许多问题仍众说纷纭。例如在稳定的边界条件下流体中为什么会自发地产生脉动，从微观角度看涡旋是如何产生的，脉动与涡旋产生后又如何发展，紊流的内部结构中哪些是确定性的内容，哪些是随机的等等。这些问题虽有了一些一致的或有差别的解释，并且各种解释也都有了一定的实验验证，但都还达不到严格与透彻。

紊流的宏观表现是相对确定的。立足于实验的大量经验公式可以相当准确地表达管道中的阻力与换热等紊流的宏观效果。但有些问题，例如准确的天气预报需要对大气紊流进行更详细的描述，汽轮机效率的提高、飞机或火箭发动机性能的提高等等都需要对叶片等固体壁面间流体紊流的微观结构有准确的了解。

本书只介绍紊流阻力与换热的一些经典理论及求解方法。近年来由于计算流体力学及计算传热学的进展，数值模拟已成为研究紊流最有效及最主要的工具，且已有了巨大的发展，本书介绍的方法虽还都属于解析或近似解析的范畴，但对进一步学习或研究计算传热学仍是必要的基础。

## 第一节　时均守恒方程与紊流切应力

从宏观角度看，可将紊流中的各个物理量分解为时均量与脉动量，这种方法被称为时均值方法。根据这一思想

$$u = \bar{u} + u',p = \bar{p} + p',t = \bar{t} + t'\cdots\cdots \tag{9-1}$$

字母上方加横杠的表示该量的时均量，加“′”的表示该量的脉动值。根据上述定义

$$\int_0^T u'\mathrm{d}\tau = \int_0^T u\mathrm{d}\tau - \int_0^T \bar{u}\mathrm{d}\tau = T(\bar{u} - \bar{u}) = 0 \tag{9-2}$$

同理可得：$\int_0^T p'\mathrm{d}\tau = 0$，$\int_0^T t'\mathrm{d}\tau = 0$ 等等。即脉动项在脉动周期内的时间平均值为零。

根据脉动项的定义，可导出以下的运算规则：

$$\overline{u + v} = \bar{u} + \bar{v},\quad \overline{\bar{u} + v} = \bar{u} + \bar{v},\quad \overline{\frac{\partial u}{\partial s}} = \frac{\partial \bar{u}}{\partial s},\quad \overline{\int u\mathrm{d}s} = \int \bar{u}\mathrm{d}s$$

$$\overline{u^2} = \overline{\bar{u}^2} + \overline{2\bar{u}u'} + \overline{u'^2} = \bar{u}^2 + \overline{u'^2},\quad \overline{uv} = \overline{\bar{u}\bar{v}} + \overline{\bar{u}v'} + \overline{u'\bar{v}} + \overline{u'v'} = \bar{u}\bar{v} + \overline{u'v'} \tag{9-3}$$

需要指出的是，虽然 $u'$、$v'$的时均值为零，但$\overline{u'^2}$、$\overline{u'v'}$并不为零。

运用精密的测量工具，如热线风速仪等，$u'$、$v'$这些脉动量的大小是可以被测量的，

图 9-1 给出了 Eckert 介绍的测试结果。

从试验结果看，对平板边界层，$u'$、$v'$的数值大约为主流速度的4% ~ 8%。$u_s$ 增大，则 $u'$与 $v'$均增大，而$y/\delta$ 增大时 $u'$与 $v'$均减小。

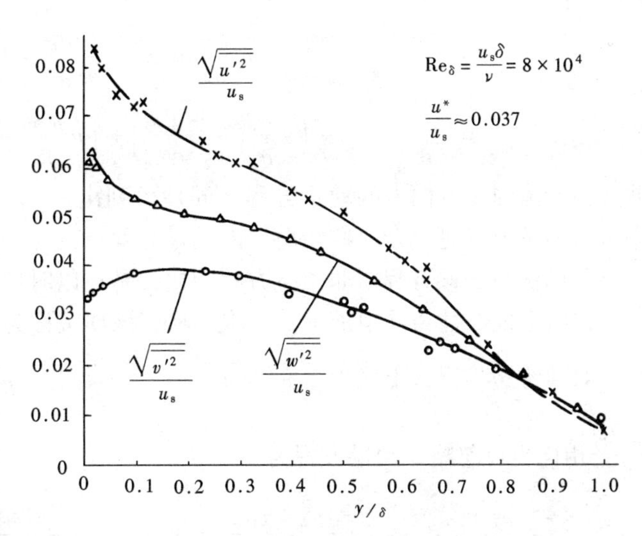


图 9-1 沿光滑壁，等压条件下边界层脉动速度分量的均方根值

虽然紊流的内部结构很复杂，且其运动有很大的随机性，但紊流中涡团的尺度仍远远大于分子的自由程，这从图 9-1 中 $u'$与 $v'$的尺度就可以看得出来。所以紊流运动与分子单体运动的随机性在程度上是不同的，它仍可被视为连续介质的运动，满足描述连续介质运动守恒关系的多个微分方程。统计方法用于研究分子运动的宏观规律是成功的，而将紊流涡漩的产生与发展看作是纯粹的随机运动，运用统计方法进行研究却并不成功。

不可压缩流体稳态时的连续方程为：

$$\frac{\partial u}{\partial x} + \frac{\partial v}{\partial y} + \frac{\partial w}{\partial z} = 0$$

代入脉动量后方程变为：

$$\frac{\partial \bar{u}}{\partial x} + \frac{\partial \bar{v}}{\partial y} + \frac{\partial \bar{w}}{\partial z} + \frac{\partial u'}{\partial x} + \frac{\partial v'}{\partial y} + \frac{\partial w'}{\partial z} = 0$$

对上式进行时间平均值，上式中后三项均为零，前三项取时均形式不变，故：

$$\begin{cases} \frac{\partial \bar{u}}{\partial x} + \frac{\partial \bar{v}}{\partial y} + \frac{\partial \bar{w}}{\partial z} = 0 \\ \frac{\partial u'}{\partial x} + \frac{\partial v'}{\partial y} + \frac{\partial w'}{\partial z} = 0 \end{cases} \tag{9-4}$$

这就是紊流的连续性方程。

稳态不可压缩流体 $x$ 方向的动量方程为：

$$u\frac{\partial u}{\partial x} + v\frac{\partial u}{\partial y} + w\frac{\partial u}{\partial z} = X - \frac{1}{\rho}\frac{\partial p}{\partial x} + \nu\left(\frac{\partial^2 u}{\partial x^2} + \frac{\partial^2 u}{\partial y^2} + \frac{\partial^2 u}{\partial z^2}\right)$$

将有关量分解为时均量与脉动量之和，代入方程，进行时均化处理，并去掉零项，该式变为：

$$\bar{u}\frac{\partial \bar{u}}{\partial x} + \bar{v}\frac{\partial \bar{u}}{\partial y} + \bar{w}\frac{\partial \bar{u}}{\partial z} + \overline{u'\frac{\partial u'}{\partial x}} + \overline{v'\frac{\partial u'}{\partial y}} + \overline{w'\frac{\partial u'}{\partial z}} = X - \frac{1}{\rho}\frac{\partial \bar{p}}{\partial x} + \nu\left(\frac{\partial^2 \bar{u}}{\partial x^2} + \frac{\partial^2 \bar{u}}{\partial y^2} + \frac{\partial^2 \bar{u}}{\partial z^2}\right)$$

式中：$u'\frac{\partial u'}{\partial x} + v'\frac{\partial u'}{\partial y} + w'\frac{\partial u'}{\partial z} = \frac{\partial u'u'}{\partial x} + \frac{\partial u'v'}{\partial y} + \frac{\partial u'w'}{\partial z} - u'\left(\frac{\partial u'}{\partial x} + \frac{\partial v'}{\partial y} + \frac{\partial w'}{\partial z}\right)$

式中右端括号项据连续性方程为零，方程变为：

$$\bar{u}\frac{\partial \bar{u}}{\partial x}+\bar{v}\frac{\partial \bar{u}}{\partial y}+\bar{w}\frac{\partial \bar{u}}{\partial z}=X-\frac{1}{\rho}\frac{\partial \bar{p}}{\partial x}+\left(\nu\frac{\partial^2 \bar{u}}{\partial x^2}-\frac{\partial \overline{u'u'}}{\partial x}\right)$$

$$+\left(\nu\frac{\partial^2 \bar{v}}{\partial y^2}-\frac{\partial \overline{u'v'}}{\partial y}\right)+\left(\nu\frac{\partial^2 \bar{w}}{\partial z^2}-\frac{\partial \overline{u'w'}}{\partial z}\right) \tag{9-5}$$

此式为紊流时 $x$ 方向上的动量方程。同理可列出 $y$、$z$ 方向上的动量方程，也可写出非稳态可压缩情况等更复杂一些情况下的动量方程。

我们注意到该方程与非紊流方程相比，是在以时均量形式写出的方程中，在各个表面上 $x$ 方向上的黏性力项中加上一个附加项，该项被称为紊流切应力项。

对两维边界层，上式中含 $\bar{w}$ 与 $w'$ 的项已不存在，$\nu\frac{\partial^2 \bar{u}}{\partial x^2}$与 $\nu\frac{\partial^2 \bar{v}}{\partial y^2}$相比可忽略，$\frac{\partial \overline{u'u'}}{\partial x}$与 $\frac{\partial \overline{u'v'}}{\partial y}$相比也可忽略，动量方程为：

$$\bar{u}\frac{\partial \bar{u}}{\partial x}+\bar{v}\frac{\partial \bar{u}}{\partial y}=X-\frac{1}{\rho}\frac{\partial \bar{p}}{\partial x}+\nu\frac{\partial^2 \bar{u}}{\partial y^2}-\frac{\partial \overline{u'v'}}{\partial y} \tag{9-6}$$

式中的最后一项为紊流切应力项，它是单位质量流体所受到的该力在 $y$ 方向上的变化率。相应的紊流切应力为：

$$\tau_t=-\rho\overline{u'v'} \tag{9-7}$$

类似的方法可写出时均化后的描述紊流的能量方程：

$$\frac{\partial \bar{t}}{\partial \tau}+\bar{u}\frac{\partial \bar{t}}{\partial x}+\bar{v}\frac{\partial \bar{t}}{\partial y}+\bar{w}\frac{\partial \bar{t}}{\partial z}=a\nabla^2\bar{t}-\left[\frac{\partial(\overline{u't'})}{\partial x}+\frac{\partial(\overline{v't'})}{\partial y}+\frac{\partial(\overline{w't'})}{\partial z}\right] \tag{9-8}$$

为了书写方便，在今后关于紊流讨论中，省去时均项上面的横杠，一律以原符号代表时均值，例如 $u$ 代表 $\bar{u}$，$v$ 代表 $\bar{v}$，$p$ 代表 $\bar{p}$ 等。

## 第二节　紊流在近壁处的速度型

速度场是影响对流换热的最主要因素之一。本节的讨论虽属流体力学的内容，却也是研究对流换热的必需内容。

在第七章边界层的讨论中，我们已经对层流边界层中的速度与温度分布有了确切的了解。本科教材也已经讲过，当层流边界层发展到一定厚度时，会在外缘处开始出现不稳定，层流边界层经过一段过渡演变为层流底层与紊流边界层。如果壁面是管道的内壁，且 Re 数在 $10^4$ 以上，则紊流边界层的厚度会逐渐加厚直至管中心，从而在管内形成紊流的主流区；如果壁外为无限空间，则从理论上讲，紊流边界层的厚度会向外无限地发展。

经典的紊流理论认为紊流脉动是由外界的扰动引发的。对流动流体最主要的扰动通常都来自于边界。如果在空间某处流体质点的惯性力大于所受到的黏性力，则扰动会被放大，反之，扰动会逐渐消失。

1. 混合长度理论

要求解紊流的动量方程，必须将多出的紊流切应力项写成已有变量的函数，这样方程组的变量个数才能与方程个数相等，方程组才封闭。通常是寻求该项与时均速度及时均压力的关系。时均速度与时均压力是空间位置的函数，这也就是在间接地寻求该项在坐标中的表达式。按照这一思路，普朗特（Prandtl）在 1925 年提出了著名的混合长度学说。

所谓混合长度，即是流体中的某一微团在一次脉动中跃进的距离，记为 $l$（m）。现在

我们来考察平壁外 $x$ 方向上动量方程中的紊流切应力项，设流体微团在 $y$ 方向上跃进 $l$ 距离，从速度较低的一层到了速度较高的一层，引起了动量传递，同时产生了紊流切应力。

普朗特对脉动速度做出一个合乎逻辑的假定，$|u'| \sim l\dfrac{\partial u}{\partial y}$，$|v'| \sim l\dfrac{\partial u}{\partial y}$，即脉动速度与当地时均速度的梯度成正比，与混合长度成正比。对照图 9-1，我们可以想像这个假定是有道理的。$y/\delta$ 增大，速度梯度减小，脉动速度也减小。如此，紊流切应力为：

$$\tau_t = k\rho l^2\left(\frac{\partial u}{\partial y}\right)^2$$

式中 $k$ 为一个常数。由于 $l$ 也是一个未定的参数，故可以把 $k$ 纳入到 $l^2$ 中，如此形成了一个新的混合长度。将$\tau_t$ 的符号设为与$\dfrac{\partial u}{\partial y}$相同，切应力被写为

$$\tau_t = \rho l^2\left|\frac{\partial u}{\partial y}\right|\frac{\partial u}{\partial y} \tag{9-9}$$

某点的总切应力为层流切应力与紊流脉动切应力之和，

$$\tau = \tau_l + \tau_t = \rho(\nu + \varepsilon_M)\frac{\partial u}{\partial y} \tag{9-10}$$

则紊流黏滞系数 $\varepsilon_M$ 为

$$\varepsilon_M = l^2\left|\frac{\partial u}{\partial y}\right| \tag{9-11}$$

普朗特认为，紊流切应力与当地速度梯度的平方成正比，而比例系数 $l^2$ 则与速度分布无关。得出这一结论的过程虽并不严密，过程中一些论断属经验性质，但却与实验结果十分相近。在壁面上，$\tau_t = 0$，因此 $l$ 应为零，因此普朗特进一步假定 $l = ky$，即混合长度与 $y$ 成正比。由实验结果进一步确定出 $k = 0.4$，即

$$l = 0.4y \tag{9-12}$$

此后许多学者对混合长度学说进行了改进，各自提出了自己的紊流切应力的表达式。卡门（Karman）在 1930 年对紊流切应力的分析为：将脉动看作是旋涡运动，根据对涡旋的分析，他认为：

$u' \sim l_1\dfrac{\partial u}{\partial y}$（与普朗特相同），$v' \sim l_1 l_2\dfrac{\partial^2 u}{\partial y^2}$（旋度绝对值对 $y$ 的导数）

取 $l$ 为 $l_1$ 与 $l_2$ 的平均值，且令 $|u'| = |v'|$（旋涡运动的特征）获得：

$$l = k\frac{\dfrac{\partial u}{\partial y}}{\dfrac{\partial^2 u}{\partial y^2}}, \quad \tau_t = \rho k^2\frac{\left(\dfrac{\partial u}{\partial y}\right)^4}{\left(\dfrac{\partial^2 u}{\partial y^2}\right)^2}$$

即

$$\varepsilon_M = k^2\frac{\left(\dfrac{\partial u}{\partial y}\right)^3}{\left(\dfrac{\partial^2 u}{\partial y^2}\right)^2} \tag{9-13}$$

式中 $k$ 为一需由实验确定的无因次常数。

首先，我们注意到这个假定的一个缺欠。在壁面上$\dfrac{\partial^2 u}{\partial y^2} = 0$，因此$\tau_t \to \infty$，这是不可能的。因此该假定并不适用于层流底层，但这并不妨碍该假定在推导层流底层以外速度型时

的优越性。

2. 通用壁定理

我们来考查流体横掠平板近壁处的紊流速度型。观察式（9-6），由于是横掠平板，故 $\frac{\partial p}{\partial x}=0$，$\frac{\partial u}{\partial x}=0$，由于在近壁处 $v$ 很小，也近似地认为 $v=0$，故 $\nu\frac{\partial^2 u}{\partial y^2}-\frac{\partial \overline{u'v'}}{\partial y}=0$。将此式对 $y$ 积一次分得：

$$\tau=\tau_l+\tau_t=\mu\frac{\partial u}{\partial y}-\rho\overline{u'v'}=\tau_w \tag{9-14}$$

而在紊流边界层中$\tau_t\gg\tau_l$，故$\tau_t\approx\tau_w$。代入卡门的紊流切应力假定，有

$$\tau_w=\rho k^2\frac{\left(\frac{du}{dy}\right)^4}{\left(\frac{d^2u}{dy^2}\right)^2}$$

这是一个可积分求解的形式。

$$\frac{1}{k}\sqrt{\frac{\tau_w}{\rho}}=\pm\frac{\left(\frac{du}{dy}\right)^2}{\frac{d^2u}{dy^2}},\quad \frac{d\frac{du}{dy}}{dy}=\frac{\pm k}{\sqrt{\frac{\tau_w}{\rho}}}\left(\frac{du}{dy}\right)^2$$

积分得：$\frac{1}{\frac{du}{dy}}=\frac{\pm k}{\sqrt{\frac{\tau_w}{\rho}}}\cdot y+C_1$

令 $C_1=0$（这相当于当 $y=0$ 时，$\frac{\partial u}{\partial y}\to\infty$，看来不合道理。但在 $y=0$ 处是层流底层，不属于本推导过程的研究范围。层流底层的情况，在推导后将作另外的处理。）得：$\tau_w=\rho k^2y^2\left(\frac{du}{dy}\right)^2$，我们注意到这个紊流切应力的表达式与运用普朗特的混合长度学说所得到的是一致的，继续积分得：$\frac{u}{\sqrt{\tau_w/\rho}}=\frac{1}{k}\ln\frac{y\sqrt{\tau_w/\rho}}{\nu}+C$。

定义以下物理量：

剪切速度：$u^*=\sqrt{\frac{\tau_w}{\rho}}$　　(m/s)；

近壁处的无因次速度：$u^+=\frac{u}{u^*}$；

近壁处的无因次距离：$y^+=\frac{yu^*}{\nu}$；　　(9-15)

上式变为 $u^+=\frac{1}{k}\ln y^++C$。

尼古拉兹等许多学者做了大量精细的实验来确定式中的两个系数 $k$ 与 $C$。

图 9-2 中横坐标的长度为 $\ln y^+$。由图可见，当 $y^+>30$ 时，实验点集中于一条直线附近，与公式相吻合。其斜率为 2.5，即$\frac{1}{k}=2.5$，$k=0.4$。

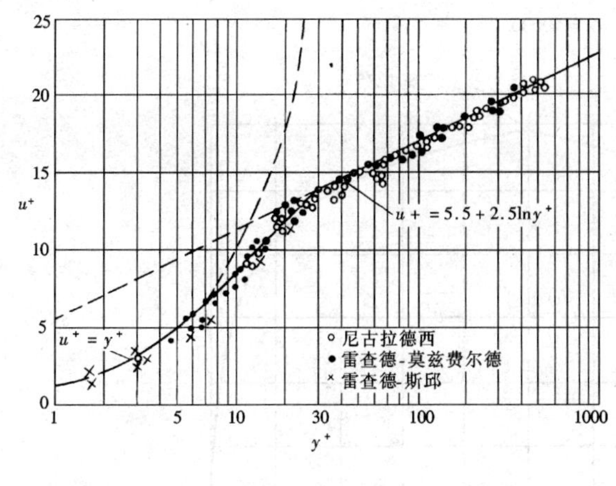


图 9-2 管内紊流充分发展区的通用速度分析

在层流底层，紊流切应力可以忽略。参考层流边界层的速度分布 $\frac{u}{u_s}=\frac{3}{2}\frac{y}{\delta}-\frac{1}{2}\left(\frac{y}{\delta}\right)^3$，考虑到紊流时层流底层的厚度远小于正常层流边界层的厚度，故 $\frac{u}{u_s}\approx\frac{3}{2}\frac{y}{\delta}$，即 $u$ 随 $y$ 呈线性变化。$\tau_w=\mu\frac{\partial u}{\partial y}=\mu\frac{u}{y}$，引入 $u^+$ 与 $y^+$ 的定义知：$u^+=y^+$，由图 9-2 中的实验点可判断层流底层的范围为 $0<y^+<5$。

另外，由图可知层流底层（$0<y^+<5$）的速度曲线 $u^+=y^+$ 与紊流区的速度曲线（$y^+>30$）相交于 $y^+=11.5$。由此算得 $C=11.5-2.5\ln 11.5=5.5$，即当 $y^+>30$ 时，$u^+=2.5\ln y^++5.5$。

对 $5<y^+<30$ 这一区域，上述两个公式均不适用，卡门补充了一个公式

$$u^+=5.0\ln y^+-3.05$$

上述各区的速度分布与切应力情况汇总于表 9-1。

**近壁处的紊流速度型** **表 9-1**

| $y^+$ | 0 — 5 | 5 — 11 | 11 — 30 | 30 — |
|---|---|---|---|---|
| 区域名称 | 层流底层 | 过渡层 | 过渡层 | 紊流边界层 |
| 切应力 | $\tau=\tau_l$ | $\tau=\tau_l+\tau_t$<br>$\tau_l>\tau_t$ | $\tau=\tau_l+\tau_t$<br>$\tau_l<\tau_t$ | $\tau=\tau_t$ |
| 速度型 | $u^+=y^+$ | $u^+=5.0\ln y^+-3.05$ | | $u^+=2.5\ln y^++5.5$ |

紊流近壁处的这一速度型被称为“通用壁面规律”或“通用壁定理”。它说明近壁处流体的速度呈对数分布。

## 第三节　管内紊流速度型与流动阻力计算

管内紊流是最常见的物理现象。其阻力与换热计算有非常普遍的工程意义，因此也是学术界很早就进行过大量研究的课题。

### 一、管内的对数速度分布及阻力计算公式

计算阻力系数的前提是确定速度分布。将近壁处的速度型用至全管获得的速度曲线如图 9-3 所示。

图中纵坐标 $\frac{u}{u_c}$ 中的 $u_c$ 为管中心处的流速，即最大流速。

这个速度曲线看起来并不令人满意。因为在管中心处按物理概念应为 $\tau=0$，但此速度型在管中心出现一个“尖”，即速度梯度不为零，这是明显错误的。这个错误是由于推导过程中的一个假定引起的。在近壁处曾假定 $\tau=\tau_w$，对极薄的边界层这是可以的，但对整

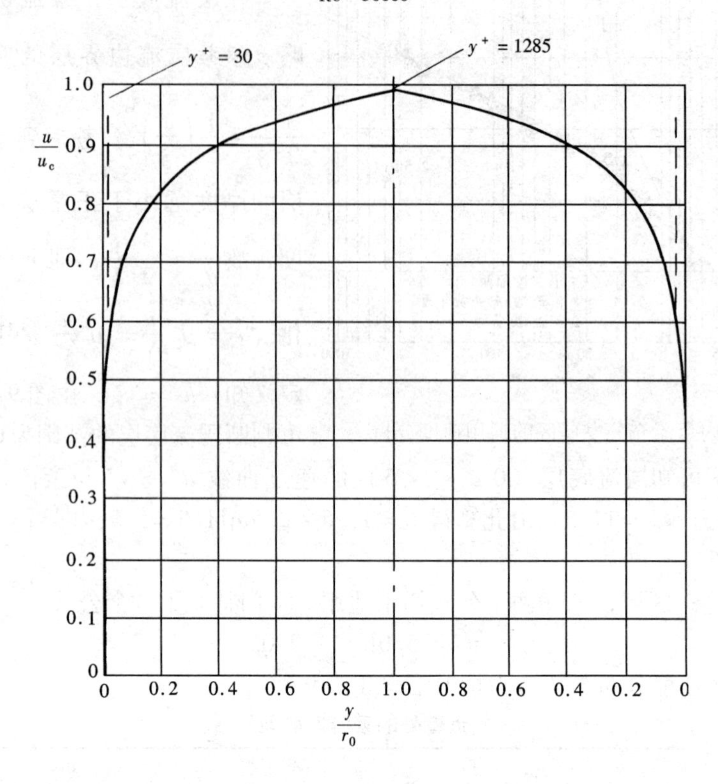


图 9-3　圆管紊流充分发展区的速度分布（$Re = 5 \times 10^4$）

个管断面而言，设定整个管断面的切应力都为$\tau_w$，当然速度在管中心也有梯度了。

事实上圆管内的切应力是线性分布的。在管内取半径为 $r$ 的柱形控制体，长度为 $l$，则按力平衡关系，有：

$$\pi r^2 \Delta p = 2\pi r \cdot l \cdot \tau$$

对全管有：

$$\pi r_0^2 \Delta p = 2\pi r_0 \cdot l \cdot \tau_w$$

两式相比有：

$$\frac{\tau}{\tau_w} = \frac{r}{r_0} \tag{9-16}$$

可见由于沿管长方向有压力梯度，在圆管内，沿半径方向切应力应该呈线性分布。

虽然有这个明显缺欠，但实验表明对管内绝大部分空间，该分布与实验结果吻合较好，因此如果不计较管中心那一点错误的话，这个管内紊流的速度型仍是很有价值的。

管中心处的 $y^+$ 可以通过计算得到。在管中心处，$y = d/2$，引入 $y^+$、$\tau_w$ 的定义式和布拉修斯（blasius）的光滑管紊流阻力公式

$$C_f = \frac{0.3164}{4} Re^{-0.25} \tag{9-17}$$

进行估算，容易算得管中心的 $y^+$ 为 1285（对 Re = 50000），同时可以算得在此 Re 下，$y^+ < 30$ 的尺度在半径方向上仅占 2.3%，是很薄的一层，至于 $y^+ < 5$ 的尺度则仅占 0.4%。

再来看各区分界处的速度情况。在圆管半径的0.4%边界层厚度处，$u^+=y^+=5$，$u=5\sqrt{\frac{\tau_w}{\rho}}$。用布拉修斯公式来估算$\tau_w$，获得此处$\frac{u}{u_m}=0.26$。即是说：在离壁距离为管半径的0.4%处，速度已为管内平均流速的26%。在$y^+=30$处，$u^+=5.0\ln y^+-3.05=14.0$，按同样的方法算得此处$\frac{u}{u_m}=0.728$，可见在离壁距离为管径的2.3%处，速度已达到管内平均流速的72.8%。当然这只是Re=50000的情况。Re越小，边界层越厚。

现在我们根据该速度分布来推导圆管壁面摩擦系数的公式。壁面摩擦系数定义为：

$$C_f=\frac{\tau_w}{\frac{\rho}{2}u_m^2}\quad 即\quad \frac{C_f}{2}=\left(\frac{u^*}{u_m}\right)^2 \tag{9-18}$$

在计算$u_m$时，由于$y^+<30$的区域仅占整个流动面积的很小一部分，故近似地用$y^+>30$的速度分布来代替全管断面中的速度分布。

$$\frac{u}{u^*}=2.5\ln\frac{yu^*}{\nu}+5.5$$

$$\frac{u_{max}}{u^*}=2.5\ln\frac{r_0u^*}{\nu}+5.5$$

这里写出$u_{max}$是为了求$u_m$时方便积分。对管内平均流速$u_m$有：

$$\frac{u_m-u_{max}}{u^*}=2.5\frac{1}{\pi r_0^2}\int_0^{r_0}\ln\frac{r_0-r}{r_0}2\pi r\mathrm{d}r=-3.75 \tag{9-19}$$

故：

$$u_m-u_{max}=-3.75\sqrt{\frac{\tau_w}{\rho}}=-3.75\sqrt{\frac{C_f}{2}}u_m,$$

故

$$\frac{u_m}{u_{max}}=\frac{1}{1+3.75\sqrt{\frac{C_f}{2}}} \tag{9-20}$$

这个平均速度与最高速度之比的公式是一个有用的公式。

将式（9-19）左端写成$\frac{u_m}{u^*}-\frac{u_{max}}{u^*}$得：

$$\sqrt{\frac{2}{C_f}}-2.5\ln\frac{r_0u^*}{\nu}-5.5=-3.75$$

式中$\frac{r_0u^*}{\nu}=\frac{du_mu^*}{2\nu u_m}=\frac{1}{2}\mathrm{Re}\sqrt{\frac{C_f}{2}}$，如此推得：

$$\sqrt{\frac{1}{C_f}}=1.768\ln \mathrm{Re}\sqrt{C_f}-0.601$$

代入$C_f=\frac{\lambda}{4}(\Delta p=\lambda\frac{1}{d}\frac{\rho}{2}u_m^2)$，并将ln改为lg（以10为底的对数），得到：

$$\frac{1}{\sqrt{\lambda}}=2.305\lg \mathrm{Re}\sqrt{\lambda}-0.913$$

用实验数据修正该公式的数据后，即得到大家在流体力学中学到过的尼古拉兹管道沿程阻力系数公式

$$\frac{1}{\sqrt{\lambda}}=2\lg \mathrm{Re}\sqrt{\lambda}-0.8 \tag{9-21}$$

此式的使用范围很宽，为 $2300<\mathrm{Re}<\infty$。

**二、1/7 次方定律**

在管内紊流的速度型研究中，还有一个著名的1/7 次方定律。尼古拉兹在对光滑圆管内的速度分布进行了细致的实验研究后，提出：

$$\frac{u}{u_{\max}}=\left(\frac{y}{r_0}\right)^{\frac{1}{n}} \tag{9-22}$$

式中 $n$ 随 Re 数的升高而增大，如表 9-2 所示。

**圆管紊流充分发展区速度指数分布的数据** $\left[\frac{u}{u_{\max}}=\left(\frac{y}{r_0}\right)^{\frac{1}{n}}\right]$ **表 9-2**

| Re | $10^5$ | $5\times10^5$ | $1.3\times10^6$ | $3.2\times10^6$ |
|---|---|---|---|---|
| $n$ | 7 | 8 | 9 | 10 |
| $u_m/u_{\max}$ | 0.817 | 0.837 | 0.852 | 0.865 |
| $K$ | 8.65 | 9.71 | 10.6 | 11.5 |

当 Re 为 $10^5$ 左右时，$\frac{u}{u_{\max}}=\left(\frac{y}{r_0}\right)^{\frac{1}{7}}$，故该速度型被称为1/7 次方定律。

管内平均流速与最大流速之比为：

$$\frac{u_m}{u_{\max}}=\frac{1}{\pi r_0^2}\int_0^{r_0}\frac{u}{u_{\max}}(2\pi r)\mathrm{d}r=\frac{2}{r_0^2}\int_0^{r_0}\left(\frac{r_0-r}{r_0}\right)^{1/n}r\mathrm{d}r=\frac{2n^2}{(n+1)(2n+1)} \tag{9-23}$$

$u_m/u_{\max}$ 的数值也被列在表 9-2 中。应该指出，与对数的描述一样，1/7 次方定律是用来描述管内绝大部分空间的速度分布的，但它并不负责近壁处和管中心这些特殊位置速度分布在理论上的正确性。例如按着该定律，当 $y=0$ 时 $\frac{\partial u}{\partial y}\to\infty$，当 $y=r_0$ 时（管中心）$\frac{\partial u}{\partial y}\neq0$，这些在理论上都是说不通的。因此，该速度型只被用来计算管内平均流速——这是摩擦阻力计算所必需的。至于决定壁面切应力的近壁处的速度型，则还是要用 $u^+=y^+$。现在我们根据这个速度型来推导壁面摩擦系数的关系式。首先根据 1/7 定律整理在管内非近壁处 $u^+$ 与 $y^+$ 的关系。根据定义：

$$u^+=\frac{u}{u^*}=\frac{u_{\max}}{u^*}\left(\frac{y}{r_0}\right)^{\frac{1}{n}},\quad y^+=\frac{yu^*}{\nu}$$

利用此两式将 $y$ 消去得：

$$u^+=\frac{u_{\max}}{u^*}\left(\frac{\nu}{r_0u^*}\right)^{\frac{1}{n}}y^{+\left(\frac{1}{n}\right)}=Ky^{+\left(\frac{1}{n}\right)}$$

系数 $K$ 与 $u_{\max}$ 及 $u^*=\sqrt{\frac{\tau_w}{\rho}}$ 有关，是很容易测定的。通过测定发现它仅与 Re 有关，其数据已被列于表 9-2 中。

考虑到：

$\frac{u_{\max}}{u^*} = K\left(\frac{r_0 u^*}{\nu}\right)^{\frac{1}{n}}$ 有：

$$\frac{u_m}{u^*} = \frac{u_m}{u_{\max}} \cdot K\left(\frac{r_0 u^*}{\nu}\right)^{\frac{1}{n}} = K \cdot \frac{u_m}{u_{\max}} \cdot 2^{-\frac{1}{n}} \cdot \mathrm{Re}^{\frac{1}{n}}\left(\frac{u^*}{u_m}\right)^{\frac{1}{n}}$$

故

$$\frac{u^*}{u_m} = \left[2^{-\frac{1}{n}} \cdot K \cdot \frac{u_m}{u_{\max}} \cdot \mathrm{Re}^{\frac{1}{n}}\right]^{-\frac{n}{n+1}}$$

$$= 2^{\frac{1}{n+1}}\left(\frac{2Kn^2}{(n+1)(2n+1)}\right)^{-\frac{n}{n+1}} \cdot \mathrm{Re}^{-\frac{1}{n+1}}$$

$$\frac{C_f}{2} = \left(\frac{u^*}{u_m}\right)^2 = 2^{\frac{2}{n+1}}\left(\frac{2Kn^2}{(n+1)(2n+1)}\right)^{-\frac{2n}{n+1}} \cdot \mathrm{Re}^{-\frac{2}{n+1}} \tag{9-24}$$

有了 Re 即可通过表 9-2 查得 $n$ 与 $K$，于是$\frac{C_f}{2}$可求。

对 $\mathrm{Re} = 10^5$ 左右，取 $n = 7$，$K = 8.65$ 得：

$$\frac{C_f}{2} = 0.0389\mathrm{Re}^{-0.25} \tag{9-25}$$

考虑到 $C_f = \frac{\lambda}{4}$，可以看出式（9-25）就是布拉修斯公式。这也从另一个角度验证了 1/7 次定律所确定的速度型在计算平均流速时还是相当准确的。

## 第四节 管内充分发展段的紊流换热

管内紊流时，进口区较短，充分发展段紊流换热的计算更有意义。

在本科传热学中，已介绍了管内紊流换热的准则关联式和它们的应用条件，以及定型尺寸、定性速度、定性温度的确定方法等。作为高等传热学的内容，本节将不仅仅作为经验公式，试验公式介绍这些内容，而是要从理论的角度较深入地探讨这些关联式的来由。

略去耗散热和轴向导热，（对以输送流体为目的圆管中的紊流换热计算一般均可以如此处理）。参考公式（8-10），圆管中不可压缩流体成熟发展紊流的能量方程为：

$$\frac{1}{r}\frac{\partial}{\partial r}\left[r(a + \varepsilon_H)\frac{\partial t}{\partial r}\right] = u\frac{\partial t}{\partial x} \tag{9-26}$$

本节轴向流速改用符号 $u$。如同研究流动时一样，式中的速度与温度均为时均值。$a$ 为流体的导温系数，$\varepsilon_H$ 是因紊流脉动引起的热扩散系数，也可称为紊流导温系数。

与层流时的能量方程相比式中多了一个 $\varepsilon_H$。由于紊流时层与层之间的热传递与动量传递都是由分子扩散与流体微团的脉动扩散引起的，因此，$\varepsilon_H$ 与 $\varepsilon_M$ 有确定的关系。对分子扩散，有 $\mathrm{Pr} = \frac{\nu}{a}$，对紊流脉动扩散，类似地就有 $\mathrm{Pr}_t = \frac{\varepsilon_M}{\varepsilon_H}$，$\mathrm{Pr}_t$ 称为紊流普朗特数。$\mathrm{Pr}_t > 1$，表示紊流脉动引起的动量传递较热量传递强，$\mathrm{Pr}_t < 1$ 则相反。与 Pr 数为物性参数不同，$\mathrm{Pr}_t$ 除与流体的物性有关外，还与流动情况及脉动强度有关，也就是说，它不纯粹是物性参数。以空气为例，Pr 大约为 0.7 左右，基本不变，但 $\mathrm{Pr}_t$ 可在 0.5 ~ 2 之间变化，

脉动越强，$Pr_t$ 越大，因此近壁处的 $Pr_t$ 要大于管中心部位的 $Pr_t$。在工程计算中，常近似地取 $Pr_t=0.9$。

## 一、定壁面热流紊流换热时管内的温度分布与准则关联式

管内温度分布需通过求解能量方程获得。对定壁热流边界条件下的成熟发展管内流动换热，$\frac{\partial t}{\partial x}=\frac{2q_w}{r_0 c\rho u_m}$为常数。参照式（8-14）将坐标 $r$ 换成 $y$（离壁距离），能量微分方程变为：

$$\frac{-1}{r_0-y}\frac{\partial}{\partial y}[(r_0-y)\cdot q]=\frac{2q_w}{r_0}\frac{u}{u_m} \tag{9-27}$$

式中：

$$q=c\rho(a+\varepsilon_H)\frac{\partial t}{\partial r}$$

为任一位置的径向热流（$W/m^2$）。$q$ 与 $q_w$ 的符号均定义为与$\frac{\partial t}{\partial r}$相同。

速度分布的幂函数形式为：

$$\frac{u}{u_m}=\frac{u}{u_{max}}\cdot\frac{u_{max}}{u_m}=\left(\frac{y}{r_0}\right)^{\frac{1}{n}}\frac{(n+1)(2n+1)}{2n^2}$$

将$\frac{u}{u_m}$代入式（9-27）后对 $y$ 积分有：

$$q=\frac{-2r_0q_w}{r_0-y}\cdot\frac{(n+1)(2n+1)}{2n^2}\left[\frac{n}{n+1}\left(\frac{y}{r_0}\right)^{\frac{n+1}{n}}-\frac{n}{2n+1}\left(\frac{y}{r_0}\right)^{\frac{2n+1}{n}}+c\right]$$

对 $y=r_0$，$q=0$ 有 $c=\frac{n}{2n+1}-\frac{n}{n+1}=\frac{-n^2}{(2n+1)(n+1)}$

整理为：

$$q=\frac{q_w}{1-\frac{y}{r_0}}\left[1-\left(2+\frac{1}{n}\right)\left(\frac{y}{r_0}\right)^{\frac{n+1}{n}}+\left(1+\frac{1}{n}\right)\left(\frac{y}{r_0}\right)^{\frac{2n+1}{n}}\right] \tag{9-28}$$

当 $y=r_0$ 时，用罗比塔法则可证 $q=0$ 已得到满足。当 $y=0$ 时，$q=q_w$ 已自动得到满足。

一些文献中在计算 $q$ 的径向分布时，曾假定在管道的整个断面上 $u\approx u_m$，在管内任意 $r$ 处由热平衡有 $2\pi rq=c\rho u_m\pi r^2\frac{\partial t}{\partial z}$，在管壁处有 $2\pi r_0q_w=c\rho u_m\pi r_0^2\frac{\partial t}{\partial z}$。两式相比就得出了$\frac{q}{q_w}=1-\frac{y}{r_0}$，即 $q$ 在径向为线性分布的近似结论。用这个热流分布来继续后面的推导当然会容易得多，但该分布与式（9-28）相比少乘了一个系数 $B$，

$$B=\frac{1-\left(2+\frac{1}{n}\right)\left(\frac{y}{r_0}\right)^{\frac{n+1}{n}}+\left(1+\frac{1}{n}\right)\left(\frac{y}{r_0}\right)^{\frac{2n+1}{n}}}{\left(1-\frac{y}{r_0}\right)^2} \tag{9-29}$$

该系数为 $n$ 与$\frac{y}{r_0}$的函数，其数值如表 9-3。

**$q/q_w$ 的近似公式与精确式相比的系数 $B=(n,\ y/r_0)$** **表 9-3**

| $n$ \ $\frac{y}{r_0}$ | 0 | 0.2 | 0.4 | 0.6 | 0.8 |
|---|---|---|---|---|---|
| 7 | 1 | 1.087 | 1.135 | 1.170 | 1.199 |
| 8 | 1 | 1.077 | 1.118 | 1.149 | 1.174 |
| 9 | 1 | 1.069 | 1.105 | 1.132 | 1.154 |
| 10 | 1 | 1.062 | 1.095 | 1.119 | 1.138 |

由表 9-3 中数据知，在计算 $q$ 沿径向的分布时，假定管中速度曲线平直，用 $u_m$ 代替 $u$ 会使 $q$ 偏离正确值 0～20%。实际上，由于已经有了比较好的速度型，在推导计算过程中涉及 $u$ 沿径向的分布，就没有必要令 $u=u_m$。$q$ 沿径向的分布为：

$$\frac{q}{q_w}=\left(1-\frac{y}{r_0}\right)\cdot B \tag{9-30}$$

将该式代入式（9-27）有

$$q_w\left(1-\frac{y}{r_0}\right)\cdot B=-c\rho(a+\varepsilon_H)\frac{\partial t}{\partial y} \tag{9-31}$$

这就是求解紊流时管内温度分布的能量微分方程式。在求解速度分布的时候我们已引进了一系列无因次量 $y^+$，$u^+$ 等等。现定义无因次温度为：

$$t^+=\frac{t}{q_w/c\rho u^*} \tag{9-32}$$

无因次半径为：$r_0^+=y^+|_{y=r_0}=\frac{r_0u^*}{\nu}$，从而 $B$ 式中的 $\frac{y}{r_0}=\frac{y^+}{r_0^+}$

将式（9-31）写成无因次形式为：

$$\left(1-\frac{y^+}{r_0^+}\right)\cdot B=-\left(\frac{1}{\Pr}+\frac{\varepsilon_M}{\nu}\frac{1}{\Pr_t}\right)\frac{\partial t^+}{\partial y^+} \tag{9-33}$$

该式中的$\frac{\varepsilon_M}{\nu}$沿径向的分布纯属流动问题，可由速度型导出。管中任意 $y$ 处层间的切应力与壁面切应力分别为：

$\tau=\rho(\nu+\varepsilon_M)\frac{du}{dy}$，$\tau_w=\rho\nu\left.\frac{du}{dy}\right|_w$，$\frac{\tau}{\tau_w}=\left(1+\frac{\varepsilon_M}{\nu}\right)\frac{du/dy}{du/dy|_w}$。利用 $u^+$ 与 $y^+$ 的定义不难验证$\frac{du/dy}{du/dy|_w}=\frac{du^+}{dy^+}$，根据力平衡关系有 $\frac{\tau}{\tau_w}=1-\frac{y}{r_0}$（$\tau$在径向线性分布）。代入后整理得：

$$\frac{\varepsilon_M}{\nu}=\frac{1-y^+/r_0^+}{du^+/dy^+}-1 \tag{9-34}$$

式（9-33）中的 $B$ 为$\frac{y^+}{r_0^+}$的已知函数，$\Pr_t$ 严格地说沿径向有变化，但这是一个很难测定的参数。由于它的变化不大，这里近似地取 $\Pr_t=1$，也就是说下面是按雷诺类比率来进一步讨论温度分布问题。

（1）在层流底层（$y^+ \leqslant 5$），$u^+ = y^+$，由于该层极薄，$1 - y/r_0 \approx 1$，$B \approx 1$，$\varepsilon_M \ll \nu$，故 $t^+ = -\Pr y^+ + c$。当 $y^+ = 0$ 时 $t^+ = t_w^+$，故 $c = t_w^+$。该层温度分布为：

$$t^+ = -\Pr y^+ + t_w^+$$

$$t - t_w = -\frac{q_w}{\lambda} \cdot y \tag{9-35}$$

$y^+ = 5$ 处的温度 $t_5$ 为：

$$t_5 - t_w = -\frac{5q_w \Pr}{c\rho\sqrt{\tau_w/\rho}}$$

（2）在缓冲层:$(5 < y^+ \leqslant 30)$,$u^+ = -3.05 + 5\ln y^+$。由于该层同样离壁极近,因此也可令 $1 - \frac{y}{r_0} \approx 1, B \approx 1$。$\frac{\varepsilon_M}{\nu} = \frac{1}{du^+/dy^+} - 1 = \frac{y^+}{5} - 1$。将它代入到式(9-33)中为 $\frac{\partial t^+}{\partial y^+} = \frac{1}{\frac{1}{\Pr} + \frac{y^+}{5} - 1}$。积分得 $t^+ = 5\ln\left(\frac{1}{P_r} + \frac{y^+}{5} - 1\right) + c$。当 $y^+ = 5$ 时 $t^+ = t_5^+$ 获得该层的温度分布为：

$$t^+ - t_5^+ = -5\ln\left(\frac{\Pr}{5} \cdot y^+ - \Pr + 1\right)$$

$$t - t_5 = -\frac{5q_w}{c\rho\sqrt{\tau_w/\rho}}\ln\left(\frac{y^+}{5} \cdot \Pr - \Pr + 1\right) \tag{9-36}$$

$y^+ = 30$ 处的温度为：

$$t_{30} - t_5 = -\frac{5q_w}{c\rho\sqrt{\tau_w/\rho}} \cdot \ln(5\Pr + 1)$$

（3）在主紊流区（$y^+ \geqslant 30$），$u^+ = 5.5 + 2.5\ln y^+$，$\frac{du^+}{dy^+} = \frac{2.5}{y^+}$，式（9-34）变为 $\frac{\varepsilon_M}{\nu} = \frac{y^+(1 - y^+/r_0^+)}{2.5} - 1$。看出在主紊流区 $\varepsilon_M$ 呈抛物线分布。由于 $y^+$ 大于 30，在管中心处可达一千多。故式中的 $-1$ 可以略去。此外式（9-33）中，除了对液态金属 Pr 数很小的情况外，在主稳流区 $\frac{1}{\Pr} \ll \frac{\varepsilon_M}{\nu}$，可将 $\frac{1}{\Pr}$ 略去。故式（9-33）变为：

$$\frac{\partial t^+}{\partial y^+} = -\frac{(1 - y^+/r_0^+) \cdot B}{\varepsilon_M/\nu} = \frac{2.5}{y^+} \cdot B = 2.5\,\frac{1 - \frac{2n+1}{n}\left(\frac{y^+}{r_0^+}\right)^{\frac{n+1}{n}} + \frac{n+1}{n}\left(\frac{y^+}{r_0^+}\right)^{\frac{2n+1}{n}}}{y^+(1 - y^+/r_0^+)^2}$$

这个积分原则上也可做，从而求出 $t^+ = f(y^+)$，但计算起来很繁。若令 $B \approx 1$，则积分后为 $t^+ = 2.5\ln y^+ + c$。由于 $t_{30}^+ = 2.5\ln 30 + c$，故该区温度分布为：

$$t^+ - t_{30}^+ = 2.5\ln\left(\frac{y^+}{30}\right) \tag{9-37}$$

在管中心处有：

$$t_c^+ - t_{30}^+ = 2.5\ln\left(\frac{r_0^+}{30}\right)$$

从而可写出管中心的温度 $t_c$ 为：

$$t_c - t_{30} = \frac{-2.5q_w}{c\rho\sqrt{\tau_w/\rho}}\ln\frac{r_0^+}{30}$$

将上面有关式子相加得到管中心温度 $t_c$ 为：

$$t_c = t_w - \frac{q_w}{c\rho\sqrt{\tau_w/\rho}}\left[5\mathrm{Pr} + 5\ln(5\mathrm{Pr}+1) + 2.5\ln\left(\frac{r_0^+}{30}\right)\right] \tag{9-38}$$

根据上述温度分布的公式可画出不同 Pr 数时管内的温度分布曲线，如图 9-4 所示。

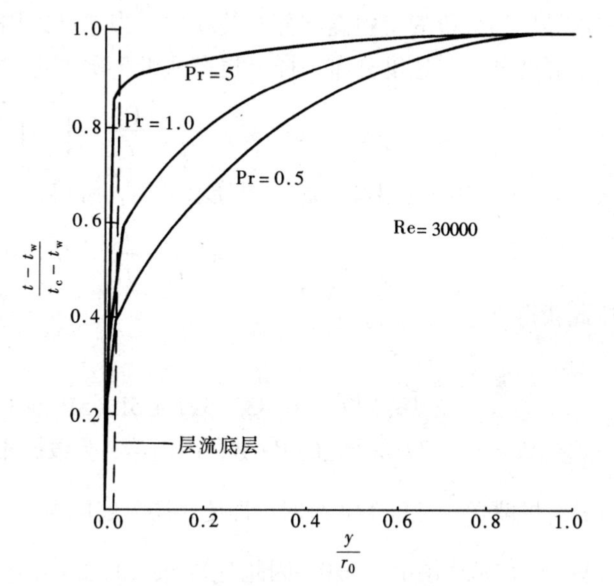


图 9-4　定壁面热流边界条件下不同 Pr 数管内流体的温度分布

由图 9-4 可知，对高 Pr 数的流体，在近壁处有陡峭的温度分布，形成一个温度激烈变化的薄层。在薄层外温度分布很平坦，而对低 Pr 数的流体，在半径方向上温度的变化则比较平缓。这个现象不难从物理概念方面加以解释。Pr 数是物性参数，在整个半径方向上为定值，而$\frac{\varepsilon_M}{\nu \mathrm{Pr_t}}$则随离壁距离变化，且与物性关系不大。因此式（9-33）中$\frac{1}{\mathrm{Pr}}+\frac{\varepsilon_M}{\nu \mathrm{Pr_t}}$两项的比例依流体性质不同和离壁距离不同是不同的。$\frac{1}{\mathrm{Pr}}$项表达因分子扩散而引起的热量传递速率，而$\frac{\varepsilon_M}{\nu \mathrm{Pr_t}}$则表达因紊流脉动引起的热量传递速率。此两项的大小比较见表 9-4。

**$\frac{1}{\mathrm{Pr}}$与$\frac{\varepsilon_M}{\nu \mathrm{Pr_t}}$两项的数量级的比较**　　**表 9-4**

| | 层 流 底 层 | 主 紊 流 区 |
|---|---|---|
| 高 Pr 流体 | 相同数量级 | $\frac{1}{\mathrm{Pr}} \ll \frac{\varepsilon_M}{\nu \mathrm{Pr_t}}$ |
| 低 Pr 流体 | $\frac{1}{\mathrm{Pr}} \gg \frac{\varepsilon_M}{\nu \mathrm{Pr_t}}$ | 相同数量级 |

由于$\frac{1}{\mathrm{Pr}}$是定值，所以在高 Pr 流体的紊流区，由于很大的脉动传递而使温度曲线变化平缓，温度变化主要集中在层流底层。而对低 Pr 数流体，代表分子扩散传递的$\frac{1}{\mathrm{Pr}}$在整个截面上都占有重要地位，在层流底层中则占主导地位，因此它的温度分布类似于层流时的抛物线温度分布，在全区呈渐变特征。

有了温度分布，即可计算断面中的热力学平均温度：

$$t_m = \frac{1}{\pi \cdot r_0^2}\int_0^{r_0} t \cdot \frac{u}{u_m} \cdot (2\pi r)\,\mathrm{d}r$$

放热系数 $h$ 与 $q_w$ 的关系为：

$$q_w = h \cdot (2\pi r_0 l) \cdot (t_w - t_m) (l \text{ 为管长})$$

如此即可整理出 $Nu_q = \frac{2hr_0}{\lambda}$ 的准则关联式。将从理论分析导出的准则关联式用实验进行验证，修改一下系数，得出实用的准则关联式。这是准则关联式产生的最普遍的途径。前面导出的分段的管内温度分布关联式，当然可以用来求 $t_m$，但积分较麻烦，这里近似地假定温度分布与速度分布一样，也遵从 1/7 次方定律：

$$\frac{t - t_w}{t_0 - t_w} = \left[\frac{y}{r_0}\right]^{\frac{1}{7}}$$

式中 $t_0$ 为管中心的温度。通过积分求平均，解得：

$$\frac{t_m - t_w}{t_0 - t_w} = 0.833$$

故此获得：

$$St = \frac{Nu_q}{Re \cdot Pr} = \frac{\sqrt{c_f/2}}{0.833[5Pr + 5\ln(5Pr + 1) + 2.5\ln(Re\sqrt{c_f/2}/60)]} \tag{9-39}$$

该式在 Pr = 0.5 ~ 30 和较宽的 Re 数范围内与实验数据相符，但对 Pr 数很小的液态金属得出的计算结果偏高。当 Pr 数很高时，即使在层流底层中式（9-33）中的 $\frac{\varepsilon_M}{\nu Pt}$ 项也不可忽略，上面的计算曾令层流底层中 $\varepsilon_M = 0$，因此对 Pr 很大的油类流体式（9-39）的计算结果偏低。

文献中对准则关系所推荐的经验公式很多，传热手册中都有介绍。斯莱歇（Sleicher）[5] 推荐的公式为：

$$Nu_q = 5 + 0.015Re^a Pr^b$$

$$a = 0.88 - 0.24/(4 + Pr)$$

$$b = 0.333 + 0.5\exp(-0.6Pr) \quad (0.1 < Pr < 10^4, 10^4 < Re < 10^6) \tag{9-40}$$

对低 Pr 数的液态金属，由于流动性能与 Pr 无关，因此其速度分布与高 Pr 流体相同，但由于其导热系数很大，能量通过分子扩散的传递在整个截面上都不可忽视，因此其温度分布与换热带有层流的特征。斯莱歇对清洁壁面被液态金属良好润湿的情况推荐的经验公式为：

$$Nu_q = 6.3 + 0.0167Re^{0.85}Pr^{0.93} \quad (10^4 < Re < 10^6) \tag{9-41}$$

**二、定壁温时换热计算的准则关联式**

与层流一样，定壁温边界条件下的管内换热由于温度沿程变化，所以用解析的方法研究起来复杂许多。肯定可行的办法是用计算机求数值解，再将数据拟合成公式。斯莱歇通过这种计算给出了定壁热流的 $Nu_q$ 数与定壁温的 $Nu_t$ 数之比值如图 9-5。

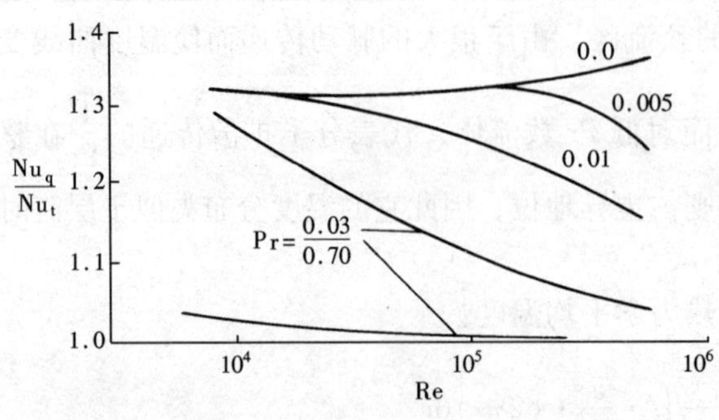


图 9-5　圆管充分发展区紊流换热的 $Nu_q/Nu_t$

由图 9-5 可见，与层流一样，$Nu_t < Nu_q$；对 Pr 越小的流体差别就越大。而对空气和 Pr 很大的油类流体，两者差别不大。

准则关联式方面，本科书上也有推荐，此外，传热手册和各种文献中都有许多不同的公式，其中以本科教材[2]中介绍过的迪图斯—贝尔特（Dittus-Belter）公式为较多的人采用。

$$\mathrm{Nu_f} = 0.023\mathrm{Re_f}^{0.8}\mathrm{Pr_f}^{n} \tag{9-42}$$

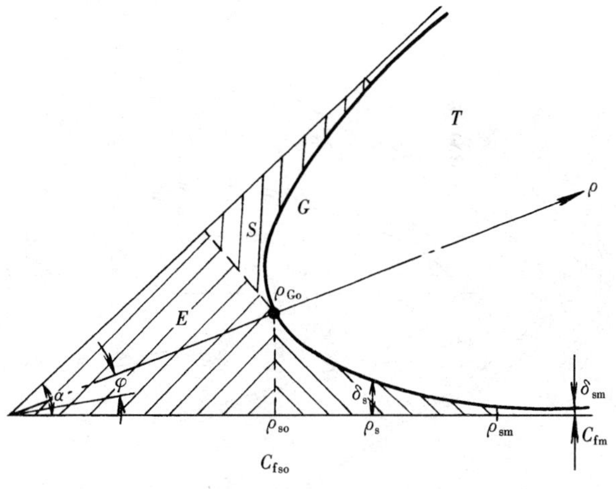

图 9-6　角区模型

加热流体时 $n=0.4$，冷却流体时 $n=0.3$，适用于 $\mathrm{Re_f}=10^4-1.2\times10^5$，$\mathrm{Pr_f}=0.7-120$。此外，该式要求换热温差不很大（对空气 50℃以下，对水 30℃以下）。当温差超过此值时自然对流的影响将起作用，该式就不够准确了。

## 三、非圆断面管道的紊流阻力与换热

对 $\mathrm{Pr}>0.5$ 的流体，对流换热的热阻主要集中在层流底层中。因此换热系数与断面形状关系不大，将非圆断面管道视为直径为水力直径的圆管道来进行计算通常都是可以的，除非管道断面形状有尖锐的锐角或狭窄的边区。

文献[9]、[10]对带角断面紊流的阻力问题进行了理论研究。该文将带任意角的任意流通断面分为角区，层流底层和主紊流区。分区情况如图 9-6 所示。对角区 E 采用圆扇形的速度场公式，对层流底层 S 和主紊流区 T 采用通用壁面规律，然后将各区边界的速度衔接起来构成整个速度场。获得角区边界层的形状如图 9-7 与图 9-8 所示。

关于摩擦系数的形状修正系数为：

$$\psi_{C_f} = \frac{\overline{C_f}}{C_{fdh}} = 1 - \frac{\sum_{i=1}^{K}(\pi-\alpha)^{2.5}}{\mathrm{Re}_{dh}^{0.62}} \tag{9-43}$$

对一些带角断面 $\psi_{C_f}$ 的数值如表 9-5 所示。

**一些断面形状通道紊流的 100·(1 − ψ) 值**（即百分数）　　**表 9-5**

| 断面形状 / $\mathrm{Re_{dh}}$ | 三角形 | | | | | | 矩形 | 梯形 | | 正六边形 |
|---|---|---|---|---|---|---|---|---|---|---|
| | 60°, 60°, 60° | 30°, 60° | 45°, 45° | 30°, 120°, 30° | 15°, 75° | 15°, 150°, 15° | | 120°, 120°, 60°, 60° | 150°, 150°, 30°, 30° | 120° |
| 5000 | 9.7 | 10.4 | 10.2 | 11.9 | 10.0 | 14.4 | 6.3 | 7.6 | 11.5 | 3.4 |
| $10^4$ | 6.3 | 6.8 | 6.7 | 7.7 | 7.2 | 9.4 | 4.1 | 4.9 | 7.5 | 2.2 |
| $10^5$ | 1.5 | 1.6 | 1.6 | 1.9 | 1.7 | 2.3 | 1.0 | 1.2 | 1.8 | 0.5 |
| $10^7$ | 0.1 | 0.1 | 0.1 | 0.1 | 0.1 | 0.1 | 0.1 | 0.1 | 0.1 | 0.0 |

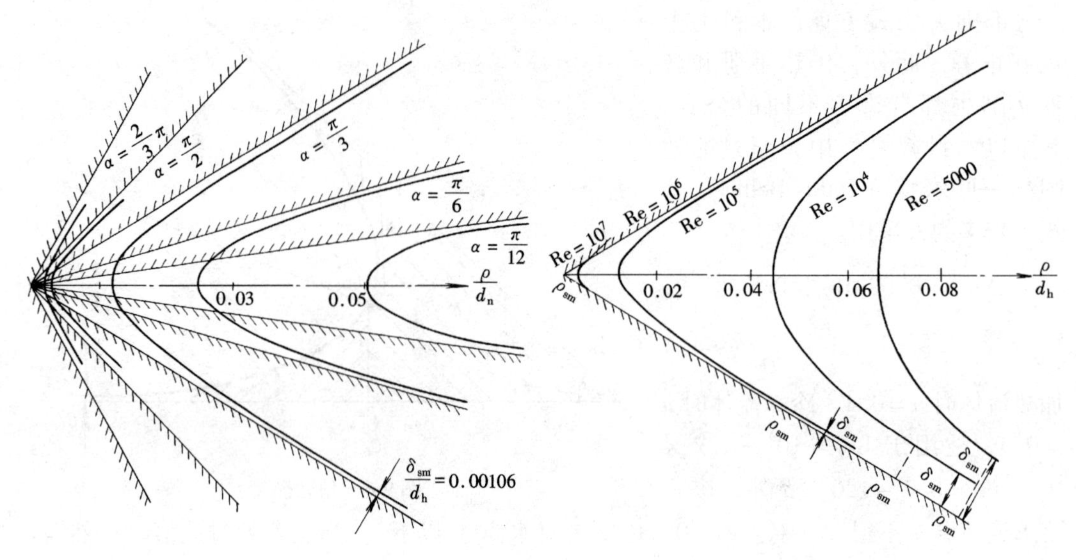


图 9-7 角区边界层的形状，Re = $10^5$　　　图 9-8 角区边界层的形状，$\alpha = 60$

对流换热时热量传递与动量传递无论是对层流边界层，还是对紊流边界层都是有类比关系的，式（9-43）可改写成：

$$\psi_t = \psi_q = \frac{\overline{St}}{St_{dh}} \tag{9-44}$$

## 第五节　定壁温边界条件下外掠平板的紊流换热

求解的思路和方法与管内相似，也是需要先知道速度、切应力及紊流扩散系数 $\varepsilon_H = \varepsilon_M$ 的分布。然后求解壁面外的温度分布，进而导出准则关系式，不同的是：

（1）流动没有充分发展区；

（2）壁外无穷远处温度为常数 $t_\infty$。

边界层中的动量方程为：

$$u\frac{\partial u}{\partial x} + v\frac{\partial u}{\partial y} = -\frac{1}{\rho}\frac{\mathrm{d}p}{\mathrm{d}x} + \frac{1}{\rho}\frac{\partial \tau}{\partial y} \tag{9-45}$$

在近壁处速度与紊流扩散系数 $\varepsilon_M$ 的分布完全可套用管道中近壁处的情况，边界层中的能量方程为：

$$u\frac{\partial t}{\partial x} + v\frac{\partial t}{\partial y} = \frac{\partial}{\partial y}\left(-\frac{q}{C\rho}\right) = (a + \varepsilon_H)\frac{\partial^2 t}{\partial y^2} \tag{9-46}$$

式中 $\varepsilon_H = \varepsilon_M$，即 $Pr_t = 1$ 仍然是成立的。热力边界条件为：

$$y = 0 \text{ 时}，\quad t(x) = t_w；\quad y \to \infty \text{ 时}，\quad t = t_\infty$$

在紊流边界层中，动量传递主要靠 $\varepsilon_M$，热量传递主要靠 $\varepsilon_H$，而 $Pr_t = 1$，$\varepsilon_H \approx \varepsilon_M$。故对紊流边界层而言速度边界层的厚度与温度边界层的厚度近似相等，这一点有如在研究层流边界层当 $Pr = 1$ 时，$\delta = \delta_t$ 一样，这里是由于 $Pr_t = 1$，故有此判断。

在近壁处（$y^+ \leqslant 30$），$X$ 方向的对流换热量很小，可以忽略，热流矢量完全地指向 $y$

方向，故可令 $q=q_w$，即

$$-c\rho(a+\varepsilon_H)\frac{\partial t}{\partial y}=q_w \tag{9-47}$$

然后我们就可以推导紊流边界层中的温度分布了。定义无因次温度：

$$t^+=\frac{t_w-t}{q_w/(C\rho u^*)} \tag{9-48}$$

可将式（9-47）写成无因次的形式

$$dt^+=\frac{dy^+}{\frac{1}{Pr}+\frac{\varepsilon_H}{\nu}} \tag{9-49}$$

用该式求解温度分布还是要首先确定 $\varepsilon_H$。由于假定 $\varepsilon_H\approx\varepsilon_M$，故 $\varepsilon_H$ 与 $\varepsilon_M$ 可由速度型解出。对 $y^+\leqslant30$ 的层流低层与过渡层，求解的过程与结果与管内近壁处的情况完全相同。

$$t_5^+=-5Pr+t_w^+,\quad t_5-t_w=-5Pr\frac{q_w}{C\rho u^*} \tag{9-50}$$

$$t_{30}^+-t_5^+=-5\ln(5Pr+1)\quad t_{30}-t_5=\frac{-5q_w}{c\rho u^*}\ln(5Pr+1) \tag{9-51}$$

在主紊流层中（$y^+>30$），除对 Pr 数很小的流体以外，紊流传递的强度远远超过了分子传递，在动量传递式中 $\nu$ 与 $\varepsilon_M$ 相比可以忽略，在热量传递式中 $a$ 与 $\varepsilon_H$ 相比可以忽略。而 $\varepsilon_H\approx\varepsilon_M$。观察下面两式：

$$\tau=\rho(\nu+\varepsilon_M)\frac{\partial u}{\partial y}=\rho(\nu+\varepsilon_M)\frac{\partial\left(\frac{u}{u_\infty}\right)}{\partial\left(\frac{y}{\delta}\right)}\cdot\frac{u_\infty}{\delta}$$

$$q=-c\rho(a+\varepsilon_H)\frac{\partial t}{\partial y}=-c\rho(a+\varepsilon_H)\frac{\partial\left(\frac{t-t_w}{t_\infty-t_w}\right)}{\partial\left(\frac{y}{\delta_t}\right)}\cdot\frac{t_\infty-t_w}{\delta_t}$$

当 $y=0$ 时，$\frac{u}{u_\infty}=0$，　$\frac{t-t_w}{t_\infty-t_w}=0$

当 $y\to\infty$ 时，$\frac{u}{u_\infty}=1$，　$\frac{t-t_w}{t_\infty-t_w}=1$

此两式方程形式相同，边界条件相同。可知动量传递与热量传递是可以类比的，$\frac{u}{u_\infty}$ 与 $\frac{t-t_w}{t_\infty-t_w}$ 有相同的分布规律，且 $\delta=\delta_t$。两式相比有

$$\frac{\tau}{\rho u_\infty}=\frac{q}{c\rho(t_w-t_\infty)} \tag{9-52}$$

由 $\frac{\frac{\partial t}{\partial y}}{\frac{\partial u}{\partial y}}=\frac{q}{c\tau}=\frac{t_w-t_\infty}{u_\infty}$，　$dt=\frac{t_w-t_\infty}{u_\infty}du$，再引入 $t^+$，$u^+$ 的定义以及 $h=\frac{q_w}{t_w-t_\infty}$，$S_t=\frac{h}{c\rho u_\infty}$，　$S_t=\frac{C_f}{2}$ 等关系，上式被改写成

$$dt^+ = du^+ \tag{9-53}$$

即在主流区无因次温度等于无因次速度。在主流区的内边缘处，

$$y^+ = 30,\quad u_{30}^+ = 5\ln 30 - 3.05 = 14,\quad t^+ = t_{30}^+$$

在无穷远的主流区处 $u_\infty^+ = \dfrac{u_\infty}{u^*} = \dfrac{1}{\sqrt{\dfrac{C_f}{2}}}$，$t^+ = t_\infty^+ = \dfrac{t_w - t_\infty}{q_w/c\rho u^*}$

据式（9-53），$t_\infty^+ - t_{30}^+ = u_\infty^+ - u_{30}^+$，有：

$$t_\infty - t_{30} = -\frac{q_w}{c\rho u^*}(t_\infty^+ - t_{30}^+) = -\frac{q_w}{c\rho u^*}(u_\infty^+ - u_{30}^+) = -\frac{q_w}{c\rho u^*}\left(\frac{1}{\sqrt{\dfrac{C_f}{2}}} - 14\right)$$

总温差为

$$t_\infty - t_w = -\frac{q_w}{c\rho u_\infty\sqrt{\dfrac{C_f}{2}}}\left[5\text{Pr} + 5\ln(5\text{Pr}+1) + \frac{1}{\sqrt{\dfrac{C_f}{2}}} - 14\right]$$

根据对边界层动量积分方程的近似解，对此类紊流边界层，有：

$$\frac{C_f}{2} = 0.0287\text{Re}_x^{-0.2}$$

将此式代入上式，可得：

$$St = \frac{h}{c\rho u_\infty} = \frac{q_w}{c\rho u_\infty(t_w - t_\infty)} = \frac{0.0287\text{Re}_x^{-0.2}}{1 + 0.169\text{Re}^{-0.1}[5\text{Pr} + 5\ln(5\text{Pr}+1) - 14]} \tag{9-54}$$

此公式适用于 Pr = 0.5 ~ 5，且在较宽的 Re 数范围内与实验结果相符。若 Pr 数过小，推导过程中将主流区的分子扩散项的系数 $a$ 忽略是不适当的。若 Pr 数过大，在层流底层与过渡层中忽略紊流扩散项的系数 $\varepsilon_M = \varepsilon_H$ 也是不妥的。对这两种情况，应寻求合适的模型另行求解。

对 Pr = 0.5 ~ 1 的气体和 $5\times10^5 < \text{Re}_x < 5\times10^6$，式（9-54）中的分母可近似为 $\text{Pr}^{0.4}$。这样就得到了本课书介绍过的类似准则关联式：

$$\text{Nu} \approx 0.0287\text{Re}_x^{0.8}\text{Pr}^{0.6} \tag{9-55}$$

## 第六节　描述紊流脉动量的微分方程与紊流模式

第一节介绍了含有紊流脉动项的连续性方程、动量方程与能量方程。这些方程都是以时均量作为主要未知函数的，带有脉动量的项只是方程的附加项，在求解时必须将它们根据经验也写成时均量的函数。因此这些方程基本上还是描述时均量的微分方程，不足以揭示紊流脉动量本身的特征和它们对动量、热量传递的影响。在进一步的研究中，人们开发出了紊流动能方程和紊流应力方程。前者是以紊流脉动动能的时均值$\overline{K}$作为方程的主要变量的，后者是以紊流切应力的时均值$\overline{u'v'}$作为方程的主要变量的。

### 一、紊流动能方程

单位质量流体紊流脉动的瞬间动能为脉动速度平方的一半，瞬间脉动速度的平方为其三个分量的平方和，因此紊流脉动瞬间动能的时均值为：

$$\overline{K} = \frac{1}{2}(\overline{u'^2} + \overline{v'^2} + \overline{w'^2}) \tag{9-56}$$

为简化书写，后面的符号用 $K$ 来代替 $\overline{K}$。$u'$，$v'$，$w'$ 是微观的、随机的，但 $K$ 在空间的分布就是有规律可循的。$K$ 是描述紊流速度场的一个很重要的变量。

将不可压缩流体三个方向上的动量方程（纳维埃—司托克斯方程）中各瞬时量均写成时均量与脉动量之和，例如对 $x$ 方向上的动量方程被写为：

$$\frac{\partial(\overline{u}+u')}{\partial\tau} + (\overline{u}+u')\frac{\partial(\overline{u}+u')}{\partial x} + (\overline{v}+v')\frac{\partial(\overline{u}+u')}{\partial y} + (\overline{w}+w')\frac{\partial(\overline{u}+u')}{\partial z} =$$

$$-\frac{1}{\rho}\frac{\partial(P+P')}{\partial x} + \nu\left[\frac{\partial^2(\overline{u}+u')}{\partial x^2} + \frac{\partial^2(\overline{v}+v')}{\partial y^2} + \frac{\partial^2(\overline{w}+w')}{\partial z^2}\right]$$

将三个方向上的动量方程分别乘以 $u'$，$v'$，$w'$，再进行时均化处理。例如对 $x$ 方向得：

$$\frac{\partial}{\partial\tau}\left(\frac{\overline{u'^2}}{2}\right) + \overline{u}\frac{\partial}{\partial x}\left(\frac{\overline{u'^2}}{2}\right) + \overline{v}\frac{\partial}{\partial y}\left(\frac{\overline{u'^2}}{2}\right) + \overline{w}\frac{\partial}{\partial z}\left(\frac{\overline{u'^2}}{2}\right) + \overline{u'^2}\frac{\partial\overline{u}}{\partial x} + \overline{u'v'}\frac{\partial\overline{u}}{\partial y} + \overline{u'w'}\frac{\partial\overline{u}}{\partial z} +$$

$$\overline{u'\frac{\partial}{\partial x}\left(\frac{u'}{2}\right)^2} + \overline{v'\frac{\partial}{\partial y}\left(\frac{u'}{2}\right)^2} + \overline{w'\frac{\partial}{\partial z}\left(\frac{u'}{2}\right)^2} = -\frac{1}{\rho}\overline{u'\frac{\partial p'}{\partial x}} + \nu\left[\overline{u'\frac{\partial^2 u'}{\partial x^2}} + \overline{u'\frac{\partial^2 u'}{\partial y^2}} + \overline{u'\frac{\partial^2 u'}{\partial z^2}}\right]$$

同样可写出 $y$ 方向与 $z$ 方向上的类似方程。此时方程中各项均已有了单位质量流体能量的量纲。能量是标量，总能量应为各个方向上速度与压力引起的能量之和，因此将由三个方向得到的三个方程相加，得到一个很长的式子。引入 $\frac{\partial u'}{\partial x} + \frac{\partial v'}{\partial y} + \frac{\partial w'}{\partial z} = 0$，并将此式写成张量形式为：

$$\underset{\text{I}}{\frac{\partial K}{\partial\tau}} + \underset{\text{II}}{u_j\overline{\frac{\partial K}{\partial x_j}}} = \underset{\text{III}}{-\overline{u'_j u'_i}\frac{\partial u_i}{\partial x_j}} \underset{\text{IV}}{-\frac{\partial}{\partial x_j}\left[\overline{u'_j\left(K+\frac{P'}{\rho}\right)}\right]} + \underset{\text{V}}{\frac{\partial}{\partial x_j}\overline{u'_i\tau'_{ji}}} \underset{\text{VI}}{-\overline{\tau'_{ji}\frac{\partial u'_i}{\partial x_j}}} \tag{9-57}$$

这就是所谓“紊流能量方程”，式中

$i = 1,2,3, j = 1,2,3, x_1 = x, x_2 = y, x_3 = z, u'_1 = u', u'_2 = v', u'_3 = w'$。

对于每一个 $i$、$j$ 取 1、2、3，可见式中第二项为三项之和，第三项为九项之和，第四项为三项之和，第五与第六项均为九项之和，该式总计有 34 项。$\tau'_{ji}$ 为垂直于 $i$ 方向表面上所受到的 $j$ 方向上的由脉动引起的黏性应力。

该式总的物理意义为机械能守恒，左端为动能随时间的增加及流出与流入之差，右端为各种力所做的功。式中各项均有其一定的物理意义。

第Ⅰ项为紊流动能随时间的变化率。

第Ⅱ项为时均运动引起的紊流动能的对流输运项（流出减流入）。

利用全微分的概念，可将第Ⅰ、Ⅱ项合并写成 $\frac{dK}{d\tau}$。

第Ⅲ项为当时均运动引起流体微团变形时，紊流应力所做的功，该动能化为紊流动能，故又称紊流动能的生成项。

第Ⅳ项为紊流动能与压力位能的扩散项。

第Ⅴ项为紊流脉动黏性应力所做的功，也可理解为脉动引起紊流动能的黏性扩散。

第Ⅵ项为脉动引起的黏性耗散（即摩擦生热），其前面的负号表示耗散过程使该微元体的动能减小。

总的来说，这是一个针对紊流动能列出的平衡关系式。

## 二、紊流应力方程

紊流应力方程也是从纳维埃—司托克斯方程演化出的。先将例如 $x$ 与 $y$ 方向上的动量方程各瞬间量写成时均量与脉动量之和（此时尚未时均化）。然后将获得的两个方程分别减去各自对应的雷诺方程。减过后，以 $v'$ 乘 $x$ 方向的方程，以 $u'$ 乘 $y$ 方向的方程，将两个方程相加再进行时均化，即获得 $\overline{u'v'}$ 为主要变量的紊流应力方程。写成张量形式为：

$$\frac{\partial \overline{u_i' u_j'}}{\partial \tau} + \overline{u}_k \frac{\partial \overline{u_i' u_j'}}{\partial x_k} = -\overline{u_k' u_j'} \frac{\partial \overline{u_i'}}{\partial x_k} - \overline{u_k' u_i'} \frac{\partial \overline{u_j'}}{\partial x_k} - \frac{\partial \overline{u'^2_k u_j'}}{\partial x_k}$$

$$-\frac{1}{\rho}\left[\frac{\partial}{\partial x_i}(\overline{u_j' P'}) + \frac{\partial}{\partial x_j}(\overline{u_i' P'})\right] + \frac{1}{\rho}\frac{\partial}{\partial x_k}(\overline{u_j' \tau'_{ki}} + \overline{u_i' \tau'_{kj}})$$

$$+\frac{1}{\rho}\left(\overline{P' \frac{\partial u_i'}{\partial x_j}} + \overline{P' \frac{\partial u_j'}{\partial x_i}}\right) - \frac{1}{\rho}\left(\overline{\tau'_{ki} \frac{\partial u_j'}{\partial x_k}} + \overline{\tau'_{kj} \frac{\partial u_i'}{\partial x_k}}\right) \tag{9-58}$$

式中 $i$，$j$，$k$ 均为 1，2，3。$\tau'_{ij}$ 为垂直于 $j$ 的微元体表面上所受到的 $i$ 方向上的紊流切应力。左端第一项为紊流应力随时间的变化率，第二项为该力的对流输运项。右端则分别为生成项、扩散项、黏性耗散项等。同理，可推出关于 $\overline{u'_i u'_k}$ 或 $\overline{u'_j u'_k}$ 的紊流应力方程，它们都是专门描述紊流切应力的。

## 三、紊流模式

脉动量是微观的，随机的。紊流动能方程和紊流切应力方程虽然描述了脉动动能与切应力在发生、输运、耗散过程中的平衡关系，但方程中又出现了新的未知量。所谓紊流模式就是要在这些方程中作出选择，确定控制方程，对方程中的未知量运用经验假设的方法将它们写成时均量的函数或建立它们与方程的主要变量（紊流动能或切应力）之间的关系，使方程组封闭，达到可以求解的状况。按着选择方程的不同，紊流模式有如下几类：

（1）零方程模式：只用时均动量方程，不用关于紊流脉动量的微分方程。对脉动附加项常使用混合长度理论及类似的方法处理。

（2）单方程模式：除时均动量方程外，再用一个紊流脉动量的微分方程。常用的是紊流动能方程，紊流动能方程又被称为 $K$ 方程。

（3）双方程模式：除时均动量方程外，再用两个紊流脉动量的微分方程，一个是 $K$ 方程，另一个是 $\varepsilon$ 方程。$\varepsilon$ 方程是描述紊流动能耗散率的。该模式又称“$k-\varepsilon$”方程。

（4）紊流应力模式：以紊流应力方程为主，往往也需要用到 $K$ 方程或 $\varepsilon$ 方程。

（5）大涡模拟：将紊流脉动分为大尺度涡与小尺度涡。将小尺度涡看作是动能的耗散，通过滤波将其滤掉，然后对大尺度涡使用动量方程直接模拟。

（6）紊流的直接数值模拟（DNS）：将计算网格划到充分的细，对紊流脉动不作任何经验性的假定，运用动量方程直接进行数值模拟计算。但该计算需要计算机极大的运算空间和极高的运算速度。

这里对应用较多的双方程模式再作些介绍。以边界层中的稳态二维流动为例：

首先将方程中的 $\varepsilon_M$ 与 $K$ 关系起来，

$$\varepsilon_{M} = C'_{\mu} K^{\frac{1}{2}} L \tag{9-59}$$

该式说明紊流扩散系数与特征速度 $K^{\frac{1}{2}}$ 成正比，是符合物理意义的，$L$ 是紊流的长度尺度（待定）。

$K$ 方程中的紊流扩散输运项可改写成与分子扩散输运项类似的形式，忽略掉沿 $x$ 方向的扩散后该项为 $\partial\left[(\nu + \varepsilon_{M}/\sigma_{k})\partial K/\partial y\right]/\partial y$，式中 $\sigma_{k}$ 为一个经验系数。

$K$ 方程中的产生项中：

$-\overline{u'v'} = \varepsilon_{M}\dfrac{\partial u}{\partial y}$，故产生项为 $\varepsilon_{M}\left(\dfrac{\partial u}{\partial y}\right)^{2}$

$K$ 方程中的耗散项记为 $\varepsilon$，

$$\varepsilon = \nu \sum \overline{\left(\frac{\partial u_{i}}{\partial x_{j}}\right)^{2}} = C_{D} K^{\frac{3}{2}}/L \tag{9-60}$$

该式的意义为在紊流中动能由于黏性的耗散与当地动能本身的大小直接相关。该式左右的因次均为 $\left[\dfrac{m^{2}}{s^{3}}\right]$。式中 $L$ 为特征长度，$C_{D}$ 是一个相当于摩擦系数的无量纲常数。于是二维边界层中的 $K$ 方程可以写成：

$$\frac{dK}{d\tau} = \frac{\partial}{\partial y}\left[\left(\nu + \frac{\varepsilon_{M}}{\sigma_{k}}\right)\frac{\partial K}{\partial y}\right] + \varepsilon_{M}\left(\frac{\partial u}{\partial y}\right)^{2} - \frac{C_{D}}{L}K^{\frac{3}{2}} \tag{9-61}$$

在一方程模式中，根据经验取 $\sigma_{k} \approx 1$，$C_{D} = 0.08$。对高紊流情况忽略 $\nu$ 则方程组已经封闭，只要再根据经验确定特征长度 $L$，方程即已可解。

两方程模型，是在一方程模型基础上补充一个关于紊流动能耗散率 $\varepsilon$ 的方程。

将 $\varepsilon_{M}$ 的方程与 $\varepsilon$ 的方程联立消去 $L$ 有：

$$\varepsilon_{M} = C_{\mu} K^{2}/\varepsilon \tag{9-62}$$

式中 $C_{\mu} = C'_{\mu} \cdot C_{D}$ 是一个新的无量纲常数。根据守恒的概念或者从动量方程经过推演都可以对 $\varepsilon$ 建立起一个发生、输运、耗散的平衡关系方程，

$$\frac{d\varepsilon}{d\tau} = \frac{\partial \varepsilon}{\partial \tau} + u_{j}\frac{\partial \varepsilon}{\partial x_{j}} = \frac{\partial}{\partial x_{j}}\left[\left(\nu + \frac{\varepsilon_{M}}{\sigma_{\varepsilon}}\right)\frac{\partial \varepsilon}{\partial x_{j}}\right] + \frac{C_{1}\varepsilon}{K}\frac{\partial u_{i}}{\partial x_{j}}\left(\frac{\partial u_{i}}{\partial x_{j}} + \frac{\partial u_{j}}{\partial x_{i}}\right) - \frac{C_{2}\varepsilon^{2}}{K}$$

对稳态两相的边界层流动，$K-\varepsilon$ 方程被简化为：

$$u\frac{\partial K}{\partial x} + v\frac{\partial K}{\partial y} = \frac{\partial}{\partial y}\left[\left(\nu + \frac{\varepsilon_{M}}{\sigma_{k}}\right)\frac{\partial K}{\partial y}\right] + \varepsilon_{M}\left(\frac{\partial u}{\partial y}\right)^{2} - \varepsilon$$

$$u\frac{\partial \varepsilon}{\partial x} + v\frac{\partial \varepsilon}{\partial y} = \frac{\partial}{\partial y}\left[\left(\nu + \frac{\varepsilon_{M}}{\sigma_{\varepsilon}}\right)\frac{\partial \varepsilon}{\partial y}\right] + C_{1}\frac{\varepsilon}{K}\varepsilon_{M}\left(\frac{\partial u}{\partial y}\right)^{2} - C_{2}\frac{\varepsilon^{2}}{K}$$

$K-\varepsilon$ 方程共涉及五个经验系数，经算例与实验数据的比较这五个系数的取值为：

$$C_{\mu} = 0.09,\quad C_{1} = 1.44,\quad C_{2} = 1.92,\quad \sigma_{k} = 1.0,\quad \sigma_{\varepsilon} = 1.3$$

与零、一方程模式相比，二方程模式更细致地考虑了紊流的一些本质特点，它可用于许多不同的情况，例如管道中的转折、突扩、突缩、内肋等复杂边界形状下的紊流，自然对流等。

# 附录

**函数的拉普拉斯变换表**

| 序 号 | $F(s)=\mathscr{L}[f(\tau)]$ | $f(\tau)$ |
|---|---|---|
| 1 | $\frac{1}{s}$ | $1$ |
| 2 | $\frac{1}{s^2}$ | $\tau$ |
| 3 | $\frac{1}{s^n}(n=1,2,3,\cdots)$ | $\frac{\tau_{n-1}}{(n-1)!}$ |
| 4 | $\frac{1}{\sqrt{s}}$ | $\frac{1}{\sqrt{\pi\tau}}$ |
| 5 | $s^{-3/2}$ | $2\sqrt{\tau/\pi}$ |
| 6 | $s^{-(n+1/2)}(n=1,2,3,\cdots)$ | $\frac{2^n}{[1\times3\times5\times\cdots(2n-1)]\sqrt{\pi}}\tau_{n-1/2}$ |
| 7 | $\frac{\Gamma(m)}{s^m}(m>0)$ | $\tau_{m-1}$ |
| 8 | $\frac{\Gamma(m+1)}{s^{m+1}}(m>-1)$ | $\tau_m$ |
| 9 | $\frac{1}{s+a}$ | $\exp(-a\tau)$ |
| 10 | $\frac{1}{(s+a)^n}(n=1,2,3,\cdots)$ | $\frac{1}{(n-1)!}\tau_{n-1}\exp(-a\tau)$ |
| 11 | $\frac{\Gamma(k)}{(s+a)^k}(k>0)$ | $\tau_{k-1}\exp(-a\tau)$ |
| 12 | $\frac{1}{(s+a)(s+b)}(a\neq b)$ | $\frac{1}{b-a}[\exp(-a\tau)-\exp(-b\tau)]$ |
| 13 | $\frac{1}{(s+a)(s+b)}(a\neq b)$ | $\frac{1}{a-b}[a\exp(-a\tau)-b\exp(-b\tau)]$ |
| 14 | $\frac{s}{(s-a)(s-b)(s-c)}(a\neq b\neq c)$ | $\frac{(b-c)e^{a\tau}+(c-a)e^{b\tau}+(a-b)e^{c\tau}}{(a-b)(b-c)(c-a)}$ |
| 15 | $\frac{1}{s^2+a^2}$ | $\frac{1}{a}\sin(a\tau)$ |
| 16 | $\frac{s}{s^2+a^2}$ | $\cos(a\tau)$ |
| 17 | $\frac{1}{s^2-a^2}$ | $\frac{1}{a}\mathrm{sh}(a\tau)$ |
| 18 | $\frac{s}{s^2-a^2}$ | $\mathrm{ch}(a\tau)$ |
| 19 | $\frac{k}{(s+a)^2+K^2}$ | $\exp(-a\tau)\sin(K\tau)$ |
| 20 | $\frac{s+a}{(s+a)^2+K^2}$ | $\exp(-a\tau)\cos(K\tau)$ |
| 21 | $\frac{1}{s(s^2+a^2)}$ | $\frac{1}{a^2}[1-\cos(a\tau)]$ |
| 22 | $\frac{1}{s^2(s^2+a^2)}$ | $\frac{1}{a^3}[a\tau-\sin(a\tau)]$ |

续表

| 序　号 | $F(s)=\mathscr{L}[f(\tau)]$ | $f(\tau)$ |
| --- | --- | --- |
| 23 | $\frac{1}{(s^2+a^2)^2}$ | $\frac{1}{2a^3}[\sin(a\tau)-a\tau\cos(a\tau)]$ |
| 24 | $\frac{s}{(s^2+a^2)^2}$ | $\frac{\tau}{2a}\sin(a\tau)$ |
| 25 | $\frac{s^2}{(s^2+a^2)^2}$ | $\frac{1}{2a}[\sin(a\tau)+a\tau\cos(a\tau)]$ |
| 26 | $\frac{s^2-a^2}{(s^2+a^2)^2}$ | $\tau\cos(a\tau)$ |
| 27 | $\frac{s}{(s^2+a^2)(s^2+b^2)}(a^2\neq b^2)$ | $\frac{1}{b^2-a^2}[\cos(a\tau)-\cos(b\tau)]$ |
| 28 | $\frac{3a^2}{s^3+a^3}$ | $\exp(-a\tau)-\exp\left(-\frac{a\tau}{2}\right)\cdot\left(\cos\frac{\sqrt{3}a\tau}{2}-\sqrt{3}\sin\frac{\sqrt{3}a\tau}{2}\right)$ |
| 29 | $\frac{4a^3}{s^4+4a^4}$ | $\sin(a\tau)\mathrm{ch}(a\tau)-\cos(a\tau)\mathrm{sh}(a\tau)$ |
| 30 | $\frac{s}{s^4+4a^4}$ | $\frac{1}{2a^2}\sin(a\tau)\mathrm{sh}(a\tau)$ |
| 31 | $\frac{1}{s^4-a^4}$ | $\frac{1}{2a^3}[\mathrm{sh}(a\tau)-\sin(a\tau)]$ |
| 32 | $\frac{s}{s^4-a^4}$ | $\frac{1}{2a^2}[\mathrm{ch}(a\tau)-\cos(a\tau)]$ |
| 33 | $\frac{s^n}{(s^2+a^2)^{n+1}}$ | $\frac{1}{2^n an!}\tau^n\sin(a\tau)$ |
| 34 | $\frac{s}{(s-a)^{3/2}}$ | $\frac{1}{\sqrt{\pi\tau}}\exp(a\tau)(1+2a\tau)$ |
| 35 | $\sqrt{s-a}-\sqrt{s-b}$ | $\frac{1}{2\sqrt{\pi\tau^2}}[\exp(b\tau)-\exp(a\tau)]$ |
| 36 | $\frac{1}{\sqrt{s}+a}$ | $\frac{1}{\sqrt{\pi\tau}}-a\exp(a^2\tau)\mathrm{erfc}(a\sqrt{\tau})$ |
| 37 | $\frac{\sqrt{s}}{s-a^2}$ | $\frac{1}{\sqrt{\pi\tau}}+a\exp(a^2\tau)\mathrm{erf}(a\sqrt{\tau})$ |
| 38 | $\frac{\sqrt{s}}{s+a^2}$ | $\frac{1}{\sqrt{\pi\tau}}-\frac{2a}{\sqrt{\pi}}\exp(-a^2\tau)\cdot\int_0^{a\sqrt{\tau}}\exp\lambda^2\mathrm{d}\lambda$ |
| 39 | $\frac{1}{\sqrt{s}(s-a^2)}$ | $\frac{1}{a}\exp(-a^2\tau)\mathrm{erf}(a\sqrt{\tau})$ |
| 40 | $\frac{1}{\sqrt{s}(s^2+a^2)}$ | $\frac{2}{a\sqrt{\pi}}\exp(-a^2\tau)\cdot\int_0^{a\sqrt{\tau}}\exp\lambda^2\mathrm{d}\lambda$ |
| 41 | $\frac{b^2-a^2}{(s-a^2)(b+\sqrt{s})}$ | $\exp(a^2\tau)[b-a\mathrm{erf}(a\sqrt{\tau})]-b\exp(b^2\tau)\mathrm{erfc}(b\sqrt{\tau})$ |
| 42 | $\frac{1}{\sqrt{s}(\sqrt{s}+a)}$ | $\exp(a^2\tau)\mathrm{erfc}(a\sqrt{\tau})$ |
| 43 | $\frac{1}{(s+a)\sqrt{s+b}}$ | $\frac{1}{\sqrt{b-a}}\exp(-a\tau)\mathrm{erf}(\sqrt{(b-a)\tau})$ |
| 44 | $\frac{b^2-a^2}{\sqrt{s}(s-a^2)(\sqrt{s}+b)}$ | $\exp(a^2\tau)\left[\frac{b}{a}\mathrm{erf}(a\sqrt{\tau})-1\right]+\exp(b^2\tau)\mathrm{erfc}(b\sqrt{\tau})$ |

续表

| 序　号 | $F(s)=\mathscr{L}[f(\tau)]$ | $f(\tau)$ |
|---|---|---|
| 45 | $\exp(-K\sqrt{s})(K>0)$ | $\frac{K}{2\sqrt{\pi\tau^3}}\exp\left(-\frac{K^2}{4\tau}\right)$ |
| 46 | $\frac{1}{s}\exp(-K\sqrt{s})(K\geqslant 0)$ | $\mathrm{erfc}\left(\frac{K}{2\sqrt{\tau}}\right)$ |
| 47 | $\frac{1}{\sqrt{s}}\exp(-K\sqrt{s})(K\geqslant 0)$ | $\frac{1}{\sqrt{\pi\tau}}\exp\left(-\frac{K^2}{4\tau}\right)$ |
| 48 | $\frac{1}{s\sqrt{s}}\exp(-K\sqrt{s})(K\geqslant 0)$ | $2\sqrt{\tau}\mathrm{ierfc}\left(\frac{k}{2\sqrt{\tau}}\right)=2\sqrt{\frac{\tau}{\pi}}\cdot\exp\left(-\frac{k^2}{4\tau}\right)-k\mathrm{erfc}\left(\frac{k}{2\sqrt{\tau}}\right)$ |
| 49 | $\frac{1}{s^2}\exp(-k\sqrt{s})$ | $4\tau i^2\mathrm{erfc}\left(\frac{1}{2\sqrt{\tau}}\right)=\left(\tau+\frac{k^2}{2}\right)\cdot\mathrm{erfc}\left(\frac{k}{2\sqrt{\tau}}\right)-k\sqrt{\frac{\tau}{\pi}}\exp\left(-\frac{k^2}{4\tau}\right)$ |
| 50 | $\frac{\exp(-k\sqrt{s})}{a+\sqrt{s}}(k\geqslant 0)$ | $\frac{1}{\sqrt{\pi\tau}}\exp\left(-\frac{k^2}{4\tau}\right)-a\exp(ak+a^2\tau)\mathrm{erfc}\left(a\sqrt{\tau}+\frac{k}{2\sqrt{\tau}}\right)$ |
| 51 | $\frac{\exp(-k)\sqrt{s}}{\sqrt{s}(a+\sqrt{s})}(k\geqslant 0)$ | $\exp(ak+a^2\tau)\mathrm{erfc}\left(a\sqrt{\tau}+\frac{k}{2\sqrt{\tau}}\right)$ |
| 52 | $\frac{a\exp(-k\sqrt{s})}{s(a+\sqrt{s})}(k\geqslant 0)$ | $\mathrm{erfc}\left(\frac{k}{2\sqrt{\tau}}\right)-\exp(ak+a^2\tau)\cdot\mathrm{erfc}\left(a\sqrt{\tau}+\frac{k}{2\sqrt{\tau}}\right)$ |
| 53 | $\frac{1}{s\sqrt{s}(\sqrt{s}+a)}\exp(-k\sqrt{s})$ | $\frac{2}{a}\sqrt{\frac{\tau}{\pi}}\exp\left(-\frac{k^2}{4\tau}\right)-\frac{1+ak}{a^2}\cdot\mathrm{erfc}\left(\frac{k}{2\sqrt{\tau}}\right)+\frac{1}{a^2}\exp(ak+a^2\tau)$ |
| 54 | $\frac{1}{s\sqrt{s}(\sqrt{s}+a)}\exp(-k\sqrt{s})$ | $\mathrm{erfc}\left(\frac{k}{2\sqrt{\tau}}+a\sqrt{\tau}\right)$ |
| 55 | $\frac{1}{(\sqrt{s}+a)^2}\exp(-k\sqrt{s})$ | $-2a\sqrt{\frac{\tau}{\pi}}\exp\left(-\frac{k^2}{4\tau}\right)+(1+ak+2a^2\tau)\cdot\exp(ak+a^2\tau)\mathrm{erfc}\left(\frac{k}{2\sqrt{\tau}}+a\sqrt{\tau}\right)$ |
| 56 | $\frac{1}{s(\sqrt{s}+a)^2}\exp(-k\sqrt{s})$ | $\frac{1}{a^2}\mathrm{erfc}\frac{k}{2\sqrt{\tau}}-\frac{2}{a}\sqrt{\frac{\tau}{\pi}}\exp\left(-\frac{k^2}{4\tau}\right)-\frac{1}{a^2}(1-ak-2a^2\tau)\exp(ak+a^2\tau)\cdot\mathrm{erfc}\left(\frac{k}{2\sqrt{\tau}}+a\sqrt{\tau}\right)$ |
| 57 | $\frac{\Gamma(1+n/2)}{s^{2+n/2}}\exp(-k\sqrt{s})$ | $\frac{\tau^{1+n/2}}{1+n/2}\Gamma(2+n/2)2^{n+2}i^{n+2}\mathrm{erfc}\left(\frac{k}{2\sqrt{\tau}}\right)$ |

续表

| 序　号 | $F(s)=\mathscr{L}[f(\tau)]$ | $f(\tau)$ |
| --- | --- | --- |
| 58 | $\frac{1}{s}\exp(-k\sqrt{s+a})$ | $\frac{1}{2}\left[\exp(-k\sqrt{a})\operatorname{erfc}\left(\frac{k}{2\sqrt{\tau}}-\sqrt{a\tau}\right)+\exp(k\sqrt{a})\operatorname{erfc}\left(\frac{k}{2\sqrt{\tau}}+\sqrt{a\tau}\right)\right]$ |
| 59 | $\frac{1}{s^2}\exp(-k\sqrt{s+a})$ | $\frac{1}{2}\left[\left(\tau-\frac{k}{2\sqrt{\tau}}\right)\exp(-k\sqrt{a})\operatorname{erfc}\left(\frac{k}{2\sqrt{\tau}}-\sqrt{a\tau}\right)+\left(\tau+\frac{k}{2\sqrt{\tau}}\right)\exp(-k\sqrt{a})\cdot\operatorname{erfc}\left(\frac{k}{2\sqrt{\tau}}+\sqrt{a\tau}\right)\right]$ |
| 60 | $\frac{1}{s}\sqrt{s+2a}\exp(-k\sqrt{s+2a})$ | $\frac{1}{\sqrt{\pi\tau}}\exp\left[\left(\frac{k^2}{4\tau}+2a\tau\right)\right]+\frac{\sqrt{2a}}{2}\left[\exp(-k\sqrt{2a})\operatorname{erfc}\left(\frac{k}{2\sqrt{\tau}}-\sqrt{2a\tau}\right)-\exp(k\sqrt{2a})\operatorname{erfc}\left(\frac{k}{2\sqrt{\tau}}+\sqrt{2a\tau}\right)\right]$ |
| 61 | $\frac{1}{s\sqrt{s+2a}}\exp(-k\sqrt{s+2a})$ | $\frac{1}{2\sqrt{2a}}\left[\exp(-k\sqrt{2a})\operatorname{erfc}\left(\frac{k}{2\sqrt{\tau}}-\sqrt{2a\tau}\right)-\exp(k\sqrt{2a})\operatorname{erfc}\left(\frac{k}{2\sqrt{\tau}}+\sqrt{2a\tau}\right)\right]$ |
| 62 | $\frac{1}{\sqrt{s^2+a^2}}$ | $J_0(a\tau)$ |
| 63 | $\frac{\sqrt{s+2a}}{\sqrt{s}}-1$ | $a\exp(-a\tau)[I_0(a\tau)+I_1(a\tau)]$ |
| 64 | $\frac{1}{(\sqrt{s+a})(\sqrt{s+b})}$ | $\exp[-(a+b)\tau]I_0\left(\frac{a-b}{2}\tau\right)$ |
| 65 | $\frac{\Gamma(\nu)}{(s+a)^{\nu}(s+b)^{\nu}}(\nu>0)$ | $\sqrt{\pi}\left(\frac{\tau}{a-b}\right)^{\nu-1/2}\cdot\exp\left[-\frac{(a+b)\tau}{2}\right]I_{\nu-1/2}\left(\frac{a-b}{2}\tau\right)$ |
| 66 | $\frac{1}{(s+a)1/2(s+b)3/2}$ | $\tau\exp\left[-\frac{(a+b)\tau}{2}\right]\left[I_0\left(\frac{a-b}{2}\tau\right)+I_1\left(\frac{a-b}{2}\tau\right)\right]$ |
| 67 | $\frac{\sqrt{s+2a}-\sqrt{s}}{\sqrt{s+2a}+\sqrt{s}}$ | $\frac{1}{\tau}\exp(-a\tau)I_1(a\tau)$ |
| 68 | $\frac{(\sqrt{s^2+a^2}-s)^{\nu}}{\sqrt{s^2+a^2}}(\nu>-1)$ | $a^{\nu}J_{\nu}(a\tau)$ |
| 69 | $\frac{1}{(s^2+a^2)^{\mu}}(\mu>0)$ | $\frac{\sqrt{\pi}}{\Gamma(\mu)}\left(\frac{\tau}{2a}\right)^{\mu-1/2}J_{(\mu-1/2)}(a\tau)$ |
| 70 | $\frac{1}{(s^2-a^2)^{\mu}}(\mu>0)$ | $\frac{\sqrt{\pi}}{\Gamma(\mu)}\left(\frac{\tau}{2a}\right)^{\mu-1/2}J_{(\mu-1/2)}(a\tau)$ |

续表

| 序 号 | $F(s)=\mathscr{L}[f(\tau)]$ | $f(\tau)$ |
| --- | --- | --- |
| 71 | $\frac{1}{\sqrt{s}}\exp\left(-\frac{k}{s}\right)$ | $\frac{1}{\sqrt{\pi\tau}}\cos(2\sqrt{k\tau})$ |
| 72 | $\frac{1}{\sqrt{s}}\exp\left(\frac{k}{s}\right)$ | $\frac{1}{\sqrt{\pi\tau}}\text{ch}(2\sqrt{k\tau})$ |
| 73 | $\frac{1}{s\sqrt{s}}\exp\left(-\frac{k}{s}\right)$ | $\frac{1}{\sqrt{\pi\tau}}\sin(2\sqrt{k\tau})$ |
| 74 | $\frac{1}{\sqrt{s}}\exp\left(-\frac{k}{s}\right)$ | $J_0(2\sqrt{k\tau})$ |
| 75 | $\frac{1}{s^{\mu}}\exp\left(-\frac{k}{s}\right)(\mu>0)$ | $\left(\frac{\tau}{k}\right)^{\frac{\mu-1}{2}}J_{(\mu-1)}(2\sqrt{k\tau})$ |
| 76 | $\frac{1}{s^{\mu}}\exp\left(\frac{k}{s}\right)(\mu>0)$ | $\left(\frac{\tau}{k}\right)^{\frac{\mu-1}{2}}J_{(\mu-1)}(2\sqrt{k\tau})$ |
| 77 | $\frac{1}{s}\exp(-ks)$ | $\delta(\tau-k)$ |
| 78 | $\frac{1}{s^2}\exp(-ks)$ | $(\tau-k)\delta(\tau-k)$ |
| 79 | $\frac{\exp(-k\sqrt{s(s+a)})}{\sqrt{s(s+a)}}(k\geqslant 0)$ | $\exp\left(-\frac{a\tau}{2}\right)I_0\left(\frac{1}{2}a\sqrt{\tau^2-k^2}\right)\delta(\tau-k)$ |
| 80 | $\frac{\exp(-k\sqrt{s^2+a^2})}{\sqrt{s^2+a^2}}(k\geqslant 0)$ | $J_0(a\sqrt{\tau^2-k^2})\delta(\tau-k)$ |
| 81 | $\frac{\exp(-k\sqrt{s^2+a^2})}{\sqrt{s^2-a^2}}(k\geqslant 0)$ | $I_0(a\sqrt{\tau^2-k^2})\delta(\tau-k)$ |
| 82 | $\frac{a^{\nu}\exp(-k\sqrt{s^2+a^2})}{\sqrt{s^2+a^2}(\sqrt{s^2+a^2}+s)^{\nu}}(\nu>-1)$ | $\left(\frac{\tau-k}{\tau+k}\right)^{\frac{\tau}{2}}J_{\nu}(a\sqrt{\tau^2-k^2})\delta(\tau-k)$ |
| 83 | $\frac{1}{s}\ln s$ | $-\gamma-\ln\tau$($\gamma=0.5772156649\cdots$是欧拉常数) |
| 84 | $\frac{1}{s^k}\ln s$ | $-\tau_{k-1}\left\{\frac{\gamma}{[\Gamma(k)]^2}-\frac{\ln\tau}{\Gamma(k)}\right\}$ |
| 85 | $\frac{1}{s-k}\ln s$ | $\exp(k\tau)[\ln-E_1(k\tau)]$ |
| 86 | $\frac{1}{s}\ln(1+ks)(k>0)$ | $E_1(\tau/k)$ |
| 87 | $\ln\frac{s+a}{s+b}$ | $\frac{1}{\tau}[\exp(-b\tau)-\exp(-a\tau)]$ |
| 88 | $\ln\frac{s^2+k^2}{s^2}$ | $\frac{2}{\tau}[1-\cos(k\tau)]$ |
| 89 | $\ln\frac{s^2-k^2}{s^2}$ | $\frac{2}{\tau}[1-\text{ch}(k\tau)]$ |
| 90 | $\text{arc tg}\frac{k}{s}$ | $\frac{1}{\tau}\sin(k\tau)$ |

续表

| 序　号 | $F(s)=\mathscr{L}[f(\tau)]$ | $f(\tau)$ |
|---|---|---|
| 91 | $\exp(k^2s^2)\operatorname{erfc}(ks)\ (k>0)$ | $\frac{1}{k\sqrt{\pi}}\exp\left(-\frac{\tau^2}{4k}\right)$ |
| 92 | $\frac{1}{s}\exp(k^2s^2)\operatorname{erfc}(ks)\ (k>0)$ | $\operatorname{erf}\frac{\tau}{(2k)}$ |
| 93 | $\exp(ks)\operatorname{erfc}(\sqrt{ks})\ (k>0)$ | $\frac{\sqrt{k}}{\pi\sqrt{\tau}(\tau+k)}$ |
| 94 | $\frac{1}{\sqrt{s}}\operatorname{erfc}(\sqrt{ks})\ (k>0)$ | $(\pi\tau)^{-1/3}\theta(\tau-k)$ |
| 95 | $\frac{1}{\sqrt{s}}\exp(ks)\operatorname{erfc}(\sqrt{ks})\ (k>0)$ | $\frac{1}{\sqrt{\pi(\tau+k)}}$ |
| 96 | $\operatorname{erfc}\left(\frac{k}{\sqrt{s}}\right)$ | $\frac{1}{\sqrt{\pi\tau}}\sin(2k\sqrt{\tau})$ |
| 97 | $\frac{1}{\sqrt{s}}\exp\left(\frac{k^2}{s}\right)\operatorname{erfc}\left(\frac{k}{\sqrt{s}}\right)$ | $\frac{1}{\sqrt{\pi\tau}}\exp(1-2k\sqrt{\tau})$ |
| 98 | $K_0(ks)$ | $\frac{1}{\sqrt{\tau^2-k^2}}\theta(\tau-k)$ |
| 99 | $K_0(k\sqrt{s})$ | $\frac{1}{2\tau}\exp\left(-\frac{k^2}{4\tau}\right)$ |
| 100 | $\frac{1}{s}\exp(ks)K_1(\sqrt{ks})$ | $\frac{1}{k}\sqrt{\tau(\tau+2k)}$ |
| 101 | $\frac{1}{\sqrt{s}}K_1(k\sqrt{s})$ | $\frac{1}{k}\exp\left(-\frac{k^2}{4\tau}\right)$ |
| 102 | $\frac{1}{\sqrt{s}}\exp\left(\frac{k}{s}\right)K_0\left(\frac{k}{s}\right)$ | $\frac{2}{\sqrt{\pi\tau}}K_0(2\sqrt{2k\tau})$ |
| 103 | $s^{v/2}K_\nu(k\sqrt{s})$ | $\frac{k^\nu}{2(\tau)^{\nu+1}}\exp\left(-\frac{k^2}{4\tau}\right)$ |
| 104 | $\frac{\operatorname{sh}(k_2s)}{s\cdot\operatorname{sh}(k_3s)}$ | $\frac{k_2}{k_1}+\frac{2}{\pi}\sum_{n=1}^{\infty}\frac{(-1)^n}{n}\sin\frac{n\pi k_2}{k_2}\cdot\cos\frac{n\pi\tau}{k_1}$ |
| 105 | $\frac{\operatorname{sh}(k_2s)}{s\cdot\operatorname{ch}(k_1s)}$ | $\frac{4}{\pi}\sum_{n=1}^{\infty}\frac{(-1)^n}{2n-1}\sin\frac{(2n-1)\pi k_2}{2k_1}\cdot\sin\frac{(2n-1)\pi\tau}{2k_1}$ |
| 106 | $\frac{\operatorname{ch}(k_2s)}{s\cdot\operatorname{sh}(k_1s)}$ | $\frac{\tau}{k_1}+\frac{2}{\pi}\sum_{n=1}^{\infty}\frac{(-1)^n}{n}\cos\frac{n\pi k_2}{k_1}\cdot\sin\frac{n\pi\tau}{k_1}$ |
| 107 | $\frac{\operatorname{ch}(k_2s)}{s\cdot\operatorname{ch}(k_1s)}$ | $1+\frac{4}{\pi}\sum_{n=1}^{\infty}\frac{(-1)^n}{2n-1}\cdot\cos\frac{(2n-1)\pi k_2}{2k_1}$ $\cos\frac{(2n-1)\pi\tau}{2k_1}$ |

续表

| 序号 | $F(s)=\mathscr{L}[f(\tau)]$ | $f(\tau)$ |
|---|---|---|
| 108 | $\dfrac{\mathrm{sh}(k_2\sqrt{s})}{\mathrm{sh}(k_1\sqrt{s})}$ | $\dfrac{2\pi}{k_1^2}\sum_{n=1}^{\infty}(-1)^n n\exp\left(-\dfrac{n^2\pi^2\tau}{k_1^2}\right)\cdot\sin\dfrac{n\pi k_2}{k_1}$ |
| 109 | $\dfrac{\mathrm{ch}(k_2\sqrt{s})}{\mathrm{ch}(k_1\sqrt{s})}$ | $\dfrac{\pi}{k_1^2}\sum_{n=1}^{\infty}(-1)^n(2n-1)\cdot\exp\left[-\dfrac{(2n-1)^2\pi^2\tau}{4k_1^2}\right]\cos\dfrac{(2n-1)\pi k_2}{2k_1}$ |
| 110 | $\dfrac{\mathrm{sh}(k_2\sqrt{s})}{s\cdot\mathrm{sh}(k_1\sqrt{s})}$ | $\dfrac{k_2}{k_1}+\dfrac{2}{\pi}\sum_{n=1}^{\infty}\dfrac{(-1)^n}{n}\cdot\exp\left(-\dfrac{n^2\pi^2\tau}{k_1^2}\right)\sin\dfrac{n\pi k_2}{2k_1}$ |
| 111 | $\dfrac{\mathrm{ch}(k_2\sqrt{s})}{s\cdot\mathrm{ch}(k_1\sqrt{s})}$ | $1+\dfrac{4}{\pi}\sum_{n=1}^{\infty}\dfrac{(-1)^n}{2n-1}\cdot\exp\left(-\dfrac{(2n-1)^2\pi^2\tau}{4k_1^2}\right)\cos\dfrac{(2n-1)\pi k_2}{2k_1}$ |

# 参 考 文 献

1. 杨世铭，陶文铨. 传热学（第三版）. 北京：高等教育出版社，1998.

2. 章熙民，任泽霈，梅飞鸣. 传热学（第四版）. 北京：中国建筑工业出版社，2001.

3.（美）E. R. G. 埃克特，R. M. 德雷克. 传热与传质分析. 科学出版社，1983.

4. 杨强生，浦保荣. 高等传热学. 上海交通大学出版社.

5. Sleicher C. A., Rouse M. W.. A Convenient Correlation for Heat Transfer to Constant and Variable Property Fluids in Turbulent Pipe Flow, Int. J. *Heat Mass Transfer*, Vol. 18, 1975, 677 - 683.

6. Eckert E. R. G., Drake R. M. Jr.. New York: *Analysis of Heat and Mass Transfer*, McGraw Hill, 1972.

7. 孙德兴. 非圆断面通道层流摩擦阻力与换热理论研究的新进展. 工程热物理学报，1994（1）.

8. 孙德兴. 水力直径作为当量直径的适用范围、缺欠与修正. 工程热物理学报，1987（3）.

9. Sun Dexing. Theoretical analysis of turbulent frictional resistance inside ducts of arbitrary angular cross sections. Journal of Hydrodynamics, 1992 Ser. B Vol. 4 No. 1.

10. 孙德兴. 任意带角断面通道紊流摩擦阻力的理论解. 水动力学研究与进展，1991.6 A辑 第6卷 第2期.

11. Sun Dexing. A simple equation of the friction factor for fully developed laminar flow in arbitrary triangular ducts. M. E. T. U. Journal of Pure and Applied Sciences, 1992.

12. 孙德兴，李凤琴. 关于流动阻力与换热计算中的定性尺寸与当量直径. 哈尔滨建筑工程学院学报，1989，22（4）.

13. R. K. Shah A. L. London. Laminar flow forced convection in ducts New York. Sanfrancisco. London ACDAMIC PRESS. 1978.

14. H. l. Dryden, F. D. Murnaghan, H. Beteman. hydrodynamics bull. No. 84 pp. 197 - 201. Comm. Hydrodyn. Div. Phys. Sci. Natl. Res. Counc. Washington D. C. 1932 reprinted by. Dover New York 1956.

15. T. Yilmaz. General Equations for Pressure Drop for Laminar Flow in Ducts of Arbitrary Cross Sections. Journal of Energy Resource Technology, 1990, 112: 220 - 223.

16. T. Yilmaz, E. Cihan. General Equations for Heat Transfer for Laminar Flow in Ducts of Arbitrary Cross Sections. International Journal of Heat and Mass Transfer, 1993, 36: 3265 - 3270.

17. E. R. G. Eckert, T. F. Irvine, Jr.. Flow in corners of passages with noncircular cross section. Trans. ASME 1956, 78: 709 - 718.

18. R. K.. Shah Laminar Flow Friction and Forced Convection Heat Transfer in Ducts of Arbitrary Geometry. International Journal of Heat and Mass Transfer, 1975, 18: 849 - 862.

19. Kays, W. M., Crawford, M. E.. Convective Heat and Mass Transfer, 2nd. Ed., McGraw Hill, New York, 1980. 1st. ed., 1966.